根茎类中药材规范化栽培技术

◎沈凤英 李迎春 张明柱 主编

中国农业科学技术出版社

图书在版编目（CIP）数据

根茎类中药材规范化栽培技术 / 沈凤英，李迎春，张明柱主编 .—北京：中国农业科学技术出版社，2019. 2（2024.10重印）

ISBN 978-7-5116-4004-8

Ⅰ. ①根…　Ⅱ. ①沈…②李…③张…　Ⅲ. ①根茎-药用植物-栽培技术　Ⅳ. ①S567

中国版本图书馆 CIP 数据核字（2018）第 293393 号

责任编辑　张国锋
责任校对　马广洋

出 版 者　中国农业科学技术出版社
北京市中关村南大街 12 号　邮编：100081
电　　话　（010）82106636（编辑室）　（010）82109702（发行部）
（010）82109709（读者服务部）
传　　真　（010）82106631
网　　址　http：//www.castp.cn
经 销 者　各地新华书店
印 刷 者　北京虎彩文化传播有限公司
开　　本　710mm×1 000mm　1/16
印　　张　17. 5
字　　数　358 千字
版　　次　2019 年 2 月第 1 版　2024 年10月第 2 次印刷
定　　价　58. 00 元

《根茎类中药材规范化栽培技术》
编写人员名单

主　编　沈凤英　李迎春　张明柱

副主编　吴伟刚　秦丽娟

编　者　李　清　曲丽洁　杨　兰　张雪霞
　　　　罗　飞　陈　一　李　轩　许文超
　　　　封生霞

前　言

近年来，随着全世界医疗保健意识的增强以及人类疾病谱的改变，人们开始越来越多地关注化学药品的毒副作用，中药在防病、治病和养生保健中的独特疗效正在为世界所瞩目。海外市场的旺盛需求以及中药材价格的不断飙升在我国的中医药产业战略中形成了一股巨大的推力。我国中药材产地市场呈现出日益繁荣的景象。

“药材好，药才好”。中药农业作为中药产业的基础，是中药现代化中不可忽视的重要部分。众所周知，中药材品质受品种、产地、土质、光照、水肥、气候、采收时节等诸多因素的影响。中药材的品种和质量是中药质量保证的前提。因此，扩大中药材的种植面积的同时，必须通过实时更新的栽培管理、采收、储藏技术的有力支持，从源头上确保中药材质量的稳定均一，提高药材种植的经济收入。为此，我们特意组织编写了此书。

本书分为上、下两篇。上篇为总论，着重介绍了中药材生产的技术要求、中药材规范化栽培与环境条件的关系、中药材规范化栽培的基本技术、中药材的繁殖与良种繁育等方面的基础理论和基本知识。下篇为各论，按直根类、须根类、根状茎类和非根茎类中药材分类，系统介绍了48种药用植物的植物形态、生物学特性、田间管理、栽培技术及病虫害防治和采收加工方法。

本书内容丰富，图文并茂，技术可靠，注重理论与实践相结合，通过淡化纯理论、强化实用技术以满足中药材生产者的实际需要，既可以为读者提供根茎类中药材的相关理论知识，又能对不同药用植物的生产栽培技术进行指导。本书可以作为广大药农的中药种植管理、采收、储藏依据，适合广大药农、种药专业户、中草药业余爱好者、药场技术人员、中药采收工作者、科研人员和医药院校师生参考使用。

本书对重点知识环节设有知识链接、温馨小提示、专家提醒等醒目小版块，成为本书的亮点之一。

本书由谷文明、崔培雪老师统稿，同时，在编写过程中参考了大量的文献资料，在此，对诸位文献作者及案例实践者表示衷心的感谢。

由于编者水平有限，书中错误或不妥之处在所难免，恳请同行和读者批评指正。

编　者

2018 年 10 月

目　　录

上篇　总论

下篇　各论

上篇　总论

第一章　中药材生产的技术要求

第一节　中药材GAP的概念和实施要求

一、中药材生产的形势及存在的主要问题

中药以其几千年的临床实践经验充分展示了独特的防病治病作用，堪称中华之国粹、民族之瑰宝。然而，我国中药产业在国际市场上的竞争力还很弱，尽管国际植物药市场年销售额约160亿美元，增长幅度已超过化学药品，但我国中药年出口销售额仅为6亿美元左右，约占国际市场的4%，这与我国天然药物的大国地位相差甚远。究其原因，主要是我国中药材栽培生产长期存在着以下问题。

（一）滥采乱挖，盲目开发

长期以来，人们对野生中药材资源的保护意识薄弱，滥采乱挖，导致生态环境平衡失调；盲目开发，缺乏保护意识，中药材资源急剧减少。国家濒危物种进出口管理办公室1987年调查显示：中药材濒危紧缺品种为140多种，占1 200种常用中药材的11%。到2000年统计表明，濒危品种达到了312种，占常用药材的26%，资源缩减或濒危速度惊人。

（二）部分中药材种质不清，品种混杂，退化严重

由于我国中药材生产一直处于粗放型状态，种植过程中的生物学混杂、自然突变、品种变异、长期无性和近亲繁殖、留种的不科学和病毒感染等多种原因，导致中药材品种混乱，种质特性退化，加之优良品种的选育和种子的提纯复壮工作严重滞后，药材种质问题已成为目前药材生产最薄弱的环节之一。

中药材品种退化严重，主要表现在部分药材的抗旱性、耐寒性、抗病虫害能力减弱。如三七，过去很少发生根腐病，现在不仅根腐病发病率提高，而且病菌对农药的耐药性也在增强。

（三）中药材栽培、采收加工技术不规范

中药材的种植没有严格的规程，栽培技术的难点和病虫害的有效防治方法研究缺乏，采收、加工时间和方法不规范，随意性强，使药材有效成分含量降低，质量不稳定。由于缺乏中药材专用采挖工具，导致采收过程中人工浪费较大，产量降

低，成本升高。很多药材都依从传统加工方法，但加工过程中使用的器具、辅料不当，易造成二次污染。而许多优良加工技术反而被抛弃，使药材品质和安全性下降。

（四）部分中药材的农药残留、有害重金属及微生物含量超标

在国际市场上，大多数国家和地区不断加强对进口中药商品有害物质的限量检测。然而，在我国中药材生产过程中，由于对土壤选择不严，以及长期施用农药、化肥和除草剂，加之对农药的盲目选择，施用时间和剂量等达不到技术要求，导致目前部分药材存在农药残留量和有害重金属含量超标的现象，这是造成药材品质下降，难以走向国际市场的重要原因之一。

（五）部分中药材质量不稳定或低劣，无国际认可的中药材质量标准

由于无序分散生产和栽培技术不规范，导致中药材稳定性、均一性差，部分药材质量呈下降趋势，加之多数药材缺乏明确的有效成分含量指标和规范化检测方法，无国际认可的中药材质量标准。故质量问题已经成为严重制约中药（包括中药材、中药饮片、中成药）及保健食品出口及发展的瓶颈。

（六）信息不灵，导致生产带有盲目性

中药材是一种特殊商品，“少了是宝，多了是草”。我国目前药材种植分散，药农信息不灵，只能凭借某一品种在某一时段市场所表现出来的商品价格，去判断和决定是否种植及种植多少，往往导致药材周期性过剩或短缺的波动。因而，生产的盲目性导致了“药贱伤农”“药多害农”的现象时有发生。

（七）缺乏龙头企业带动，产业化程度低

我国很少有龙头企业与药农施行订单种植或合同种植，药材生产产业化程度低，药品生产企业与药农的关系只是市场买卖关系，没有形成真正的利益共享、风险共担的一体化经营机制。

（八）缺乏品牌意识，自主知识产权比重较轻

中药是商品，就应该有自己独特的品牌。品牌是商品成功打通国际市场大门的金钥匙，即使是道地药材，如果没有自己的品牌，在市场上只得良莠不分，都以同样的“身价”出售，难以形成优势，也得不到更好的效益。

长期以来，中药材生产处在一个相当落后的水平上，中药材质量与国际市场的要求存在一定的差距，与中药现代化的需要亦极不适应。中药材产业生产是龙头，不抓龙头，企业经营、销售，药厂生产，科学研究等一切结果皆无科学依据。为了保证中药材、饮片和中成药的质量，必须彻底改变当前中药落后的现状，增强质量意识和规范意识。只有大力推行中药材规范化、标准化、科学化栽培种植，才能使中药材质量达到“安全、有效、稳定、可控”，并且农药残留和有害重金属含量符合绿色中药材标准，从而适应中药现代化和国内外市场对“品种与内在质量稳定、道地产地固定、种植生产规范、可持续供应”中药材的需求。

二、中药材规范化种植（GAP）的提出及其意义

（一）中药材规范化种植（GAP）的提出

1998年8月，欧共体通过了《药用和芳香植物优化种植生产管理规范条例》最终决议，形成了欧共体GAP。该条例提出了药用材料生产和加工过程的新的标准，明确强调保证高质量的关键生产步骤以提高产品质量。中国自然资源学会天然药物资源专业委员会在学习欧共体GAP的基础上，成立了中药材GAP起草专家组，同时参考了日本厚生省药务局于1992年修订的《药用植物栽培及质量评价》，结合我国国情，起草了中药材GAP草案，国家药监局于1998年11月至2001年9月分别召开了4次中药材GAP起草工作会议，对GAP条文进行了反复的修改和完善，完成GAP送审稿。2002年4月17日，国家食品药品监督管理局正式颁布《中药材生产质量管理规范（试行）》，并自2002年6月1日起施行。这标志着我国中药材生产将纳入规范化管理的轨道，是中药材实施监管的一个重要里程碑。

（二）实施中药材规范化种植（GAP）的意义

① 中药材规范化种植（GAP）是中药药品研制、生产、开发和应用整个过程的源头，只有首先抓住源头，才能得到质量稳定、均一、可控的药材，才能彻底改变当前中药落后的现状，最终从根本上解决中药的质量问题和现代化问题。

② 解决中药材生产中的一系列突出问题，实施GAP不仅能解决现实存在的药材种质、种养、加工、重金属、农药残留等诸多中药材标准制定的问题，还能够合理开发野生药材资源，走可持续发展的道路。

③ 顺应国家的“三农”政策，国家近年极其重视农业、农村和农民的“三农”政策，采取了取消农业税等重大举措，而其中较为关键的是农民增收问题。实施中药材GAP是促进农业产业化建设的重要措施。结合农村退耕还林、还草等农业产业结构的调整，采用“公司+农户”等模式，向企业化管理、规模化种植的方向发展。

④ 逐步改变落后、分散的药材种植和采集形式，把千家万户的农业生产和千变万化的市场相结合，组成以市场为导向，企业为主体，科技为依托，政府协调，并充分调动广大药农的积极性，形成官、产、学、研、商相结合，产、供、销一条龙的产业结构，建立规范化、现代化的中药精细农业。

⑤ 建立品牌，树创名牌意识，占领市场。创建名牌中药材，要以规范的种植、科学的量化指标创建现代优质中药品牌，提高中药的整体形象和国际地位。特别是加入WTO以后，西药，尤其是仿制西药因为知识产权保护问题将受到严重冲击，

而中药这个民族医药将以强劲的势头发展起来。如果谁先在中药行业占领国内市场，也就等于占领了国际市场。

⑥ 遵循高科技、高起点、高标准的原则，建设优质、无公害的中药材规范化种植（GAP）生产基地。这既符合中药现代化研究与产业化开发的需求，还可恢复和建设生态环境，以达到生态、社会、经济效益三统一，实现可持续发展，意义重大。

三、中药材 GAP 与 SOP 的概念

（一）中药材 GAP

1. 中药材 GAP 的概念

中药材 GAP 即中药材生产质量管理规范（Good Agricultural Practice for Chinese Crude Drugs）的缩写，是关于药用植物和动物的规范化农业实践的指导方针。它包括了在中药材生产中的基地选择、种质优选、栽种及饲养管理、病虫害防治、采收加工、包装运输与贮藏、质量控制、人员管理等各个环节，均应严格执行标准生产操作规程。

2. 实施中药材规范化种植（GAP）的目的

实施中药材规范化种植（GAP）的目的，就是从保证中药材质量出发，控制影响药材质量的各种因素，规范中药材生产的各个环节乃至全过程，以保证中药材“安全、优质、稳定、可控”。

（二）中药材 SOP

1. 中药材 SOP 的概念

中药材 SOP：Standard Operating Procedure 英文的缩写，指企业或种植基地依据国家有关部门（国家药品监督管理局）发布的《中药材生产质量管理规范》（简称中药材 GAP）为基本原则，在总结前人经验的基础上，通过科学研究、技术实验，根据各自的生产品种、环境特点、技术状态等，制定出切实可行的、达到 GAP 要求的方法和措施，这就是标准操作规程（SOP）。

2. 制定 SOP 的目的

SOP 是 GAP 中某一个环节的标准操作规程。GAP 是指导性文件，由于中药材品种多，种植地的生态环境各异。对于具体栽培的药材而言，没有具体的指导价值，故针对不同的品种，制定不同药材的生产质量管理标准操作规程 SOP 非常重要。SOP 规定了药材从种到收，以及初加工的一系列标准操作内容，是确保药材质量的关键措施。

GAP 是规范化生产中药材的法规，SOP 是保证中药材质量达到 GAP 要求的生产操作规程。SOP 的各条款应紧紧围绕药材质量及可能影响药材质量的各种因素

的调控而制定。对与质量有关的一些技术措施应在总结前人经验的基础上精心研究、制订，使SOP建立在科学的基础上。因此，各生产企业应按GAP条文，根据各自的生产品种、环境特点、技术状态、经济实力和科研能力逐条定出SOP，并附有SOP的起草说明书，即制订SOP的技术资料，包括科学的试验设计、完整的原始记录和结果分析等，应具有科学性、完整性、严密性和可操作性。

SOP的制订是企业行为，既是企业指导生产的主要文件，又是企业的研究成果和财富，同时也是企业今后进行质量评价、申请GAP基地认证或原产地域产品保护的重要技术文件。企业是该项目的知识产权人，应加以重视和保护。

四、中药材GAP质量控制的环节

（一）基地选择

在注重中药材道地产区和主产地基础上，要求种植基地生态环境良好，附近没有化工厂或其他有污染物排放的工厂，远离主要公路50m以上，大气环境质量必须达到GB 3095—1996质量标准，农田灌溉用水质量必须达到GB 5084—92质量标准，土壤环境质量必须达到GB 15618—95质量标准。

（二）良种选育繁育

对于药用作物，要求在保持“道地药材”的基础上，鼓励进行种质资源的保存、引进和利用；鼓励利用药用植物优良的遗传变异，进行优良新品种的选育，并开展良种提纯复壮工作，增强品种和繁殖材料的抗病虫性能，提高有效成分含量和产量。

（三）农药控制

禁止使用严重危害人体健康的“三致”（致癌、致畸、致突变）化学农药和对环境生物有较高毒性的化学农药。

（四）肥料控制与无害化处理

仅允许少量使用化学肥料，提倡施用有机肥料和有益微生物肥料，有机肥料必须经过堆、沤等腐熟无害化处理，以杀灭肥料中的病菌、虫卵和杂草种子等。

（五）标准操作技术规程（SOP）的制定

对生产的每一个环节，包括良种繁育、选地、整地、播种、田间管理、施肥、灌水、病虫害防治、采收、加工、贮藏、包装、运输等各个环节均要求制定相应的标准操作技术规程（SOP），并按规程的规定严格执行，以确保药材质量。

（六）产品质量标准的制定

要求制定药材产品农药残留限量、有害重金属与非重金属含量限量、有效成分含量、外观性状等质量标准，并以此标准作为衡量产品质量是否合格的依据。

（七）各种管理规程的制定

类似于工业生产的ISO9000质量管理体系和药品生产GMP，GAP也要制定生产过程中各个环节的管理章程，如产品抽样检验制度、有机肥料无害化处理操作与抽样检验制度、仪器的使用方法与管理制度、产品贮藏管理制度、文件管理制度和人员管理制度等。通过这些管理章程与标准操作技术规程相互配合，确保有条不紊地安排与组织生产，从而实现中药材生产各个环节的质量可控性，确保生产出绿色优质的中药材。

（八）必要的硬件设施

包括GAP技术指导站、办公室、小气象站、农具存放室、简易仪器分析室、精密仪器分析室、初加工场地、晾晒场地、标本陈列室、田间排灌设施和有机肥料腐化池等。

（九）人员配备与技术培训

在栽培生产与质量控制的各个重要岗位上，配备齐相关技术人员与管理人员，并对他们以及生产人员经常进行必要的技术培训。

目前全国各地都在积极地进行各种中药材的GAP基地建设，要搞好中药材GAP基地建设，除需要有充足的资金保障以外，还需要有中药学、农学以及管理等方面的人才进行多学科合作与协作，并且需要相应的知识体系支撑。

【知识链接】

中药材GAP质量控制的环节：基地选择、良种选育繁育、农药控制、肥料控制与无害化处理、标准操作技术规程（SOP）的制定、产品质量标准的制定、各种管理规程的制定、必要的硬件设施、人员配备与技术培训。

第二节　中药材规范化栽培（GAP）对质量的特殊要求

一、农药残留的控制

（一）禁止使用“三致”化学农药和高毒、高残留农药

GAP严格禁止使用剧毒或高毒、高残留、具有“三致”（致癌、致畸、致突变）和对环境生物具有特殊毒性的农药。这些农药分为以下几种。

（1）对环境生物高毒、含有毒元素砷（As）的所有有机砷和无机砷杀虫剂如福美胂等。

(2) 对环境生物剧毒、高残留、含有毒元素汞(Hg)的所有有机汞杀虫剂 如西力生等。

(3) 对环境高残留、含有毒元素锡(Sn)的所有有机锡杀菌剂 如薯瘟锡等。

(4) 对环境高残留的所有有机氯杀虫剂、杀螨剂 如六六六、DDT、林丹、艾氏剂、狄氏剂、三氯杀螨醇等。

(5) 对环境生物高毒、剧毒的部分有机磷杀虫剂、杀菌剂 如1605、甲基1605、氧化乐果等。

(6) 对环境生物高毒、剧毒或代谢物高毒的部分氨基甲酸酯杀虫剂 如呋喃丹、涕灭威等。

(7) 对高等生物有致癌作用的甲脒类杀虫剂、杀螨剂 如杀虫脒等。

(8) 对高等生物有致癌作用,对环境高残留的取代苯类杀菌剂 如五氯硝基苯等。

(9) 对环境生物高毒、剧毒,对作物易产生药害的所有无机杀菌剂氟制剂 如氟硅酸钠等。

(10) 对高等生物有致癌、致畸作用,对环境生物高毒的所有卤代烷类熏蒸杀虫剂 如二溴乙烷等。

(11) 对环境生物高毒,对作物易产生药害的所有化学除草剂 如草胺磷等。

(12) 对鱼类高毒的拟除虫菊酯类化学合成杀虫剂 如溴氰菊酯、氯氰菊酯等。

(13) 对环境生物高毒的生物源杀虫剂如阿维菌素

注意,最后两类农药,阿维菌素属于生物杀虫剂,拟除虫菊酯类属于人工模拟天然除虫菊酯化学合成的农药,它们的杀虫成分属于天然产物或者接近天然产物,但由于对环境生物高毒性,仍然被GAP禁用。

(二)提倡优先使用无污染的生物源农药

GAP提倡使用无污染的生物源农药来全部或部分代替化学农药的使用,从而减少农药残留。生物源农药包括以下种类。

1. 微生物源农药

(1) 农用抗生素类 ① 防治真菌和细菌病害的春雷霉素、多抗霉素、井冈霉素、农用链霉素等;② 防治螨类的浏阳霉素、华光霉素等;③ 防治病毒和兼治真菌、细菌病害的宁南霉素、菇类蛋白多糖等;④ 防治线虫病害的线虫清、大豆根保剂等;⑤ 除草剂双丙氨膦等。

(2) 活体微生物制剂 ① 防治虫害的真菌剂绿僵菌、白僵菌等;细菌剂苏云金杆菌(Bt)等;② 有抗菌、拮抗作用的真菌剂"5406放线菌"、木霉制剂、VA菌根等;③ 防治虫害的病毒制剂核多角体病毒等;④ 除草剂"鲁保一号"等。

2. 植物源农药

（1）杀虫剂　除虫菊素、鱼藤酮、烟碱、苦参碱、植物乳油剂等。

（2）杀菌剂　大蒜素、苦参碱等。

（3）驱避剂　印楝素、苦糠素、川楝素等。

（4）增效剂　芝麻素等。

3. 动物源农药

（1）昆虫信息素（昆虫外激素）　如性信息素等。

（2）动物提取制剂　如海洋动物提取物低聚糖、壳多糖等。

（3）活体制剂　① 微孢子虫杀虫剂；② 线虫杀虫剂；③ 寄生性、捕食性天敌动物。

（三）提倡使用毒性小、污染小的矿物源农药

一些以矿物为原料生产的农药由于成分来源于自然界，容易分解，对环境生物毒性也较小，GAP 提倡适量使用。包括如下种类。

① 硫制剂石硫合剂、可湿性硫等。

② 铜制剂波尔多液、硫酸铜、王铜、氢氧化铜等。

③ 钙制剂石灰粉、石灰水、石膏等。

（四）限量使用低毒、低残留化学农药

GAP 允许限量使用一些低毒、低残留、无“三致”作用的化学农药。

1. 杀菌剂

多菌灵、百菌清、代森锌、敌克松、敌锈钠、托布津、瑞毒霉、粉锈宁（三唑酮）、乙膦铝、扑海因等。

2. 杀虫剂

敌百虫、乐果、辛硫磷、杀螟松、敌敌畏、西维因等。

二、有害元素含量的控制

中药材 GAP 规定，中药材中有害元素含量要低，为了达到中药材有害元素含量限量标准，可以通过以下途径加以控制。

（一）适量施用含金属元素的农药

无机农药中的氢氧化铜、硫酸铜、波尔多液等含有较多的铜（Cu）元素，有机农药中的代森锌、代森锰锌等含有较多的锌（Zn）、锰（Mn）元素。这些农药的大量施用必然增加农药中金属成分在药材中的残留量。因此，在防治病虫害选用农药时，尽量优先选用生物源农药，如果选用以上农药，应该与其他农药交替使用，尽量限制使用量。

（二）适量施用矿物化学肥料

一些由天然矿物经化学加工制成的化学肥料，如磷矿粉、过磷酸钙、氯化钾、石灰氮等，可能由原料矿物中带入一定量的其他伴生矿物成分，从而带入其他元素，如铜（Cu）、锌（Zn），锰（Mn），镉（Cd）、砷（As）等，如果过量使用可能成为有害元素污染源。因此，一方面要注意在一个生长季施用的量不能过多，比如过磷酸钙和石灰氮一般不宜超过每亩 80~100kg，磷矿粉和氯化钾一般不宜超过每亩 50kg；另一方面多施用有机肥，多通过有机肥向作物提供养分，同时通过有机肥对化学肥料成分的吸附作用，让这些成分缓慢释放供给植物根系吸收利用，避免过度吸收富集超标。

（三）采取措施减少植物自身的富集作用

一些药用植物，可能对某些元素具有特殊的富集性，如川穹对镉（Cd）就有一定的富集性。四川川穹道地产区都江堰一带土壤中的镉一般不超标，但是由药农传统栽培技术生产出来的川穹药材往往出现超标，这一情况已经严重影响了川穹药材对欧共体和中国香港等地区的销售。

减少作物富集镉、锌、铜等重金属的措施如下。

1. 调节土壤 pH

土壤溶液中镉、锌等的溶出率与土壤 pH 值的关系是随着土壤 pH 值的上升，重金属在土壤中的溶出率减小，当土壤溶液 pH 值升到 7~8 以后，土壤溶液中的锌和镉浓度急剧降低。在偏酸性土壤上施用石灰性物质，不但可以利用石灰的碱性中和土壤酸性，提高土壤 pH 值，减少镉、锌等重金属的溶出率，而且还能利用石灰中的碱性物质与重金属形成难溶性的金属氢氧化物沉淀，进一步减少土壤溶液中的可吸收态重金属含量，从而降低药材中重金属含量。

在土壤受重金属镉、铜、锌等污染的情况下，施用石灰性物质提高土壤 pH 值，并使重金属形成金属氢氧化物沉淀，减少药材中重金属含量的效果更加明显。生石灰、熟石灰、硅酸钙、碳酸钙、硅酸镁钙等都是可用来施用的市售农用石灰性物质。

2. 水旱轮作

水稻等水生作物常常由于淹水缺氧形成的还原条件，容易发生缺锌等微量元素而生长不良，出现“坐蔸”的现象，其原因是水田中产生大量硫化氢，硫化氢与重金属反应生成金属硫化物沉淀，妨碍了水稻等水生作物对金属元素锌等的吸收而导致生长不良。因此农业上提倡水旱轮作，不但能够减少病虫害，还能够降低药用植物对重金属锌和硫等的吸收。

3. 施用促进还原的有机物质

最常用和最有效的还原剂为各种有机肥料，如堆肥、厩肥、绿肥、鲜草、淀粉和其他有机物。因此，增施有机肥、种植绿肥翻压等农业常用措施，不但能够起到增产、减少病虫害发生的作用，还能起到减少药用植物对重金属的富集作用，一举几得，应该在中药材 GAP 基地栽培管理中给予充分的重视。此外，有机肥还可以作为土壤中阳离子的吸附剂，提高土壤的缓冲能力，降低土壤溶液中盐分的浓度。

4. 施用作为硫化氢给源的含硫物质

如上所述，硫化氢与重金属反应可生成金属硫化物沉淀。但是在含硫少的土壤中，即使在还原条件下，由于生成硫化氢少，也很难生成难溶性的重金属硫化物。因此，在促进土壤还原性增加的同时，施用作为硫化氢给源的含硫物质硫黄、硫酸铵等含硫酸根的化学复合肥料、杀菌剂石灰硫黄合剂（石硫合剂）等，能够抑制药用植物对重金属的吸收。因此，建议：①施肥时适当施用含硫（S）肥料，既为药用作物供应养分，又抑制对重金属元素的吸收富集，一举两得；②作为病虫害预防措施的土壤消毒，可以提倡施用石硫合剂，同样病虫害防治和抑制重金属吸收一举两得。不过在施用含硫制剂硫黄或石硫合剂时，也要注意是否会造成其他元素的污染。因此，一方面要注意施用量，另一方面要注意经常监测土壤中元素的含量变化。

5. 施用磷酸盐物质

施用磷酸盐物质可使重金属形成难溶性磷酸盐而被土壤固定，从而减少药用植物对重金属的吸收。常用肥料中的过磷酸钙、磷矿粉、磷酸二氢钾、骨粉等都是很好的磷酸盐物质，可以适当增施。尤其是以根或根茎入药的药用植物，适当增施磷肥不但能够实现增产，还能同时起到抑制对重金属吸收、富集的作用。

6. 运用生物修复术

生物修复术指运用微生物降解或植物吸收土壤中的有害物质，包括有害元素和农药残留等。

（1）微生物修复术　微生物对重金属有很强的亲和力，尤其是细菌产生的特殊酶能还原重金属，且对镉（Cd）、钴（Co）、镍（Ni）、锰（Mn）、锌（Zn）、铅（Pb）和铜（Cu）等有亲和力，能富集这些有毒重金属并将其储存在细胞的不同部位或将之结合到胞外基质上。通过代谢过程这些离子可被沉淀，或被轻度螯合在可溶和不可溶性生物多聚物上。同时，细菌对重金属盐有适应性，通过平衡或降低细胞活性得到恒定条件。微生物积累重金属也与金属结合蛋白和肽以及特异性大分子有关，细菌质粒可能具有抗有毒金属的基因。在中药材的重金属污染治理方面，可以通过使用有机肥和微生物菌肥如“5406”抗生肥和 VA 菌根等来产生大量的微生物，降低土壤重金属污染。如在进行黄连规范化研究过程中，配制以酒糟、茶枯为主的有机复合肥，既取得了增产增收，又有效地降低了重金属的含量。

（2）植物修复术　是利用植物根系吸收水分和养分的过程来吸收、转化污染体（如土壤和水）中的污染物，使其达到清除污染，修复或治理的目的。植物修复技术在20世纪80年代提出，很快就得到了广泛的认同和应用。所用的植物通常具有超富集的特性，利用其对重金属的高吸收和高富集的特性来吸收土壤中的重金属。现已发现了360多种具有这一特性的植物，尤其是十字花科植物。据统计有印度芥菜、荟柏、油菜、大豆等，不同的植物对重金属的富集作用不同。如向日葵吸收富集银、铅、铯；油菜吸收富集锌；甘蓝吸收富集铯；印度芥菜吸收富集铯、铅、硒；芹菜和羊齿类铁角属植物如肾蕨吸收富集镉等。因此，中药材GAP基地可以运用植物修复技术，根据具体情况，有针对性地筛选超积累植物与药用植物间套作或轮作，减少土壤中某种元素的含量，从而减少药材中的有害元素含量。该方法具有成本低、可操作性强、不会带来二次污染的优点，应作为今后研究的重点。

三、有害微生物及其代谢产物含量控制

中药材在贮藏过程中，如果含水量超过一定限度（16%以上），则易生霉变质，引起微生物污染。微生物代谢产物种类很多，以真菌毒素的污染与危害最大。目前已发现150多种真菌毒素，危害较大的真菌毒素有黄曲霉毒素，如黄曲霉毒素B_1，有强烈的致肝损害和致癌作用，使人体神经系统和循环系统紊乱、肾脏变性、肝硬化等。而各种霉菌毒素，可抑制蛋白质合成，降低人体免疫功能，甚至引起突变、致畸或致癌。因此，目前世界上有的国家对食品和药品中黄曲霉毒素的限度作了严格的规定，我国规定婴儿食品中不得检出黄曲霉毒素。

第二章　中药材规范化栽培与环境条件的关系

第一节　中药材的生长发育与气候条件的关系

一、中药材与光照

光照是一切绿色植物进行光合作用的基本条件。光合作用是指绿色植物利用光能将吸收的 CO_2 和 H_2O 合成糖或淀粉的过程，糖可进一步转化为脂肪和蛋白质等其他有机化合物。植物利用这些有机化合物进行生长与发育。因此光照对药用植物生长发育的影响很大。光能除了来自太阳辐射外，在温室中栽培的植物还可获得人工电光照明的补充光能。

（一）光照强度对植物生长发育的影响

植物获得光照的多少决定于阳光照射到地面上时间的长短和阳光的强度。在同一地，影响光照的因素主要是坡向，南坡日照比北坡的强。

不同药用植物经长期的自然进化（野生环境下）或人工栽培驯化（人工环境下），形成了对光照强度的不同喜好，可分为 3 种类型。

1. 阳生植物

在强光环境中才能生长健壮，在荫蔽或弱光条件下生长发育不良的植物。如红花、沙参、黄芪、甘草、地黄、芍药、薄荷等。阳生植物一般枝叶稀疏、透光，自然整枝良好。

2. 阴生植物

在较弱的光照条件下比在强光下生长良好的植物。如人参、黄连、三七、半夏、细辛、天南星等。阴生植物多喜欢生长在潮湿、背阴的地方或者生长在树林下或高秆作物下。阴生植物不能忍受强光照射，一般树冠较密，叶比较繁茂，自然整枝较差。但当光照过弱或过度荫蔽，光照强度达不到阴生植物的光补偿点时，它们也不能正常生长发育。

3. 耐阴植物

即介于阳生植物和阴生植物之间的中间类型。这类植物在全日照（透光率为100%）下生长最好，但也能忍耐适度的荫蔽（透光率<100%），或在生育期中需

要较轻度的遮阴，其正常生长并不会受到影响，如党参、黄精、肉桂、款冬、麦冬等。

同一种植物在不同的发育阶段对光照强度的要求也不一样。一般情况下，上述3类植物的苗期由于植株幼嫩，根系少，都比较怕强光和高温；在开花结实阶段或块茎、块根等贮存器官形成阶段，需要较多的养分，对光照强度的要求也更高。例如，党参幼苗喜阴，成株喜阳。黄连虽然是阴生植物，生长的不同阶段耐阴程度都不同，幼苗期最耐阴，但栽后第4年则可除去遮阴物，在强光下生长，利于根部生长发展。

光照强度不但影响药用植物的产量，而且还决定收获物的品质。如生长在阳光充足的露地上的薏苡比生长在阴处的产量高，籽粒也更饱满。充足的光照也有利于药用植物转化和贮存更多的挥发油和脂肪。

（二）光质对植物生长发育的影响

植物的生长发育依赖于光合作用物质的积累，所以农业栽培管理上的一切措施，包括合理的密度、施肥、灌水、病虫害防治等都是直接或间接地围绕充分利用光能、提高光合效率这样一个中心环节来实现高产和优质。为了获得高产，提高经济效益，具体可采用：①合理密植、建立优质群体；②间作套种、合理茬口搭配；③选育优良品种、改变株形；④优化栽培措施、发挥作物潜力；⑤协调库源关系，提高经济系数；⑥调节光周期；⑦利用不同光质等手段来提高光能利用率。

【知识链接】

（1）光线过弱，植物长期处于低于其需要的光照强度下，新生出的叶片变小，叶色变浅，节间较长，植株高而细弱，出现徒长的现象。（2）光照过强，有些观叶植物耐阴性较强，正常生长所需光照强度很低，例如，竹芋属植物所需光照很低，当光照较强时，叶子会折叠或关闭，如果更强时，叶片就会被灼伤。

二、中药材与温度

植物内部的各种生理作用或生物化学反应，只有在具备一定热量的基础上才能完成。在影响植物生长发育的环境条件中，以温度最为敏感。各种植物都有其能够忍受的最低温度、最高温度和最适温度，这称为植物对温度的“三基点”要求。温度过低、过高都会给植物造成生长发育的障碍，使生产遭受损失。通常10℃以下植物生长缓慢，大多数植物在3℃左右停止生长，0℃以下时间过长植物会遭受冻害。最适温度一般在20~35℃，超过40~45℃植物生长会受影响。植物环境中的温度热量来源是日光能。所以温度与光照强度和光照时间的关系最为密切。

了解药用植物对温度适应的范围与生长发育的关系，是选择品种、安排生产季节、获得高产优质的重要依据。

（一）植物对温度的反应类型

根据植物对温度的不同要求，可划分为4种类型。

1. 耐寒植物

通常为生长在北方高纬度或高海拔寒冷地区的植物，如人参、刺五加、细辛、百合、五味子、当归等适合于比较冷凉的气候，它们能长期耐-1～2℃的低温。短期内可忍耐-10～-5℃低温。生长发育最旺盛的温度为15～20℃。极地和高山的一些植物甚至能忍耐-20～-15℃低温。

2. 半耐寒植物

通常为生长在中纬度或中海拔地区的植物，如白芷、板蓝根等。短时间能耐-1～2℃的低温，生长发育最旺盛的温度为17～20℃。

3. 喜温植物

种子萌发、幼苗生长、开花结实都要求较高的温度，通常为生长在南方低纬度或低海拔地区的植物，如颠茄、望江南等。生长发育最旺盛的温度为20～30℃。当温度在10～15℃时，生长缓慢，授粉不良，引起落花落果。

4. 耐热植物

主要为生长在低纬度地区的植物，如罗汉果，其生长发育最旺盛的温度为30℃左右，个别植物在40℃高温下仍然能够生长。槟榔、古柯、胡椒等在高温多湿条件下才能开花结实。

同一种植物的不同生长发育时期对温度也有不同要求。如种子发芽时，要求较高的温度；幼苗时期的最适宜温度，往往比种子发芽时的低一些；营养生长时期又较幼苗期稍高；到了生殖生长时期，要求充足的阳光和较高的温度。掌握植物对温度的这种需求特点，在温室栽培的温度管理上特别有用。

（二）高温和低温对植物的危害

在夏季高温季节，连续高温天气加上降雨稀少时，高温造成强烈的土壤水分蒸发和植物过度的蒸腾作用，植物很容易发生缺水萎蔫，扰乱了光合作用与呼吸作用间的平衡，植物不能进行正常的代谢活动。这是高温对植物造成的间接伤害。这时特别要注意灌溉降温，可使用不同密度的遮阳网滤去光线35%～75%，夏季覆盖对地面的降温效果达到4～6℃。

低温可对植物造成直接的寒害，包括冷害和冻害两种类型。0～5℃高于冰点的低温对热带、亚热带植物造成的寒害称为冷害，这时植物的细胞虽不结冰，但细胞正常代谢受到影响和干扰，低温还造成土壤中水分不能为根所吸收，形成生理性干旱，有的还在体内累积有毒物质而中毒。0℃以下低于冰点的低温对温带植物造成的寒害为冻害。冻害使植物组织和细胞结冰，造成不可逆的细胞破坏。因此，在温度剧烈下降，接近植物受害低温时，要及时做好防寒冻工作。地上铺草，搭棚，在苗床迎风面筑挡风墙，霜冻前灌水等，都是常用的调节土温预防冻害的重要措施。选育抗寒耐热的品种类型，也是一个重要的抵御严寒或高温危害的有效措施。

（三）温度的合理利用和调节

在适宜生长的温度范围内，随着温度的升高，植物的生长发育加快。因此在生长季节，为作物创造更多的有效积温，是夺取高产或优质的一项重要措施。人工调节气温有一定的难度，主要措施包括北方热量不足的情形下营造护田林带以抵御寒冷的北风等。人工调节土温则较容易。地膜覆盖、小拱棚和塑料大棚是各地常用来提高作物生长发育温度的一项增产措施。遮阳网主要用于阴生药用植物和耐阴药用植物的栽培。

三、中药材与水分

水在植物生活中具有头等重要的意义。水是植物体的重要组成成分，生活旺盛的植物原生质中有60%~90%的水分，同时水又是植物生命活动的必要条件。植物的种子萌发和植株生长发育都离不开水分，除直接参与光合作用合成碳水化合物以外，还构成植物细胞内的液态环境，保证细胞内的各种生物化学反应的正常进行和物质的运输。此外，水分还参与植物的蒸腾作用，降低植物的体温，运输营养物质，所以植物在其生活期间要消耗大量的水分。因此农业上强调“水是作物的命根子”，在药用植物栽培上保证植物对水分的需求非常重要。

（一）植物对水的适应性

根据植物对水分的不同要求，可分为4种类型。

1. 旱生植物

适应在干旱环境中生长，能够忍受较长时间的干旱而仍然能够维持水分平衡和正常生长发育的一类植物。旱生植物中又可分为多浆液植物，如仙人掌、芦荟、景天科的植物等，和少浆与深根性植物，如麻黄、甘草、黄芪等，适合于生长在高燥的地方。

2. 湿生植物

适应在陆地上潮湿环境中生长。不能忍受较长时间的干旱或水分不足，是抗旱能力最弱的陆生植物。根据环境特点的不同还可进一步划分为：① 生长在有强光、土壤潮湿环境中，如沟边、池塘边的阳性湿生植物，如菖蒲、灯心草、半边莲、毛茛等；② 生长在弱光、大气潮湿的环境中，如阴山和峡谷地带的阴性湿生植物，如秋海棠、各种蕨类等。

3. 中生植物

是生长在水湿条件适中的陆上植物，大多数植物属于此种类型。

4. 水生植物

适应生长在水环境中的植物统称为水生植物，又可分为沉水植物、浮水植物和挺水植物。如莲、泽泻、慈姑、浮萍和芡实等。

（二）干旱和水涝对植物的危害

缺水是植物经常遭受到的不良环境条件，严重缺水的现象称为干旱。它分为大气干旱、土壤干旱和生理干旱 3 种类型。由于气温高、阳光强，大气相对湿度低（10%~20%），致使植物蒸腾作用消耗水分大于根系吸收的水分，破坏了植物体内水分平衡，此为大气干旱。大气干旱如果持续的时间长，将并发土壤干旱。土壤中缺乏植物能吸收利用的有效水分，致使植物生长受阻或完全停止，为土壤干旱，是最严重和最常见的旱灾。如果土温过低，或施肥过量造成土壤溶液浓度过大而妨碍植物根系吸水，造成植物水分亏缺，称为生理干旱。

干旱对植物造成的危害，主要表现在原生质水分含量减少，植株呈现缺水萎蔫状态，干物质消耗多于积累，植物茎和根系生长差，开花结实少。如果干旱造成细胞严重失水超过原生质所能忍受的限度时，会导致细胞的死亡，植株干枯。

水涝，即土壤水分过多，同样会对植物造成危害。水分过多的危害是间接的，主要是由于土壤孔隙充满水分，氧气缺乏，植物根部正常呼吸受阻，影响水分和矿物元素的吸收，同时由于无氧呼吸而累积的乙醇等有害物质，引起植物中毒；并且由于土壤氧气缺乏，好氧细菌如硝化细菌、氨化细菌、硫细菌等活动受阻，影响植物对氮素等物质的吸收利用，同时厌氧细菌活动活跃，在土壤中积累有机酸和无机酸，使土壤反应趋于酸性，同时产生有毒的还原性产物如硫化氢、氧化亚铁等，使根部细胞色素氧化酶和多酚氧化酶遭受破坏，导致窒息。

（三）合理灌溉，提高水分利用率

植物对水分的需求特性，是植物在长期的进化过程中形成的一种生态适应性，了解植物对水分的需求和土壤中水分的实际情况，进行合理灌溉，在药用植物的栽培上是非常重要的。

首先，同一种植物在不同的生长发育阶段，对水分的要求不同。如川芎前期喜湿，后期喜干，栽培上注意抽薹前保持土壤湿润但不积水，抽薹后应保持土壤适度干燥；又如薏苡等禾本科作物虽然比较耐旱，但在孕穗减数分裂期和抽穗扬花期需水量最大，此时若缺水则影响产量。植物的这种对水分特别敏感的时期，称为该植物的水分临界期，栽培上要特别注意满足植物在水分临界期对水分的需求。

其次，土壤水分含量的多少对植物地上部分和地下部分的作用是有差异的，通常水分充足对植物地上部分生长有较显著的促进作用，水分较少对地下部分的生长有利，这就是人们常说的“干长根，湿长芽”。可利用此特性，通过合理的水分控制，调节药用植物地上部与地下部的生长比，增加药用部位的产量。例如，根类药材的栽培，原则上应该在一定时期或临近收获期保持土壤含水量在较低水平上，以利根系充分生长。

要实现合理的灌溉，就必须根据作物的生物学特性，结合作物的生长发育情况和土壤水分与大气温度等，制定出合理的灌溉时间、灌溉量、灌溉次数和灌溉方法，尽量采用喷灌、滴灌、雾灌等新技术节约用水，避免大水漫灌。此外，在采用人工灌水措施的同时，可配合采用抗旱品种、秸秆或地膜覆盖、少耕免耕、土壤保水剂等措施，使作物生产过程中的水分利用率达到较高的水平。地下块根、块茎类药用植物的栽培要特别注意预防涝灾，可通过挖排水沟、高垄栽培等方法防涝增产。

（四）水质污染对植物的影响

水质污染的来源首先主要包括工厂如化工厂、造纸厂、肉联厂等排放的各种废水；其次是农田病虫害防治施用化学农药和施用化学肥料污染当地水质；再次是城市生活废水以及来自垃圾场或医院垃圾的污染等。这些废水或垃圾中可能含有妨碍植物生长的元素或化合物，如污水中酚、氰、砷、铬等元素达到一定浓度时，会使植物根部腐烂；或含有对人有毒的有害物质，包括有毒化学物质和重金属等，这也就是 GAP 基地必须建在远离工厂、矿山、医院和垃圾处理场的原因。

四、中药材与空气

（一）空气对植物的生理作用

空气为植物提供光合作用需要的 CO_2 和呼吸作用需要的 O_2，CO_2 和土壤中的 H_2O 提供了产生糖的碳和氧，可见植物体内绝大部分物质是由空气和水制造的。田间管理中的中耕松土和排涝，目的就是改善土壤的通气状况。温室或塑料大棚栽培的植物，也要特别注意换气以保证新鲜空气的供应。

由于全球工业化使空气中 CO_2 激增导致植物加速生长，预计今后作物的单位面积产量将会逐年增加，但由于生长加快，作物中的铁、锌、硒和铬等微量元素含量将减少，作物营养价值可能会降低。因此，在人工栽培药用植物时，需要注意开发适合药用植物种植的微量元素肥料，以满足药用植物对它们的需求。

另外，空气中的 O_2 对于土壤中微生物的正常生活也是必需的。土壤微生物包括各种细菌和真菌，能帮助土壤中有机物质的分解，有利于植物从土壤中吸收养分。有的真菌还与植物的根系建立共生关系形成菌根，直接帮助植物从土壤中吸收水分和矿质营养。土壤中的固氮菌还将空气中的氮固定到土壤中。因此确保土壤的通气状况越好，土壤微生物以及蚯蚓等有益动物的生长繁殖条件越好，土壤的肥力越高，更有利植物生长。

（二）空气中有毒气体对植物的危害

近年来，由于人类的活动向空气中排放了越来越多的废气或有毒气体，造成了严重的环境污染。空气中对植物危害较大的气体主要有下列几种。

1. 二氧化硫

是当前数量最多，分布最广，危害最大的气体，冶炼厂、化工厂以及许多以煤为动力的工厂、民用的煤炉都有散放。植物吸收 SO_2 生成亚硫酸，亚硫酸对细胞内重要的代谢过程（如蛋白质的合成等）造成严重破坏，最后细胞皱缩而崩溃，叶上产生点状、块状的褪色伤斑，严重时整片叶发黄，干枯而脱落。SO_2 的为害特点是，伤斑多分布在叶脉间，伤斑与健康组织的界线十分明显。紫花苜蓿、灰灰菜、向日葵、芝麻以及苔醉、地衣等对 SO_2 非常敏感，可作为 SO_2 污染的指示植物。

部分植物如柳杉、柑橘、栀子、夹竹桃、丁香、银杏以及玉米、黄瓜、芹菜、葫芦、香瓜等有较强的吸硫的作用，种植这类植物能够减少环境中硫的污染。

2. 氮气、氯化氢

是当前仅次于 SO_2 的有害气体，一般化工厂、制药厂、农药厂都有散放。氯气对植物的危害比 SO_2 严重得多，氯气破坏叶绿素，使叶片褪色或起小水泡，枯卷而脱落。它的危害特点是，伤斑遍布全叶，伤斑与健康组织的界线模糊。但是槐树、紫藤、合欢、桑树、橡树等有较强的吸氯能力。

3. 氟气、氟化氢

一般磷肥厂、铝厂、玻璃厂等有散放氟气（F_2）、氟化氢（HF）。F_2 和 HF 的毒性比 SO_2 大 20 倍，在叶片的尖端和边缘引起黄褐色变异，逐渐向中间扩展，受害严重时全部干枯脱落。唐菖蒲、郁金香、雪松等植物对氟化氢敏感，可作为氟化氢及有机氟污染的监测指示植物。而番茄、扁豆、丁香树、洋槐、女贞、月桂、柑橘等对氟有较强抗性和净化能力。

【温馨小提示】

室内空气与人体健康息息相关，因装修或添置新家具，或者通风不畅都可能污染室内空气。中医认为，许多不明原因的疾病与室内空气环境密切相关，运用中草药芳香化湿、清热解毒的功效，可起到空气消毒、净化空气的作用：如藿香、佩兰、苍术、厚朴等芳香化湿类，黄芪、大青叶、板蓝根、金银花、连翘等抗病毒清热解毒类。

4. 臭氧、氮氧化物

臭氧（O_3）及氮氧化物是城市烟雾的重要组成成分，它们主要来自汽车燃烧不完全排放的废气。石油炼制厂也散放出臭氧及氮氧化物。烟雾中所含有的臭氧是大气浓度的10~100倍，这种浓度能使植物受到严重损伤，其氧化性使植物新陈代谢受阻，包括叶绿体发生破裂。

氮氧化物中最常见的是过氧化乙基硝酸酯（$C_2H_3O_5N$，简称为PAN），最初发现于美国甜橙产地，20世纪50年代发现甜橙叶上出现黄斑以致脱落。经空气分析发现是PAN所致，由于PAN妨碍了光合作用和呼吸作用，每年使柠檬减产39%，甜橙减产64%。

臭氧、PAN以及汽车排放的烃类，由于高空紫外线的照射而形成光化性烟雾。我国兰州等地有光化性烟雾的污染。早熟禾、矮牵牛、烟草等对光化性烟雾敏感，可用于监测指示光化性烟雾的污染情况。

5. 粉尘、灰尘

粉尘是飘浮在大气中的细微颗粒，主要是燃烧煤产生的，每年世界各地排入大气中的粉尘有1亿~2亿t，占污染物总量的1/6以上，是大气污染的主要祸害之一。灰尘可由矿物粉碎产生或土壤沙化产生。粉尘与灰尘阻塞植物气孔，影响叶片内外气体的交换，从而影响光合作用和呼吸作用。

植物特别是树木，对粉尘、灰尘具有吸滞除尘的作用。据测定，绿地中的含尘量要比有绿化的街道少1/3~2/3，有绿化的街道上空含尘量要比无绿化的街道低56.7%。在污染严重的水泥厂中，绿化树木可使降尘量减少23%~52%。刺楸、榆树、悬铃木、女贞等吸尘能力强，是良好的防尘树种。在中药材GAP生产基地多植树，多种植能吸收有害气体和粉尘的树木或作物，对于净化空气、保持基地大气质量具有重要意义。

第二节　中药材的生长发育与土壤的关系

一、土壤在中药材生产上的重要性

土壤是中药材生长的基础和场所，其环境质量是中药材GAP生产的先决条件。现代中药材生产必须充分重视地理环境、农业生态条件对产量品质的综合影响，以中药材GAP为核心指导，走中药材GAP基地建设的道路，以确保中药材质量的平衡稳定。土壤环境质量指标是土壤和作物污染程度的硬性指标，包括地质、地貌、气候、水质、土壤、植被、工农业结构各生态因子及其相关因素，其中土壤背景值和土壤环境容量是土壤环境质量评价和监测的重要依据。具体分以下几个方面。

1. 地质状况与GAP

中药材具有地域性特点，讲求道地性。地质、气候及生物等各因子组合的“地质背景系统（GBS）”制约着中药材的分布、生长发育及其产量和品质，也就是说中药材有效成分的形成和积累与地质背景系统有着密切关系，这是道地药材具有较强地域性的本质。究其原因，土壤是以母质为基础的，在气候、生物等作用下，不断地同外界进行着物质、能量、信息的交流，即通过“岩石（母质）-土壤-中药材”系统，将物质、能量、信息流（如矿质元素、地下水、地热等），源源不断地传递给中药材，这从某种角度决定了中药材的种类、地域分布和内在成分含量。因此，中药材的GAP生产首先必须考虑的就是地质状况对中药材的产地制约，必须遵循“产地区划，讲求道地”的原则。

2. 地形地貌与GAP

中药材主要分布于山区、丘陵、平原等大陆地貌类型中，海拔高度、坡度、坡向及地形地貌等影响着中药材的分布、生长发育。因为地形引起母质在地表进行再分配，进而引起光、热、水在母质和土壤中的再分配，各因子的综合作用，导致中药材随土壤呈现出纬度、经度、垂直地带性的“三向地带性”结合规律。中药材栽培在选择合适的地势类型的基础上，必须遵循“三向地带性”结合规律，在考虑经纬度、海拔的基础上进行引种驯化，扩大资源的再生繁衍，增强其产量品质。

3. 气候因素与GAP

光、热、水、气是构成气候条件的主要因子，它们决定了成土过程的水热条件，是土壤环境系统中的重要因素，而且与中药材生长发育唇齿相关。光照是中药材进行光合作用不可缺少的条件，不同类型的中药材对光照的要求不同，根据对光照时间长短和生长发育所需日光量的不同，中药材可分为阴生植物（如人参、细辛、黄精等）、阳生植物（如地黄、薏苡等）和中生植物；同时，中药材个体的生长发育时期不同，光照强度对其影响亦不相同。在造地、间作、套作时，对植物种类的选择和搭配以及间苗、整枝、合理密植等都要适应植物对光强度的要求。温度是干扰中药材生产的最重要的环境因子，对土壤的发育主要表现在土壤风化作用上。植物的生长发育与温度存在最低、最适、最高温度“三基点”有着密切关联，植物的发育阶段不同，对温度“三基点”的要求也不尽相同，这是植物进化过程中对温度形成多样化适应的结果。

4. 土壤生态因子与GAP

中药材栽培生产除了要求土壤能提供良好的生根立足条件外，还要求土壤提供充足的营养、水分和空气（即土壤肥力）。品质纯正、质量稳定的中药材原料需要未受重金属和农药等污染的土壤条件。土壤质地、土壤有机质、土壤营养、土壤水分、土壤酸碱度、土壤空气及土壤微生物等均影响土壤肥力及中药材生长发育和产量品质，土壤污染程度是中药材品质好坏的重要影响因素，中药材GAP生产要求的土壤环境质量须有一定的规范标准，如执行GB 15618—1995。土壤质地是土壤中大小不同的土粒组合比例，按沙、粉、黏粒的组成比例，可将土壤分为沙土、壤土及黏土类。不同中药材要求的土壤类型均有较大的差异，一般保水保肥力强、疏松、团粒结构优良的沙壤土均能适应大多数中药材的生长要求。

二、土壤微生物与中药材生长发育的关系

土壤营养（氮、磷、钾、微量元素、有机质等）是供中药材生长发育的“粮食”，是创造优质高产中药材必需的物质条件之一。植物的生长发育所需的营养均有其营养元素的平衡问题，土壤营养元素除碳、氢、氧来自大气外，其余元素基本上都来自土壤，而施肥和土壤自身的营养富集是土壤营养的重要来源。因此，合理施肥是中药材产量水平的关键，高品位施肥是中药材产品质量的重要保证。进行中药材 GAP 产品生产时，结合中药材生长发育规律和土壤营养的实际水平，寻求最佳的施肥模式，是中药材能达到“高效优质丰产”的重要措施。

土壤微生物、土壤有机质或土壤腐殖质是土壤肥力水平的重要体现因素。有些中药材必须借助土壤微生物的共生才能生长发育，同时土壤微生物又是土壤有机质的分解动力，这均为中药材的生长发育提供了优良的土壤环境条件。

三、土壤有机质和酸碱性与中药材生长的关系

土壤有机质是中药材和微生物的养料源泉，也是土壤肥瘦好坏的重要标志之一，它在改良土壤结构，提高土壤肥力，充分协调水、热、气等关系中起着巨大作用。

土壤酸碱度（即“土壤反应”）对土壤肥力及植物生长影响很大，大多数中药材喜在中性或微酸条件下生长。故中药材栽培中应注意土壤酸碱度并积极采取措施加以调控以适应中药材生长及质量的要求。

四、土壤水分和土壤空气与中药材生长的关系

土壤水分是土壤肥力的重要成分，是中药材生长发育所需水分最重要的来源。水是中药材生命活动过程中不可缺少的环境条件。从生物化学、生物物理学水平来说，水在生命系统中对有机体的热量平衡有着重要作用；从植物生态学水平来说，水对气候类型的形成与稳定起着重要作用。水分在植物体内含量最重，土壤水是植物根部吸收水分的主要源泉。不同植物对水分的需要量不同，这决定了物种的分布范围。根据中药材对水分的适应能力和适应方式，一般将其分为旱生、湿生、中生、水生等不同种类，这是它们对水条件长期适应的结果。尤其值得提醒的是，水质的好坏和污染程度直接影响药用植物产品的品质，因此，中药材 GAP 生产过程中，对水质的要求（包括灌溉水）均应有其规范的标准，如灌溉水质执行农田灌溉水质量标准 GB 5084-92 等。

大气由干净空气、水气和各种悬浮的固态杂质微粒组成，是环境的重要组成要素，为维持一切生命活动所必需。大气的质量好坏，对整个生态系统及中药材品质直接带来影响。氧和氮是地球一切生物呼吸和制造营养的源泉，中药材必须在通气

良好的土壤中生长；CO_2 对植物光合作用影响巨大；但污染的空气（尤其是工业废气）对中药材品质则会产生严重危害。因此，在中药材 GAP 生产中，空气环境质量须执行一定的标准规范，如“大气环境”质量标准 GB 133095-82 等。

五、影响中药材生长的主要土壤因素

在人工栽培的 200 多个中药材品种中，各个品种有各自的生长习性，每个品种对土壤、温度、水分、光照、温差等自然条件都有严格的要求。只有在沙壤土中生长良好的中药材品种，不能种植在黏重或沙质的土壤中，如丹参、半夏、白术、白芷、地黄等品种。在低温下完成生长周期的品种，遇高温会出现枯萎或倒苗，如红花、白芨、浙贝母等。有的品种喜土壤干旱，如白芍、甘草等；有的品种喜土壤湿润，如薏苡、泽泻等；而有的品种既怕旱又怕涝，要保持土壤见干见湿，才能正常生长，如白术、半夏等。

各品种不同的生长时期对水分要求也不一样，如半夏生长前期要求土壤有一定的湿度即可，土壤含水量 10%～20%；生长中期土壤要见湿见干，含水量 20%～30%，并且空气湿度要大；生长的中后期，也是块茎的膨大期，如土壤过湿，含水量超过 30%，5 天半夏块茎就会出现大量的腐烂，15 天会迅速蔓延整个田块，造成大块茎的全部腐烂，甚至颗粒无收。要求长日照的红花等品种，如种植在短日照的地区，产量低，质量差。半夏在土壤干旱、温度较高的条件下，强光照直射，就会倒苗，必须人为采取遮阳措施，才能正常生长。甘草、丹参等根茎类品种，在进入生殖生长的时期，必须有一定的温差刺激，才能完成养分的积累。

在中药材种植生产的实际操作中，怎样合理调节温度、水分、光照等之间的关系，这就是高产优质中药材种植技术；有人说半夏在温度超过 30℃就会倒苗，但经农户多年实践得出，只要土壤湿润，含水量 20%左右，在隐蔽的环境条件下，短时间温度达 35℃，半夏也能正常生长；即使温度低于 30℃，在干旱（土壤含水量 10%以下）强光照的情况下，半夏地上植株也会枯萎倒苗。所以，要种植出既高产又优质的中药材商品，就需从技术方面，根据生物学的特性，科学选择土壤，论证最佳播种或栽培时间，合理调节温度、光照、水分之间的关系，保证种植的中草药能够正常的健壮生长，从而在优质的基础上获得最高产量。土壤是中药材生长的基础和场所，其环境质量是中药材 GAP 生产的先决条件。现代中药材生产必须充分重视地理环境、农业生态条件对产量品质的综合影响，以中药材 GAP 为核心指导，走中药材 GAP 基地建设的道路，以确保中药材质量的平衡稳定。

土壤环境质量指标是土壤和作物污染程度的硬性指标，包括地质、地貌、气候、水质、土壤、植被、工农业结构各生态因子及其相关因素，其中土壤背景值和土壤环境容量是土壤环境质量评价和监测的重要依据。

六、土壤的改良和合理利用

随着社会的进步，科学技术日益发达，人类赖以生存的环境出现了大量的污染，所以必须采取措施，来进行土壤修复，治理土壤污染，土壤问题会成为今后环保事业的重要一环。那么问题来了，出现这些问题我们怎么去解决，作为一个农资从业者，我们应该了解，应对措施，大致方案有4种：一是合理使用化学肥料；二是加大有机肥投入量；三是补充有益菌（微生物菌剂）；四是适当使用土壤调理剂。

有机肥土壤肥力的主要指标便是土壤有机质的含量，土壤有机质一旦缺乏，土壤的有益微生物菌群必将失衡，微生物促进土壤有机质、营养元素的分解和转化，有机质为微生物提供营养和适宜生存的环境，两者的关系可以用“唇亡齿寒”来形容。此外，有机肥还为作物提供碳营养。据了解，大多数种植户都知道使用有机肥的好处，用他们的话说“用有机肥，地更有劲”，既然有机肥这么重要，那种植者为什么不用，或是投入不足呢？主要有3点原因：① 一部分种植者对有机肥的认知程度不够，不了解有机肥对土壤肥力的重要性；② 以传统土杂肥、禽畜粪便为代表的有机肥，原料采集不是很方便，种植户很难发酵腐熟好，而且制作比较麻烦；③ 商品化的有机肥的出现极大地方便了种植户，但是缺点是使用成本过高，性价比不合理，种植户投入的那点数量远远满足不了实际需求。

土壤改良工作一般根据各地的自然条件、经济条件，因地制宜地制定切实可行的规划，逐步实施，以达到有效地改善土壤生产性状和环境条件的目的。土壤改良过程共分两个阶段：① 保土阶段，采取工程或生物措施，使土壤流失量控制在容许流失量范围内。如果土壤流失量得不到控制，土壤改良亦无法进行。对于耕作土壤，首先要进行农田基本建设。② 改土阶段。其目的是增加土壤有机质和养分含量，改良土壤性状，提高土壤肥力。改土措施主要是种植豆科绿肥或多施农家肥。当土壤过沙或过黏时，可采用沙黏互掺的办法。中国南方的酸性红黄壤地区的侵蚀土壤磷素很缺，种植绿肥作物改土时必须施用磷肥。

用化学改良剂改变土壤酸性或碱性的一种措施称为土壤化学改良。常用的化学改良剂有石灰、石膏、磷石膏、氯化钙、硫酸亚铁、腐殖酸钙等，视土壤的性质而择用。如对碱化土壤需施用石膏、磷石膏等以钙离子交换出土壤胶体表面的钠离子，降低土壤的pH值。对酸性土壤，则需施用石灰性物质。化学改良必须结合水利、农业等措施，才能取得更好的效果。采取相应的农业、水利、生物等措施，改善土壤性状，提高土壤肥力的过程称为土壤物理改良。具体措施有：适时耕作，增施有机肥，改良贫瘠土壤；客土、漫沙、漫淤等，改良过沙过黏土壤；平整土地；设立灌、排渠系，排水洗盐、种稻洗盐等，改良盐碱土；植树种草，营造防护林，设立沙障、固定流沙，改良风沙土等。运用土壤学、农业生物学、生态学等多种学科的理论与技术，排除或防治影响农作物生育和引起土壤退化等不利因素，改善土壤性状、提高土壤肥力，为农作物创造良好的土壤环境条件的一系列技术措施的统称。其基本途径有：①水利土壤改良，如建立农田排灌工程，调节地下水位，改善土壤水分状况，排除和防止沼泽地和盐碱化；②工程土壤改良，如运用平整土地，兴修梯田，引洪漫淤等工程措施改良土壤条件；③生物土壤改良，用各种生物途径种植绿肥、牧羊增加土壤有机质以提高土壤肥力或营造防护林等；④耕作土壤改良，改进耕作方法，改良土壤条件；⑤化学土壤改良，如施用化肥和各种土壤改良剂等提高土壤肥力，改善土壤结构等。

土壤改良技术主要包括土壤结构改良、盐碱地改良、酸化土壤改良、土壤科学耕作和治理土壤污染。土壤结构改良是通过施用天然土壤改良剂（如腐殖酸类、纤维素类、沼渣等）和人工土壤改良剂（如聚乙烯醇、聚丙烯腈等）来促进土壤团粒的形成，改良土壤结构，提高肥力和固定表土，保护土壤耕层，防止水土流失。盐碱地改良，主要是通过脱盐剂技术盐碱土区旱田的井灌技术、生物改良技术进行土壤改良。酸化土壤改良是控制废气二氧化碳的排放，制止酸雨发展或对已经酸化的土壤添加碳酸钠、硝石灰等土壤改良剂来改善土壤肥力、增加土壤的透水性和透气性。采用免耕技术、深松技术来解决由于耕作方法不当造成的土壤板结和退化问题。

改良方法包括以下几项。

1. 轮作换茬

合理安排不同中药材，并尽量考虑不同中药材的科属类型、根系深浅、吸肥特点及分泌物的酸碱性等有计划地轮作换茬。

2. 定期进行土壤消毒

①药剂法。可用福尔马林拌土或用硫黄粉熏蒸的方法杀菌。②日光法。夏季闲茬时期，撤掉棚膜，深翻土壤，利用阳光中的紫外线杀菌。③高温法。高温季节，灌水后闷棚，也可采取给土壤通热蒸汽的方法杀虫灭菌。④冷冻法。冬季严寒，把不能利用的保护地撤膜后深翻土壤，冻死病虫卵。

3. 改良土壤质地

①中药材收获后，翻土壤，把下层含盐较少的土壤翻至层与表土充分混匀。②适当增施腐熟的有机肥，以增加土壤有机质的含量。③对表层土含盐量过高或pH值过低的土壤，可用肥沃土来替换。④经济技术条件许可者，可进行无土栽培。

4. 以水排盐

①闲茬时，浇大水，表土积聚的盐分下淋以降低土壤溶液浓度。②夏季中药材换茬空隙，撤膜淋雨或大水漫灌，使土壤表层盐分随雨水流失或淋溶到土壤深层。

5. 科学施肥

① 根据土壤养分状况、肥料种类及中药材需肥特性，确定合理的施肥量或施肥方式，做到配方施肥，以施用有机肥为主，合理配施氮磷钾肥，化学肥料做基肥时要深施并与有机肥混合，作追肥要“少量多次”，并避免长期施用同一种肥料，特别是含氮肥料。① 科学选肥，注意生理酸性肥料与生理碱性肥料的交替搭配。当土壤已经酸化或必须施用酸性肥料时，可在肥料中掺入生石灰来调节；当土壤酸化严重并想迅速增加 pH 值时，可施加熟石灰，但用量为生石灰的 1/3~1/2，且不可对正在生长植物的土壤施用。③ 提倡根外追肥。根外追肥不会造成土壤破坏。④ 慎施微肥。一般情况下，要用有机肥来提供微量元素，如施用微肥一定不要过量。

6. 种耐盐作物

中药材收获后种植吸肥力强的玉米、高粱、甘蓝等作物，能有效降低土壤盐分含量和酸性，若土壤有积盐现象或酸性强，也可种植耐盐性强的蔬菜如菠菜、芹菜、茄子等或耐酸性较强的油菜、空心菜、芋头等，达到吸收土壤盐分的目的。

沙土保水保肥能力低，黏土通气、透水性差，一般对粗沙土和重黏土应进行质地改良。改良的深度范围为土壤耕作层。改良的措施为沙土掺黏、黏土掺沙。沙土掺黏的比例范围较宽，而黏土掺沙则要求沙的掺入量比需要改良的黏土量大，否则效果不好，甚至适得其反。掺混作业可与土壤耕作之翻耕、耙地或旋耕结合起来进行。客土改良工程量大，一般宜就地取材，因地制宜，亦可逐年进行。如在进行土地平整、道路与排灌系统建设时，可有计划地搬运土壤，进行客土改良。

【知识链接】

对光照强度的不同喜好，植物可分为 3 种类型：阳生植物、阴生植物、耐阴植物。根据植物对温度的不同要求，可划分为 4 种类型：耐寒植物、半耐寒植物、喜温植物、耐热植物。根据植物对水分的不同要求，可分为 4 种类型：旱生植物、湿生植物、中生植物、水生植物。

第三节　中药材的生长发育与肥料的关系

一、中药材生长发育所需的营养元素

中药材生长发育所需的营养元素有 C、H、O、N、P、K、Ca、Mg、S、Fe、Cl、Mn、Zn、Cu、Mo、B 等，这些营养元素除了空气中能供给一部分 C、H、O 外，其他元素均由土壤提供。当土壤不足以满足药材生长发育的需要时，必须通过

施肥进行补充。中药材种类不同，吸收营养的种类、数量、相互间比例等也不同，而同一种药材在不同生育时期所需营养元素的种类、数量和比例也不一样。因此，在中药材生产中应根据其营养需求特点及土壤的供肥能力，确定施肥种类、时间和数量。施肥应以基肥为主，追肥为辅；肥料种类应以有机肥为主，有机肥与化学肥料配合，根据不同中药材生长发育的需要有限度地使用化学肥料。允许施用经充分腐熟达到无害化卫生标准的农家肥，禁止施用城市生活垃圾、工业垃圾、医院垃圾及粪便。

二、肥料的种类、性质及作用

（一）有机肥

有机肥俗称农家肥，包括以各种动物、植物残体或代谢物组成，如人畜粪便、秸秆、动物残体、屠宰场废弃物等。另外还包括饼肥、堆肥、沤肥、厩肥、沼肥、绿肥等。主要是以供应有机物质为手段，以此来改善土壤理化性能，促进植物生长及土壤生态系统的循环。

堆肥：各类秸秆、落叶、青草、动植物残体、人畜粪便为原料，按比例相互混合或与少量泥土混合进行好氧发酵腐熟而成的一种肥料。

沤肥：沤肥所用原料与堆肥基本相同，只是在淹水条件下进行发酵而成。

厩肥：指猪、牛、马、羊、鸡、鸭等畜禽的粪尿与秸秆垫料堆沤制成的肥料。

沼气肥：在密封的沼气池中，有机物腐解产生沼气后的副产物，包括沼气液和残渣。

绿肥：利用栽培或野生的绿色植物体作肥料。如豆科的绿豆、蚕豆、草木樨、田菁、苜蓿、苕子等。非豆科绿肥有黑麦草、肥田萝卜、小葵子、满江红、水葫芦、水花生等。

作物秸秆：农作物秸秆是重要的肥料品种之一，作物秸秆含有作物所必需的营养元素有 N（氮）、P（磷）、K（钾）、Ca（钙）、S（硫）等。在适宜条件下通过土壤微生物的作用，这些元素经过矿化再回到土壤中，为作物吸收利用。

饼肥：菜籽饼、棉籽饼、豆饼、芝麻饼、蓖麻饼、茶籽饼等。

泥肥：未经污染的河泥、塘泥、沟泥、港泥、湖泥等。

在自然植物群落生态系统的物质循环中，除了无机养分外，生物分泌排泄和有机质分解的有机养分也进入植物体，它们包括可溶性糖、氨基酸、核酸及其降解物、酶、维生素和内源激素等。如细菌能产生 IAA、GA、CTK 和各种酶。畜禽粪中含有机质 60.2%~73.6%，可溶性糖 0.06%~12.35%，100g 干重含氨基酸 73.6~399.5mg，DNA18.6~40.3mg，RNA197~279mg，以及核酸降解物核苷酸、核苷、嘌呤、嘧啶和各种酶（包括脱氢酶、转化酶、脲酶、蛋白酶、磷酸酶、ATP 酶等）。除有机质分解形成的胡敏酸是形成土壤团粒结构、提高土壤肥力的主要组成外，有机养分对中药材生长发育也起重要作用。因此，为了保持中药材的正常生长，对不生草栽培的地块，一般每公顷应按每千克药材每千克肥的原则进行施用有机肥，最好保持土壤的有机质达到1.0%~1.5%。

（二）无机肥

无机肥为矿质肥料，也叫化学肥料，简称化肥。它具有成分单纯，含有效成分高，易溶于水，分解快，易被根系吸收等特点，所以称“速效性肥料”。通常的化肥即是“无机肥料”。无机肥是指用化学合成方法生产的肥料，包括氮、磷、钾、复合肥。

1. 常用无机肥的种类

（1）碳酸氢铵　又叫重碳酸铵，含氮17%左右，在高温或潮湿的情况下，极易分解产生氨气挥发。呈弱酸性反应，为速效肥料。

（2）尿素　含氮46%，是固体氮肥中含氮最多的种。肥效比硫酸铵慢些，但肥效较长。尿素呈中性反应，适合于各种土壤。一般用作根外追肥时，其浓度以0.1%~0.3%为宜。

（3）硫酸铵　含氮素20%~21%，每千克硫酸铵的肥效相当于60~100kg人粪尿，易溶于水，肥效快，有效期短，一般10~20天。呈弱酸性反应，多用作追肥。

（4）钙镁磷肥　含磷14%~18%，微碱性，肥效较慢，后效长。若与作物秸秆、垃圾、厩肥等制作堆肥，在发酵腐熟过程中能产生有机酸而增加肥效，宜作基肥用。适于酸性或微酸性土壤，并能补充土壤中的钙和镁微量元素的不足。

（5）硫酸钾　含钾48%~52%。主要用作基肥，也可作追肥用，宜挖沟深施，靠近发根层收效快。用作根外追肥时，使用浓度应不超过0.1%。呈中性反应，不易吸湿结块，一般土壤均可施用。葡萄是喜钾肥的果树，施用硫酸钾效果很好。

（6）草木灰　是植物体燃烧后的残渣，草木灰含钾素5%~10%，磷1%~4%，氮0.14%，含钙也多达30%左右。草木灰中的钾，绝大多数是水溶性的，属速效肥，可作追肥也可做基肥。草木灰不宜与硫酸铵、人粪尿等混用，避免损失氮素。贮存时要防止潮湿，以免养分流失。

（7）石灰　呈碱性，是我国南方酸性土壤中常用的肥料，施后不但可以增加土壤中的钙肥，改善土壤结构，还能中和土壤酸性。沤制堆肥时，拌入少量石灰，可加速腐熟。

2. 关于无机肥施用的不同主张与看法

① 国外发达的国家主张有机农业，普遍反对施用化肥而要求施用有机肥。理由是施用化肥会造成污染，使地力下降，加重水土流失和增加能量消耗。但施化肥对于永久性的中药材来说是必需的，因中药材吸收的矿质营养元素都必须是无机形态时方能为中药材利用。植物吸收这些营养元素后通过光合作用形成各种有机物供动物和人类利用。所剩余的有机质也必须通过腐生生物分解为无机形态后，方可被

中药材吸收利用。

② 当有机质分解形成的矿质元素和来自岩石、土壤、空气、雨水的矿质元素不能满足中药材不断提高单位面积产量和质量需要时，合理增施化肥是完全符合自然规律的仿生栽培措施。这种措施基础一旦失去就会使中药材生长失调，最终导致中药材减产降质。土壤板结，土壤冲刷加剧的现象，并非完全因施用化肥引起，而主要是由于使用化肥后减少或不施有机肥以及灌溉不当所造成。在有机质充分归还土壤的前提下，即使长期施用化肥也不会因破坏土壤结构，而加剧水土流失。

③ 关于化肥施用后造成土壤环境污染的问题，其一是某些元素施用过量，如硝态氮过量施用就会产生 NO_2^-，这可以从减少过量施用或者通过改善土壤结构加以调节解决。其二是在化肥生产中尽量减少有毒物杂质，如化肥中的镉等有毒物质，需要在制造中消除。在化肥的施用中，特别是氮肥，能量消耗多，这可通过利用菌肥来减少化肥用量，从而得以解决。

（三）气肥

气肥即气体肥料。常温、常压下呈气体状态的肥料。由于气体的扩散性强，因此气体肥料主要是用在温室和塑料大棚中。二氧化碳是一种常用的气肥。在温室中施用二氧化碳可提高作物光合作用的强度和效率，促进根系发育，提高产品品质，并大幅度提高作物产量。大田进行二氧化碳施肥试验已获得成功。施用碳酸氢铵也可提供一定量的二氧化碳。因为植物的光合作用需要大量的二氧化碳，水和阳光作为能源，来合成植物体内的葡萄糖。其中阳光的因素人为不可控制，水又来源丰富，所以人们用二氧化碳作为气体肥料。在保护栽培的条件下或者一定的生产栽培条件下，二氧化碳（CO_2）浓度决定光合作用强度。在光照充分、温度较高时（28℃），CO_2浓度从通常的 300μL/L 增加到1 000~2 400μL/L，可使光合作用提高2 倍。所以，栽培中药材或者蔬菜使用 CO_2，对于提高产量具有极显著的作用。

1. CO_2 的施用方法

将干冰放于果树作物的地表，施用罐装气态的或液态的 CO_2，可从燃烧枯木枝干、天然气、燃料油和丙烷获得，但要防止内含有毒物质。像美国、澳大利亚的果园一样利用防寒的大风扇，于 8:00—11:00和 15:00—17:00 开动，改善 CO_2因光合作用造成的分布不平衡状况。增加有机肥的施用，据山东省果树研究所报道，板栗园施马粪，地面释放出的 CO_2：浓度提高了 142%，光合强度提高 54%。试验证明，天然气作肥料，既提高地力，又避免土壤板结。试验地 3 年后好气性细菌数增加50 倍以上，且比化肥投资减少。

2. CO_2 施用注意事项

由于二氧化碳反应液有一定的腐蚀性，在加液或换液时要注意安全，防止药液飞溅到人身上和直接接触皮肤，如操作不慎药液飞溅身上应立即用水冲洗干净。药液溅到衣服上也应立即漂洗，以防损坏衣物。反应液和发生器的放置必须安全可靠，严禁儿童接触，以保安全。CO_2要连续施用，不能突然停止，只要有 1.5~2 小时的闭棚时间，都可继续施用CO_2。等量反应结束后，桶内的溶液和沉淀物主要是硫酸铵，倒出前要作酸碱度检验——即取少量碳铵放入反应桶内，如果没有气泡出现，说明无残酸；如果有气泡出现，应继续缓慢加入碳铵，直至无气泡产生。

（四）菌肥

菌肥亦称生物肥、生物肥料、细菌肥料或接种剂等，但大多数人习惯叫菌肥。确切地说，生物肥料是菌而不是肥，因为它本身并不含有植物生长发育需要的营养元素，而只是含有大量的微生物，在土壤中通过微生物的生命活动，改善作物的营养条件。

目前，市场上出现的各种生物肥料，实际上是含有大量微生物的培养物。它们可以是粉剂或颗粒，也可以是液体状态。将它们施到土壤里，在适宜的条件下进一步生长、繁殖，一方面可以将土壤中某些难于被植物吸收的营养物质转换成易于吸收的形式，另一方面可以通过自身的一系列生命活动，分泌一些有利于植物生长的代谢产物，刺激植物生长。含固氮菌的菌肥还可以固定空气中的氮素，直接提供植物养分，不过目前各种菌肥能固定的氮素数量十分有限。

1. 菌肥的正确施用方法

① 要求土壤墒情适宜。土壤太干或太湿都不利于菌肥肥效的发挥，适宜的土壤湿度为60%左右，即见干见湿的土壤湿度最为适宜。② 不能与杀菌剂混用。菌是菌肥的主要体现，若与杀菌剂混用，杀菌剂容易杀灭菌肥中的活性菌，降低菌肥的肥效。③ 与化肥混用，要注意化肥用量不能过大。高浓度的化学物质对菌肥里的微生物有毒害作用，尤其注意不能与碳酸氢铵等碱性肥料和硝酸钠等生理碱性肥料混用。④ 不同种类的菌肥也不宜混用。目前，市场上的菌肥种类很多，其所含的活性菌不同，它们之间是否有相互抑制作用还不是很清楚，若相互抑制，则会降低肥效。

2. 菌肥使用注意事项

根据生物肥料的特点，在使用过程中一般要求注意以下几个问题。

① 生物肥料要求一定的环境条件和栽培措施，以保证微生物生长繁殖所需要的环境条件，使肥料充分发挥作用。② 生物肥料一般不能单独施用，一定要和化肥、有机肥配合施用，只有这样才能充分发挥生物肥料的增产效能。③ 在生产、运输、贮存和使用过程中注意杀菌条件。利用土壤中一些有特定功能的细菌而制成的菌肥，具有改良土壤、保护生态环境等明显的生态效益，是 21 世纪生态农业的首选肥料。但长期以来，由于一些菌肥效果不稳定，菌数少，无效和有害的杂菌多，细菌在土壤中成活率低，造成菌肥对作物增产的效果不理想，农民不爱使用。

三、中药材吸收养分的主要特点

1. 养分的选择吸收

选择吸收，是指植物所需的养分不是任意的，而是对土壤溶液中营养元素的利用是具有选择性的。植物吸收养分不是机械被动的过程，而是积极主动的过程，不同的中药材对不同形态的氮的利用不同。不同中药材或同一中药材的不同品种需肥情况各不相同，根、茎类中药材需钾多一些，种子、果实类中药材需磷多一些，叶或全草类中药材需氮多一些，根据中药材选择性吸收的特点来补充相应的营养元素是中药材施肥的原则之一。

2. 阶段性吸收

中药材在生长发育的不同阶段，对养分要求有不同的特点，这就是中药材吸收营养的阶段性。植物营养临界期指植物生长发育过程中，有一个时期对某种养分的要求在绝对量上不多，但需要的程度迫切，如果缺乏这种养分，植物生长发育会受到影响，由此造成的影响和损失，即使补充上这种营养也无法挽救。氮的临界期在营养生长转向生殖生长的时期。植物营养最大效率期是指这一时期植物所需的养分，在吸收速度和绝对数量上都是最大的，因此施肥的作用最大，增产效果最好。一般在植物的生长中期，但各种营养元素的最大效率期是不一致的，地黄在生长中期时氮素营养效果最好，但在块根膨大时，磷、钾的营养效果好，特别是钾元素。

四、中药材的施肥原理

第一个叫养分归还学说：作物生长是从土壤中吸收养分的，每年要拿走一部分收获，也就是要从土壤中拿走一部分养分，要想恢复地力，就必须把取走的养分都归还给土地，这一原理说白了就是欠债还钱，种地就得施肥。

第二个叫最小养分律：作物生长需要各种养分，作物的产量决定于土壤中相对含量最少的养分，举例来说明如果一块地中氮很缺，只能产500斤（1斤=500g）粮食，那么即使磷钾很多，能产1 000斤也没用，最后的产量只能是500斤，这时如果要增产，只能施氮肥，把氮肥用量提高到1 000斤水平，否则施别的肥料，不但不增产，还可能减产，这一原理是提醒我们，施肥要有针对性，缺啥补啥才行。

第三个叫报酬递减律：它的意思是说，施肥越多越增产，但增产的幅度会越来越小，比如施肥少时，多施1斤肥料能增产10斤粮食，随着施肥量不断增加，这时多施1斤肥料可能就只能增产8斤粮食了，在加量，可能就变成6斤、4斤或者不增产了，这一原理提醒我们，施肥要有限度，不是越多越好。

第四个叫因子综合作用率：它是说作物丰产是多种因子综合作用的结果，也就是说要丰产必须把种子、水、肥、田间管理等多种工作都做好才行，这一原理告诉我们，施肥要和各种措施互相配合，如浇水、中耕、打药等，才能达到最佳的效果。

五、中药材的施肥方法

中药材种植收益好，但由于技术含量较高，一直困扰着广大中药材种植户，以下介绍的是中药材种植过程中的施肥技术。

1. 中药材施深度种肥

为避免肥料烧伤种子，种肥的施用深度以5~6cm为宜，种肥与种子的水平距离（侧距）应适当，一般为3~5cm。追肥，施追肥时中药材根系已初步形成，如采用机械追肥，应尽量减少伤根，施肥不宜太深，侧距应适当。一般情况下，行间追肥，适宜窄行栽培的中药材如薏苡、车前子等的追肥深度以6~8cm为宜，侧距以10~15cm为宜；适宜宽行栽培的中药材如金银花、黄栀子等的追肥深度以8~12cm为宜，侧距以10~15cm为宜。底肥的施用深度为15~20cm或更深。可先将肥料撒施于地表再用犁耕翻入土，也可在犁耕作业的同时将肥料施入犁沟内。

2. 中药材标准化生产的施肥技术

肥料是中药材生长不可缺少的重要物质，它对促进其生长发育、提高产量和品质起着主导作用，但必须注意合理施用，不能沿用其他农作物的施肥方法进行套用或滥施。现根据中药材规范化、标准化生产（GAP）有关规定，归纳以下几点，供广大药农在生产时参考。

① 根据中药材的品种特性施肥，一般对于多年生，特别是根类和地下茎类的药用植物，如玉竹、白芍等，以施用充分腐熟的有机肥为主，每亩增施钙镁磷肥50~70kg，增施钾肥，配合施用化肥，以满足整个生长期对养分的需要。一般全草类中药材可适当增施氮肥；花果实、种子类的中药材则应多施磷、钾肥。在中药材不同的生长阶段施肥不同，生育前期，多施氮肥，施用量要少，浓度要低；生长中期，用量和浓度应适当增加；生育后期，多用磷、钾肥，促进果实早熟，种子饱满。② 因土施肥，沙质土壤，要重视有机肥如厩肥、堆肥、绿肥、土杂肥等的施用，并掺加黏土，增厚耕作层，增强其保水保肥能力。追肥应少量多次施用，避免一次施用过多而流失。黏质土壤，应多施有机肥，并将速效性肥料作种肥和早期追肥，以利前期促早发。壤质土壤，此类土壤兼有沙土、黏土的优点，是多数中药材栽培理想的土壤，施肥以有机肥和无机肥相结合，根据栽培品种的各生长阶段需求合理施用。③ 根据天气施肥在低温、干燥的季节和地区，最好施用腐熟的有机肥，以提高地温和保墒能力，而且肥料要早施、深施，以充分发挥肥效。化学氮肥、磷肥和腐熟的有机肥一起做基肥、种肥和追肥施用，有利于幼苗早发，生长健壮。而在高温、多雨季节和地区，肥料分解快，植物分解能力强，追肥不宜施得过早，而且应量少次多，以减少养分流失。④ 施肥原则：以氮肥为主，磷、钾肥配合施用；以基肥为主，配合施用追肥和种肥；以农家肥为主，农家肥与化肥配合施用。在施

用农家肥的基础上使用化肥，能够取长补短，缓急相济，不断提高土壤的供肥能力。同时能提高化学肥料的利用率，克服单纯施用化肥的副作用，以提高中药材的质量。

3. 中药材如何施肥

近年来，随着市场对药材需求量的日趋增加，许多草药都进入了人工栽培行列。但由于中草药的营养规律与特点较为突出，使目前在中草药施肥上存在两种偏向，第一种认为野生型中草药不需要施肥，尤其不能施化肥，最多施点有机肥。第二种是搬用大田作物的施肥方法，一味大水大肥地催产量，而不针对中草药的特点进行科学施肥。这两种情况对人工栽培中草药的药材产出和提高药效都是不利的。一般在施肥方法上，重施底肥不施追肥。大部分底肥在秋季使用，也有少部分在春季用，基肥是有机肥，追肥用腐熟的有机肥，如饼肥（豆饼、芝麻饼）和人粪尿等。中草药的施肥目标，不仅要考虑如何提高药材产量，同时应注重提高中草药的药效。至于如何将平衡施肥的原理用于中草药的施肥，首先要看到中草药的植物种类繁多，对于不同药用器官的中草药来说，为了获得较高的药材量和足够的药效，必须针对药用器官特性在施肥上有所区别。

在施用有机肥的基础上化肥的施用原则为：谨慎施用化学氮肥，重视配施化学磷钾肥，巧施中微量元素肥料。例如，以花和果为药用器官的中药材植物，要注重配施磷钾肥；以根和鳞茎为药用器官的中药材植物，要特别注意钾肥的施用。对于各种中药材植物的施肥来说，化学氮肥的使用都要特别谨慎，过量施氮会导致药性降低或者徒长与烂根。由于中药材植物既要获取适量的药材又要有较高的药效，根据近代药物化学的研究表明，起药物作用的有效成分大部分都是一些体内次生代谢产物，为了这些成分的产出和作用效果，在施肥供应上不仅要保证大量元素，还需要微量元素的参与。但很少量的微量元素肥料（一般用量在每亩200~2 000g，因不同元素而异）通过土壤使用时，必先和大量有机肥掺混后才可施得均匀。当微量元素肥料直接喷施时，一定要把握肥液的适当浓度和使用次数，这样才有预期的效果。

第三章　中药材规范化栽培的基本技术

第一节　选地与整地

一、选地

进行中药材种植与栽培的第一个环节就是正确选地。选地应该遵照 GAP 规范化要求，在符合 GAP 种植要求的生态环境下，根据药用植物的生物学特性和它对环境条件的要求，以及土壤的实际状况，挑选最适合于种植的土地类型进行栽培，从而为获得高产和品质打下良好的基础。选地应该注意以下环节：① 土地的轮作情况，原则上不得选用上一季种植过同一种药用植物的土地，以减少病虫为害；② 土壤质地、肥力状况和酸碱度适宜；③ 土地的光照条件适宜；④ 土地湿度适宜和灌溉排水条件良好；⑤ 前作没有发生过严重的病虫害。

二、整地、作畦与施基肥

土地选定以后，在栽种前需要对土地进行整理称为整地。整地的目的主要是疏松土壤，去除杂草，耙细土壤有利于种子萌发和根系生长。翻土的深度主要与药用植物的种类有关，以地下块根块茎为药用部位的药用植物如薯蓣等，适当深耕（20~30cm）有利于将来地下块根块茎的膨大生长，对获得丰产比较重要。对党参、牛膝、白芷、木香等深根性药用植物，深耕能促进根系发展和增加产量，是增产的重要措施之一。其他以地上部为药用部位的药用植物或浅根性药用植物，浅耕（10~15cm）即可。

整地常常与基肥的施用结合起来，尤其对根类药用植物更为重要。通常基肥为有机肥，有机肥需要一定的时间分解，所以在翻耕土壤的同时施下基肥并翻压在土里。

第二节　播种与育苗移栽

一、种子种苗处理

整地完成以后，在播种前最好对生产用种（包括种子、种苗、种根或种茎）

进行相应的种子处理工作。播种前进行种子处理是一项经济有效的增产措施，它可提高种子品质，防治种子病虫害，打破种子休眠，促进种子萌发和幼苗健壮生长。种子处理的内容和方法很多，主要可归纳为以下几类。

（一）选种

留作播种用的种子必须是粒大、饱满的种子，用农民总结的话说就是“母肥儿才壮”。因此在播种前应该仔细对种子进行精选。选种工作的目的主要是淘汰过小、过弱的种子（秕子）和种苗，剔除遭受病虫为害的种子、种苗或其他繁殖材料，以期提高壮苗率和出苗率。在种子充足的情况下，尽可能优选种子，对于获得高产和优质的意义都非常重大。

民间常用的选种方法有盐水选种、风吹选种和过筛选种等，是比较简单实用的方法。选种机则能快速高效地将大粒饱满种子与小粒皱缩种子分开。对用种量较少的药用植物的选种，人工选种的效果更好。

通过精选可提高种子的纯度，在种子不很充足需要使用一部分小粒种子时，可按种子大小加以分级，分别播种使出苗整齐；或小粒种子密播，大粒种子稀播，营造合理的幼苗群体。

（二）打破休眠处理

植物的种子一般都具有程度不同的休眠期，这是由于内在因素或外界条件的限制，种子暂时不能发芽或发芽困难的现象。种子休眠期的长短，随植物种类和品种而异。种子休眠的原因很多，主要有以下几个方面。

一是种皮的障碍，由于种皮太厚太硬，或有蜡质，透水透气性能差，影响种子的萌发，如莲子、穿心莲等。二是后熟作用，由于胚的分化发育未完全，如人参和银杏等，或胚的分化发育虽已完全，但生理上尚未成熟，还不能萌发，如桃和杏等；三是果实、种皮或胚乳中存在抑制性物质，如氢氰酸、有机酸等，阻碍胚的萌发。

打破种子休眠的方法很多，不同植物的种子亦采用不同的方法。

1. 物理因素处理

利用温度刺激、机械摩擦等物理方法可打破种子休眠，促进种子萌发。

（1）浸种　采用冷水、温水或变温交替浸种，不仅能使种皮软化，增强透性，促进种子萌发，还能杀死种子内外所带病虫，防止病虫害传播。穿心莲种子用37℃温水浸24小时，可显著促进发芽。

（2）晒种　晒种能促进某些种子的生理后熟，提高发芽率和发芽势，还能在一定程度上杀灭种子上的病菌与害虫虫卵。晒种时应经常翻动种子。

（3）机械损伤处理　采用机械方法损伤种皮，打破种皮障碍，促进种子萌发。黄芪、甘草、穿心莲等种子可用粗砂擦破种皮，再用35～40℃温水浸种24小时，发芽率显著提高。杜仲采用剪破翅果，取出种仁直接播种，上盖 1cm 左右沙土，在 4 月份适温（平均气温 18～19℃）和保持土壤湿润的情况下，25～30 天出苗率可达 87%。大粒种子也可在种皮上锉孔或用刀割口的方法处理。

(4) 层积处理　层积处理法是打破种子休眠的常用方法。银杏、牡丹、人参、黄连、吴茱萸等种子常用此法促进后熟，其方法是将种子和湿润的沙土混匀，放于阴凉处较低温度下贮藏。如东北人参种子采收后，在 15℃左右的温度下层积 80～90 天，种子裂口后，再经冬季低温处理，第二年春天可很快出苗。层积期内须经常检查，以免腐烂或提早发芽以及预防鼠兽等为害。

2. 化学物质处理

化学物质处理可分为一般药剂处理和生长调节剂处理两类。前者可用稀硫酸、0.1%小苏打和 0.1%溴化钾等溶液。后者常用的有吲哚乙酸、萘乙酸、2,4-D、赤霉素等。商品“生根粉”或“壮根粉”等就是这类生长调节剂。

（三）病虫害防治浸种处理

种子播种前，最好对种子进行病虫害防治浸种处理。可以用生物农药或低毒化学农药浸种以杀灭种子表面的病菌与虫卵，以提高出苗率、幼苗成活率和减少病虫为害。

（四）营养性处理

为了改善种子萌发时的营养状况，近年来逐渐重视对种子或种苗的营养性处理。营养处理的种类包括以下方式。

1. 肥料浸种、拌种或包衣

比如用溶解有微量元素肥料的溶液浸种，如桔梗种子用 0.3%～0.5%高锰酸钾溶液浸 24 小时，种子和根的产量均可提高，相当于施种肥。又如用微量元素肥料、氮磷钾肥和细菌肥料拌种处理或做成种子的包衣等。豆科植物决明、望江南等，用共生固氮根瘤菌剂拌种后，一般可增产 10%左右。非豆科植物则可以选用“5406”抗生菌肥等拌种。

2. 维生素浸种

维生素也可以用来进行种子种苗处理，例如，栀子插条扦插前先用 20×10^{-6}～50×10^{-6}吲哚丁酸浸泡 24 小时，再在维生素 B_{12}中蘸一下，对促进插条生根成活效果很好。

种子的病虫害防治性浸种、打破休眠处理浸种和营养性浸种往往可以结合起来一起进行，从而提高处理效率并获得综合性的处理效果。但必须注意所用的处理试剂需经过严密的试验来确定，不能发生药害。

二、播种期及播种方法

（一）播种期

播种期直接影响药材的产量和品质。药用植物种类不同，播种期不同，但通常以春、秋两季播种的为多。一般耐寒性差、生长期较短的一年生草本植物，以及没有休眠特性的木本植物宜春播，如薏苡、紫苏、荆芥、川黄柏等。耐寒性强、生长期长或种子需休眠的植物宜秋播，如北沙参、白芷、厚朴等。由于我国各地气候差异较大，同一种药用植物，在不同的地区播种期也不一样，即每一种药用植物在某一地区都有适宜的播种期，在栽培生产过程中应注意确定适宜的播种期。

（二）播种方法

播种的深浅要适当，过浅容易使种子或其他繁殖材料暴露到土表，不利生根和容易遭鸟兽为害；过深影响种子萌发。一般播种深度为种子直径的 2~3 倍，但需要根据土壤质地和土壤含水量具体确定。比如黏性土通气性差容易板结，种子萌发较困难，应适当浅播。

播种前，株行距需要妥善的确定。首先应该根据植株体积的大小，其次根据净作还是套作的需要。可以采用宽窄行或等行距。提倡错窝种植，这样能充分利用空间。株行距决定种植密度，对产量影响很大。

根据种子是否直接播种到田间，又可分为直播法和育苗移栽法。

1. 直播

种子不经育苗直接播种到生产用地，有穴播、条播和撒播 3 种方法。直播省工、成本低、管理方便，一般多适宜于种子籽粒较大、发芽率高、幼苗期不需要特殊管理或苗期生长快的药用植物种类。多数药用植物采用此法。

如果将插条直接扦插于大田如金银花，或分株苗直接栽种于大田如天冬，也属于直播，只是直播的材料不是种子而是植物的枝条或幼苗等。

2. 育苗移栽

杜仲、黄柏、厚朴、黄连、穿心莲等，采用先在苗床育苗，然后移栽于大田，能提高土地利用率，管理方便，便于培育壮苗。此外育苗移栽还具有能够延长生育期、安排适宜茬口开展间套种的优点。根据条件的不同，育苗床可分为露地苗床、冷床育苗、温床育苗和温室育苗 4 种。

（1）露地苗床　苗圃不加任何保温设施，大量培育种苗的方法。木本药用植物的育苗常用此法。

（2）冷床育苗　选向阳、排水良好、靠近水源和住地、管理方便的地方。在通风面议置一风障，四周筑成土框，冷床呈东西走向，长 10~15m，南北宽 1. 2~1. 5m，北面高 0. 5m，南面高 0. 2m。东西两壁由北而南成一斜度，然后将框内地面挖低10~15cm，再垫入疏松肥沃的床土，耕平后即可播种。上面盖上玻璃木框或塑料薄膜，傍晚可加盖草帘以保持床内温度。冷床主要靠太阳光供给热能，故又称阳畦。其优点是结构简单，建造容易，成本低。

（3）温床育苗　不仅利用太阳热能，而且利用有机物发酵产生的热能，作为热源的苗床称为温床。温床宜东西走向，制作方法与冷床类似，但主要有两点不同：一是温床的深度较深，一般为30~60cm，为此需要将北墙筑高到45cm，南墙筑高到25cm，也使东西两壁由北而南成一斜度。二是在床内要填入许多能产生热能的有机物称酿热物。这类有机物通过微生物分解，产生热量，以增加床内温度。分解快且能发高热的称为“高热酿热物”，如新鲜马粪、鸡粪、各种饼肥、米糠等。分解慢仅发微热的称为“低热酿热物”，如枯草、树叶等。牛粪、猪粪发热性能中等。

酿热物上放床土，也称培养土，通常由壤土、沙子、腐殖质土、腐熟堆肥、饼肥等组成。床土的配制比例与堆制厚度和所培育的药用植物幼苗的特性有关。

堆制床土可在前一年的5—8月进行。为防病虫害蔓延，床土堆制过程中应预先消毒。铺床土的时间应在装填酿热物后3~5天。有的在床土下埋设加温管，或在床盖下面装电热丝以提高温度。

（4）温室育苗　温室是人工加温、防寒设备完善的专门房屋。向阳一面的屋顶用玻璃或塑料薄膜覆盖，能透入光线以吸收热量。室内温度的高低可按栽培药用植物所需的温度进行调节和控制。温室内育苗一年四季都可进行。

移栽要及时。一般草本植物在幼苗长出4~6片真叶时移栽，幼苗过大不利于成活。木本植物则需培育1~2年才能移栽。移栽的时期应根据植物种类和当地气候而定。木本植物一般以休眠期及大气湿度大的季节移栽最为合适。如杜仲、厚朴等落叶木本植物，多在秋季落叶后至春季萌发前移栽；樟树等常绿木本植物，则应在雨季移栽。草本植物除严寒酷暑外，其余时间均可移栽，但多在早春或晚秋两季进行。

【知识链接】

播种期：通常以春、秋两季播种的为多。播种方法：直播、育苗移栽。

育苗移栽：露地苗床、冷床育苗、温床育苗、温室育苗。

第三节　田间管理

一、间苗、定苗、补苗

凡是用种子或块根、块茎繁殖的药材，出苗、出芽都较多，为避免幼苗、幼芽之间相互拥挤、遮蔽、争夺养分，需要适当拔除或去掉一部分过密、瘦弱和有病虫的幼苗或幼芽，选留壮苗和壮芽，确保幼苗、幼芽之间保持一定的营养面积。间苗一般宜早不宜迟，以避免幼苗过于拥挤导致生长纤弱，容易发生倒伏和死亡，严重影响药材的产量和品质。而且间苗过迟，根系深扎，间苗困难。

间苗次数可视药用植物的种类而定，一般播种小粒种子，间苗次数可多些，如罂粟、党参、木香等可间苗2~3次；播种大粒种子如薏苡等，间苗次数可少些，1~2次即可。进行点播的如牛膝，第一次间苗每穴先留2~3株幼苗，待幼苗稍长大后进行第二次间苗，最后一次即为定苗。定苗后必须及时加强管理，才能达到苗齐、苗全、苗壮的目的，为药材优质高产打下良好的基础。

播种之后，常常由于种子腐烂或病虫为害，导致缺窝现象发生，应该及早补苗，通常在间苗定苗的同时进行。补苗所用之幼苗，最好是在播种时专门在一小块地上育的苗子，这样可以带土移栽，提高所补幼苗的成活率。补苗时小浇清粪水。补苗不宜过迟，否则植株过大不易成活。而且需要注意的是，像川穹等药用作物，补苗过迟即使成活，由于前期物质积累受到影响，地下部根茎基本不膨大，失去了补苗的意义。

二、中耕、除草、培土

在作物的生长过程中，对土壤进行耕耘，使土壤疏松的作业方式称为中耕。中耕的目的主要是疏松，切断土表的毛管，提高土壤保水保肥能力，以利作物生长。在较干旱的地区或地块，中耕松土是一项重要的保水措施。早春中耕还有提高土温的作用。

中耕一般与除草和培土、间苗、除蘖、打基部老黄叶等结合进行。除草是为了消灭杂草，减少杂草与作物争光争肥，减少土壤养分的无谓消耗，流通空气，减少病虫害滋生和蔓延。在中耕时还可结合除去细小分蘖或切断一些浅根来控制植株生长。但是对于高大乔木类药用植物，植株长高以后，地下杂草反而不宜除去，因为地下杂草中生活有各类昆虫，对虫害有一定的抑制作用，同时还具有水土保持作用。这种策略已经被一些果木类绿色食品公司采用，起到了一定的效果，有的水果生产公司还专门选择一些绿化草种进行种植。如果在幼树林下播种豆科绿肥则作用更好。当然，在允许一定杂草生长的情况下，要注意及时施肥，以确保药用作物的正常生长。

中耕、除草的深度与次数，主要是依据植株的大小、高矮、根群分布的深浅以及杂草的多少和土壤干湿度而定。中耕、除草一般在封行前，选晴天或阴天土壤湿度不大时进行。根群分布在土壤表层的，如天冬、薄荷、玉竹、延胡索等浅根系药用植物，中耕宜浅；深根系植物，如牛膝、党参、芍药和白芷等主根发达很长，并且在药材规格上习惯不喜生长侧根，中耕可略深些。中耕的次数应根据当地气候、土壤和植物生长情况而定，苗期植株小，杂草容易生长，土壤也容易板结，中耕除草宜勤，通常大约每月除一次草。间隔时间过长，杂草生长较多，影响幼苗生长，同时又给除草带来较大难度。成株期枝叶生长茂盛，自然抑制了杂草的生长，中耕除草次数宜少，以免损伤植株。天气干旱，土壤板结，应浅中耕以保水；雨后或灌水后应及时中耕，避免土壤板结。

值得一提的是，四川省都江堰市的农民在种植川穹地里，在行间铺上稻草，利用稻草的覆盖作用抑制苗期杂草生长，效果非常好。既减轻了除草的难度，而且3~4个月后稻草逐渐腐烂，成为土壤有机质，实现了稻草还田，又为稻草的处理找到了出路，一举数得，应该在农业上广泛推广。

对一些根茎类药用植物进行培土，还可作为一种重要的增产措施。例如，木香冬季的中耕结合培土，最好在植株倒苗枯萎后培腐殖土，经过培土的木香基部茎秆，逐渐肥大生长，成为根的一部分，对提高木香根的产量效果很显著。黄连则要求年年培土，使其每年可形成茎节，呈“鸡爪形”。

三、追肥

为了满足作物生长发育对养分的需要，需在生长发育的不同时期进行追肥，以防止脱肥现象发生。追肥的时间，一般在定苗后、休眠芽萌发前、现蕾开花前、果实采收后和休眠前进行。具体怎样施用追肥，应该根据药用植物的生长发育规律和土壤的供肥情况决定。

定苗后，一般宜施追肥。因为这时株、行距已经确定，留下来的壮苗发生须根或侧根，需要从土壤中吸取较多的养料。植物在分蘖期、现蕾期、开花期均需要较多的养分，通常都要考虑追肥，不过不同的时期，追肥的种类应该有所差异。

追肥时应注意肥料种类、浓度、用量和施肥方法，以免引起肥害、植株徒长和肥料流失等问题。为使追肥很快被作物吸收利用，常在作物生长前期施用腐熟牲畜粪尿等含氮较高的液体速效肥料，而在生长的中、后期多施用草木灰、磷钾肥、厩肥、堆肥和各种饼肥等肥料。一般情况下，根及根茎类和豆科植物宜多施磷、钾肥；叶类和全草类药用植物宜多施氮肥。生长前期宜多施氮肥，以促进生长；花、果期宜多施磷、钾肥，以促进成熟和果实种子饱满。根据 GAP 要求尽量少施或不施用化肥，必须施用化肥时，尽量与有机肥混合施用。

施肥的方法，可在植株旁挖窝穴施或行间开浅沟条施，切记不可将化肥撒到叶面或幼嫩的组织部位上，避免烧伤叶片或幼芽，影响药用植物生长。对多年生药用植物可于早春追施厩肥、堆肥和各种饼肥，一般采用穴施或环施法，把肥料施入植株根旁。施下追肥后通常结合灌水或浇水，促进肥料的溶解和分解，便于植株吸收。

四、打顶、摘蕾

打顶与摘蕾是利用植物生长的相关性，人为地调节植物体内养分的再分配，及时控制植物体某一部分的无益徒长，使之减少养分消耗，有意识地诱导或促进药用部分生长发育或成分积累，是一项重要的增产和提高药材品质的措施。如栽培白术，一般摘除花蕾的比不摘的根茎肥大粗壮，产量可提高1倍。

打顶通常采用摘心、摘芽或直接去顶等方式来实现，常用于草本药用植物。植物打顶后可抑制地上部的生长，促进地下部的生长，或抑制主茎纵向生长，促进分枝和茎秆增粗。栽培乌头，为了抑制地上部的生长，促进地下块根迅速生长膨大，不仅打顶，还要不断除去侧芽。四川的川穹在5月底收获，农民通常在4月上旬打顶。红花和菊花等花类或叶类药用植物常采用打顶的措施来促进多分枝，增加单株开花数量或产叶量。打顶的时间和长度视药用植物的种类和生长的具体状况而定，一般宜早不宜迟，但过早又会影响正常生长发育。

打顶与摘蕾都要注意保护植株，不能损伤茎叶，牵动根部。打顶宜在晴天中午进行，不宜在有雨露时进行，以免引起伤口感染病害。

五、整枝、修剪

凡是在植物生长期内，人为地控制其生长发育，对植株进行修饰整理的各种技术措施称为整枝修剪。修剪与整枝称为整形，整形的目的主要是培养花、果和种子类等药用植物，使之有坚实的枝干和宽广的开花结果面积，形成丰产株型。

整枝是通过人工修剪来控制幼树生长，合理配置和培养骨干枝条，以便形成良好的树体结构与冠幅。修剪是在土、肥、水管理的基础上，根据各地自然生态条件，树种的生长习性和生产要求，对树体内养分分配及枝条的生长势进行合理调整的一种管理措施。通过整枝修剪可以使枝条分布均匀，在树冠的上下、内外形成立体效果，充分利用空间通风透光，加强同化作用，减少养分的无益消耗，增加树体各部分的生理活性，恢复老龄树的生活力，从而使植物按照人类所需要的方向发展，以达到连年丰产稳产和提高品质的目标。

药用植物的修剪包括修枝与修根。修枝主要用于木本药用植物，但有的草本植物也要进行修枝，如括楼主蔓开花结果迟，侧蔓开花结果早，故要摘除主蔓留侧蔓。不同的药用植物或同一种药用植物的不同年龄，对修枝的要求也各有不同。一般对以树皮入药的木本植物如肉桂、杜仲、厚朴等，应培养直立粗壮的主干，剪除下部过早的分枝与残弱枝。以果实种子入药的木本药用植物，可适当控制树体高度，增加分枝数量。并注意调整各级主侧枝的从属关系，以利促进开花结实。

修根只在少数药用植物的栽培生产过程中进行，如乌头（附子）修去过多的侧生块根，使留下的块根肥大，以利加工；芍药修去侧根，保证主根肥大生长，促进增产。

整枝与修剪工作比较复杂，技术要求也较高，可借鉴果树整形修剪技术。

六、搭支架

当栽培攀缘、缠绕和蔓生的药用植物如牵牛子、何首乌等生长到一定高度时，茎不能直立，往往需要设立支架，以支持或牵引藤蔓向上伸展，使枝条生长分布均匀，增加叶片受光面积，促进光合作用，使株间空气流通，降低湿度，减少病虫害的发生。一般对于株型较小的药材，如天冬、党参、蔓生百部等，只需在植株旁立竿作支柱，这称为插枝扶杆。而株型较大的药用植物，如五味子等，则应搭设棚架，让藤蔓匍匐在棚架上。为节省棚架和少占耕地，可因地制宜，就地取材，或在栽培时间种或套种高粱、玉米或薏苡等高秆作物作支架。

七、覆盖与遮阴

覆盖是利用稻草、落叶、谷壳、废渣、草木灰、牛粪马粪或泥土等覆盖地面，调节土壤温度和湿度。冬季覆盖可防寒，使根部免受冻害。夏季覆盖可降温，也可以防止或减少土壤水分的蒸发，保持土壤湿度，避免杂草滋生，有利于植物生长。覆盖的时期应根据药用植物生长发育阶段及对环境条件的要求而定。三七在生长期宜在畦面上用稻草和草木灰覆盖；秋播白芷需在入冬前用马粪和土壤覆盖。蔬菜栽培上常用的地膜覆盖和塑料拱棚也可以用于一些药用植物的栽培。

对于许多阴生药用植物如人参、三七、黄连、细辛等，由于长期生长在高大的植物下面，形成了耐阴、怕强烈阳光直射的生态习性，在栽培时必须搭设荫棚，遮断直射的阳光，才能保证生长良好。还有一些苗期喜阴的药用植物如肉桂、五味子等，为避免高温和强光危害，也需要搭棚遮阴。由于各种药用植物对光和温度的反应不同，要求荫棚和棚内的透光度也不一样，故必须根据不同的药用植物、不同的生长发育时期，调节棚内的透光度。至于荫棚的高度、方向，应根据地形、气候和药用植物生长习性而定。近年广泛使用遮阳网（黑网），使用比较方便，比较容易调节透光度。除搭棚遮阴外，生产上还常用间种、套种、混作、林下栽培等立体种植方法来为阴生药用植物创造良好的荫蔽环境。

八、防寒冻

药用植物中有一些是多年生植物或越年生植物，需要在田间越冬，应该根据当地气候情况，采取防霜、防寒措施。低温能给植物造成不同程度的伤害。抗寒防冻就是为了避免和减轻冷空气或霜冻的侵袭，使植物免遭寒冻为害。防寒冻主要有以下几种方法。

（一）覆盖、包扎与培土

对于珍贵和植株矮小的药用植物，在冬季到来之前，可覆盖或搭棚覆盖防冻或移入温室。对落叶木本植物，可用稻草包扎苗木地上部分并结合培土壅根防寒冻。体积不很大的苗木，还可以用塑料布包裹防寒冻。

（二）灌水与追肥

灌水是一项重要的防霜冻措施。霜冻前灌水能增大土壤的热容量和导热率，缓和气温下降的影响。灌水防冻的效果与灌水时期有关，越接近霜冻日期，灌水效果越好。

在霜冻未发生前增厩肥、绿肥、堆肥、磷肥、钾肥，都能提高植物的耐寒能力。

（三）调节播种期

植物在不同的生长发育期，抗寒力是有差异的，一般幼苗和花期抗寒力较弱，因此适当提早或延迟播种期，可使幼苗期或花期避过低温危害。一年生或二年生植物，有的生长期较长，常常生长到气温下降还未成熟，提早播种就成为一项有效防寒措施。如穿心莲开花结实与生育期有密切关系，一般生育期在5个月左右，如果不提早育苗，就不能结实，但穿心莲种子萌发的适宜温度为24℃左右，所以四川、江苏一带种植穿心莲都提早在2—3月采用温床育苗，提前移栽于大田，才能收到种子。

【知识链接】

田间管理：间苗、定苗、补苗；中耕、除草、培土；追肥；打顶、摘蕾；整枝、修剪；搭支架；覆盖与遮阴；防寒冻。

第四节 灌溉与排水

一、灌溉的方法

灌溉的方法很多，有沟灌、浇灌、喷灌和滴灌等，一般多采用沟灌。夏季土温高，灌水宜在清晨或傍晚进行，以傍晚最好。旱生药用植物的灌水量不能过大，一般灌到土壤充分湿润时即应停止。喷灌犹如人工降雨，能改变农田小气候，提高空气湿度，降低叶面温度，有利于药用植物的生理过程。有条件的药材种植基地最好铺设滴灌设施进行滴灌，因为滴灌直接把水引到根的吸水区，植物吸收利用充分，土壤通气也良好，可使果树及药材增产20%~50%，蔬菜增产1倍左右，增产效果极为显著；同时滴灌还能减少渗漏、蒸发与径流的损失，节约用水。

灌溉时要特别注意，盐碱成分过高的水和有害废水不能用于灌溉。灌溉次数也以药用植物种类和天气降雨情况而定。灌溉水温和土温不能相差太大。

地下水位高、地势低洼土地在雨季容易田间积水，会影响怕涝的药用植物如丹参、白术、红花、姜等的正常生长，应挖好田间和土地四周排水沟并经常保持疏通，及时排出田间积水。

二、灌溉的一般原则

水分如同养料一样，都是植物生长发育的必要条件之一，植物所需水分主要由土壤提供。在自然降水不足时，就要进行人工灌水。一般植物最需要水分的时期，是茎枝急速生长期。花、果类药用植物，在开花期及果熟期一般不宜灌水，否则易引起落花落果。当雨水过多的时候，要及时进行排水，尤其是对根及根茎类药用植物更应注意，否则易引起烂根。多年生的药用植物，为了能够安全越冬，不致因冬旱而造成冻害，可在土地结冻前灌一次“封冻水”。所以灌溉与排水是田间管理的一个重要环节，而且田间水分管理得好坏，不但直接影响到药材的产量和品质，还与病虫害的发生密切相关。

另外，要考虑土壤水分的状况。土壤水分不足时，植株发生萎蔫，轻则生长受抑制减产，重则脱水死亡；水分过多，引起茎叶徒长，延迟成熟期，甚至使根系窒息死亡并诱发根腐病等病害流行。一般控制土壤水分的原则是：土壤含水少而植物需水较多时，应注意灌水；土壤含水多而植物需水量较少时应注意排水。苗期在注意浇水防旱保证全苗的前提下，通常宜节制灌水，以促进根系发育和培育壮苗。因为植物有“干长根，湿长芽”的生理习性。植株封行以后到旺盛生长阶段，耗水量增大，不能缺水。花期对水分要求较严，过多常引起落花，过少则影响授粉受精作用。果期在不造成落果的情况下，可适当偏湿一些，以促进果实生长。接近成熟期应停止灌水，以促进成熟过程。块根、块茎类药用植物，如土壤水分过多常造成地下部腐烂，因此栽培这类药用植物尤其要注意土壤水分不能过多。但是，土壤水分管理除遵循一般原则以外，还应该根据具体的药用植物对水分的喜好情况而定，比如川穹以地下部根茎入药，川穹前期在土壤湿润条件下往往比在较干的土壤上生长好、产量高。水生植物也应该根据不同的生长发育期和需水条件不同而进行适当的淹水和排水。

第五节　中药材立体种植与种植模式

立体种植是指改变人们习惯的单一作物平向种植法，采用立体式多种作物构成复合群体的种植方式，如在高大的三木药材作物（厚朴、黄柏、杜仲）等林下种植黄连；在果木林、桑树林下套种半夏、天冬、淫羊藿等；或者在农田中进行高-低搭配套种，如低矮的鱼腥草、天冬、麦冬、半夏等药用作物地里间作套种较高的作物玉米、薏苡、白芷等。立体种植是一种提高土地利用率，增加农田生物遗传多样性减少病虫害发生的复合种植模式，值得提倡。

一、中药材立体种植的优势

采用立体种植药用作物具有以下优越性。

（一）有利于提高光能利用率和土地利用率

目前大多数药材作物林或果木林下的土地都没有充分利用，任由杂草丛生。如果在林下种植较耐阴的中药材或其他经济植物，则可以将林木冠层透下的光能利用起来供林下耐阴植物进行光合作用，林下空闲的土地也被利用起来，让一地多用，提高复种指数，有利于开展多种经营，经济效益将显著提高。

（二）有利于作物和谐生长

一些低矮、怕阳光直射、苗期或成株期不耐干旱的药用植物如黄连、半夏、天冬等，如果在露地、较干旱的地块上采用净作方式，将会生长不良。将它们套种在药材作物林、果木林、桑树林下，或者套种在较高大的农作物玉米、高粱或药用植物薏苡、青蒿等下面，这些高大的多年生林木或一年生作物为下面的怕阳光直射和干旱的药用植物提供了遮阴打伞，使下面的药用植物能正常生长。同时，由于下面的药用植物低矮，亦不会影响上面的林木或作物正常生长，这样高矮搭配的作物群体处于一种和谐的状态。

（三）有利于调节农田生态平衡，增强作物抗灾能力

生产实践证明，单一作物的平面种植，存在抗御自然灾害能力差的弱点。而立体种植可形成复合群体，其多层分布的冠层能够截贮水分，保护土壤不受侵蚀，增强对风、旱、雹等不良环境因子或灾害的抗逆性。同时植物的立体复合群体，能使栖居于植物群体中的昆虫种类增加，产生抑制害虫的作用，减轻虫害的发生。而且，有些作物或药用植物如大蒜、葱、洋葱、芦荟、芹菜、韭菜、紫苏等本身含有灭菌杀虫成分，用它们作套种作物，由于它们所含的灭菌杀虫成分可能从茎叶挥发出来，或通过根系分泌到土壤中，具有抑制病虫害发生的作用。比如在许多人工松林里，常可见到马尾松纯林被松毛虫吃成一片枯干的惨景，但在相邻的阔叶与针叶混交的杂木林里，马尾松则葱绿、安然无恙。这主要是混交林由于树木种类多样，一些树种挥发出各种抗菌化学物质，还有鸟类和昆虫等多种动物栖息，可直接捕杀松毛虫，这实际上是因为立体种植形成了平衡的生态环境。

（四）有利于避免杂草生长和水土保持

在较高的作物下面或空行间种植较耐阴的作物，除具有以上两种优点外，还有一个显著的优点是可同时减少杂草生长，减少或免去人工除草的繁重劳动。

二、中药材立体种植模式

（一）药材作物与药材作物间套种或混种模式

这种模式主要用于3种情况。① 高大药用植物林下种植喜阴药用植物，提高土地利用率。如厚朴、黄柏、杜仲等高大药用植物林下种植天冬、淫羊藿、黄连、人参、田七、天麻、虎杖等药用植物。② 为营造混交林的需要，将黄柏、杜仲、厚朴、梅子等乔木药用植物混交种植，以提高药材林的抗逆性。如肉桂与八角混交林就有许多优点，肉桂与八角对生态环境条件的要求基本一致，八角树高大，肉桂树矮小，两者植株一高一矮，根系一深一浅，既能充分利用太阳光能，又能提高土地利用率，混交种植互不影响生长和产量，可以取得最佳的生态效益和经济效益。③ 高大药用植物如虎杖、金银花等苗期植株小，行间、株间露地多的时期，为了抑制杂草生长，提高土地利用率，可在行间、株间空地套种株形较小的鱼腥草、车前草、金钱草、大蒜等药用植物或其他经济作物。

（二）药材作物与林（果、桑、茶）混交种植模式

这种模式主要适合于将喜阴药用植物种植于各种林木下，充分利用林下空地发展药材生产，提高土地利用率。

我国有大面积的高、中、低山和丘陵坡地，但一般都是用来植树造林，且多数是单纯经营林业，少数发展畜牧业。从立体经营角度出发，如何充分利用林地空间，进行多层次的林药立体经营，是综合开发山区经济的新技术措施。例如，云南植物研究所建造的人工森林，上层是橡胶树，第二层是中药材肉桂和萝芙木，第三层是茶树，最下层是耐阴的砂仁，形成了一个多层次的复合“绿化器”，使能量与物质转化率和生物产量均比单一纯林显著提高。

林木种植之初或林木郁闭度不大的情况下，可选择种植耐旱或中生矮秆药用植物射干、丹参、天冬等，后期可种植喜湿耐阴药用植物如半夏、天南星、金钱草、细辛、砂仁等。

（三）药材作物与农作物间作套种模式

药材作物与农作物间套作，就是在传统农作物种植的基础上，充分利用农作物的行间、株间空地，或高秆与矮秆之间的立体空间，以及地下层的深根系与浅根系的分布规律，相应栽培一些符合生态要求的药材作物种类，比如可在玉米、高粱、棉花地里的行间、株间套种比较耐阴的半夏等药材作物。或者反过来说是为了给半夏提供一个良好的遮阴环境，为半夏种植合适密度的玉米或高粱等作物，构成一个

有利于半夏生长的立体种植农田小气候环境。

农作物和中药材作物的间作套种，是新时期科学种田的一种形式，能有效地解决粮、药间的争地矛盾，充分利用土地、光能、空气、水肥和热量等自然资源，发挥边际效应和植物间的互利作用，以达到粮、药双丰收的目的。

【知识链接】

采用立体种植药用作物的优越性：有利于提高光能利用率和土地利用率；有利于作物和谐生长；有利于调节农田生态平衡，增强作物抗灾能力；有利于避免杂草生长和水土保持。

中药材立体种植模式：药材作物与药材作物间套种或混种模式；药材作物与林（果、桑、茶）混交种植模式；药材作物与农作物间作套种模式。

第四章　中药材的良种繁育

一、中药材良种繁育的意义和任务

中药材种子质量的稳定直接影响药材的质量稳定性，而药材质量又是中药质量的基础，大力培育、推广优良品种，发挥种子、种苗增产潜力，是促进中药材优质高产的关键，要从根本上稳定和提高药材产量、质量，必须加强药材优良种子、种苗的繁育。

药用植物良种繁育的主要任务有两个：一是加速繁殖新的优良品种，以便更换已在生产上应用的老品种；二是保持新品种的优良性，防止混杂和退化。

二、中药材良种退化的原因

随着对中药材需要量的日益增加，也随着药用植物自然生存环境的破坏和过量采挖，一些药用植物野生资源日益枯竭，人工栽培品种逐渐增多，发展药用植物人工栽培是今后药材生产的必由之路。据不完全统计，我国人工栽培的中药材近百种，由于栽培技术还比较落后，20 多年来，对药用植物种质资源的保存研究不力，致使有的栽培品种消失了，如黄花颠茄、觅桥地黄等。我国药用植物优良品种选育、繁殖，推广工作做得太少。长期栽种如不注意选优，原来的优良品种就会混杂退化。如山东省牟平县引种栽培颠茄多年，种子退化，严重影响产量；又如我国广西特产罗汉果的混杂退化严重，传统的优良品种长滩果和拉江果在生产中的比重大幅度下降。据调查，优良品种的产量仅占总产量的 25%，而长滩果还不到 5%，特别是纯正的长滩果的雄株和冬瓜果品种已经很难找到，这些濒危品种如果不注意保护，提纯复壮、繁育发展，将有绝种的危险。为此，应重视生物种质，重视品种退化问题。品种退化的原因如下。

1. 天然杂交

又称天然串种，可改变原有品种的种性，比较突出的表现为品种的一致性变坏，此时如不及时进行人工选择，会使后代的一致性减弱，导致减产。如紫苏与白苏，前者为后者的一个变种，两者在自然情况下可发生杂交，使紫苏品种的一致性变坏，因此在移栽时，要选择植株纯紫、生长健壮的苗作为种苗，于远离大田处单独栽种，并加强管理，以免杂交。

2. 机械混杂

由于在播种、收获、打场、脱粒、晒干、运输和贮藏保管过程中操作不严，使不同品种或良种与劣种混杂在一起，造成良种混杂退化。机械混杂是目前种子混杂的主要原因，应高度重视。

3. 种子的自然变异

即种子较长时间处于自然环境中，如长时间贮藏；或受到不利的环境因子的影响，如温度过高或过低等使种子的生理活性衰退；或长期受栽培条件不断变化的影响，使种子的特性与特征发生变异。这种特性与特征的变异可能是有利的，也可能是不利的，因此必须经过人工选择，才能防止其向不利的方向发展。

4. 不良栽培条件下的自然选择

如某产量高的品种因经受不住当地的酷热高湿气候而死亡，经过自然选择，留下的植株虽耐热耐潮，但产量较低，此后经过几代繁育，使该品种的高产特性逐步退化。

5. 不科学的无性繁殖

如罗汉果传统的繁殖方法是利用垂于棚下的徒长性匍匐茎（俗称“懒藤”）压蔓繁殖。但是，一般情况是生长发育良好，开花结果多的母株“懒藤”较少，而徒长不结果的母株则生长较多“懒藤”。因此，这种繁殖方法不是繁殖良种，而是繁殖了劣种。又如地黄用块茎繁殖，有些人为节约用种量，往往将膨大好的块茎作商品，而将膨大差的细长根茎留种，这种不科学的留种方法也会导致种性退化。

6. 病虫害传播

种子遭受病虫害侵袭也可引起种性退化。

7. 大量施用无机肥或植物生长剂

在中药材田间管理过程中，一些药农为追求高产，经常大剂量施用无机肥或植物生长剂，促使其生长速度加快，扰乱了其自有的生物学特性，从而使品种退化，药性降低。不少药农盲目照搬一般农作物的栽培技术用于药材，如对药材种子种苗搬用薄膜育秧技术，使其耐寒性从幼苗开始就减弱，生态环境的人为改变必然影响药材质量。

三、防止品种退化的方法

一个优良品种应经常提纯复壮，等混杂退化严重后再来提纯复壮就事倍功半了。在防杂保纯的技术上主要抓以下几个环节。

（一）防止植株的自然杂交及机械混杂

在收获打场及贮藏等过程中，加强管理，做到专人负责、专场脱粒、专仓保管，建立严格的种子保管制度，避免发生良种混杂。对于一些自花授粉和无性繁殖的植物，每年还应当建立留种田，选择优良单株，种在留种田里以供第 2 年生产用。对于异花授粉的植株，必须为留种田设立隔离区，进行隔离繁殖。但对于自花高度不孕的品种，可以将两个品种种在1个隔离区留种田内，让其自然授粉，以防止退化。

（二）品种复壮

即利用种性优良、产量及纯度较高的种子，定期更换已经退化的同一品种的种子，常用如下方法。

1. 去杂保纯

根据品种的主要特性与特征，在药苗生长季节，首先，把与良种不同的杂株拔除，保留纯的植株。其次，如果种过一个品种的地块，第二年再种另一品种，头一年收挖不尽的品种有可能混杂。因此，要注意轮作。

2. 异地换种

本地品种退化严重，可从外地调进种子以提高生活力和适应性。如美国栽培西洋参，为了提高产量和质量，常常从加拿大购进种子以替换自产种子。我国平原栽培川芎常常在山区培育“芎苓子”，实际上也是异地换种的一种方式。

3. 改变繁殖方法

有的药用植物长期无性繁殖容易引起生活力衰退，采用有性繁殖则可使生活力得到提高。如地黄，一般用块茎繁殖，但这种长期的无性繁殖会引起种子生活力的衰退，故仍需间断采用有性繁殖、种子繁殖以复壮种苗；还可以在不同品种间进行杂交，选择杂交后的优良植株，再经过2~3次单株选择，形成新品种，来更换退化的品种。目前有些地方将大地黄作商品，小地黄留作种苗，这种做法很容易引起品种退化，得不偿失。

（三）连续选择

在品种复壮的同时，必须配合田间选择，挑选优良植株。常用的方法如下。

1. 田间株选或穗选

第1年在大田里，根据原品种的特征与特性进行株选或穗选，分别收获。第2年将上年挑选的单株或单穗，种植成株行或穗行，每隔若干行，间种1行原品种作为对照。在成熟前经几次观察，详细记载杂穗行的情况。收获时首先收获杂穗行，留下生长发育一致的同原品种一样的植株混合收获，即为原种，于第3年种植在原种田或1级种子田。而按单株或单穗种植成的株行或穗行，在收获时，也先要淘汰杂种，然后将相同类型的株行或穗行进行混合收割，来年供1级种子田作种用。

2. 混合选择

从大田中挑选或从当地良种场或外地引进适合当地种植的良种，种植后进行第1次株选，混合收获，第2年种植在1级种子田里，然后去杂去劣，再进行第2次株选，混合收获后作为第3年1级种子田播种用的种子；对第1次株选后剩余的植株进行去杂去劣，第 2 年可作为 2 级种子田里的种子，然后经第 2 次去杂去劣，收获的种子在第 3 年即可供大田播种用。

此外，根据每种药用植物所要求的环境条件，选择适宜地区种植；注意栽培技术；加强肥水管理；尽可能选择农药防治以外的其他防治方法来防治病虫害，如农业防治、物理防治、生物防治等都是防止品种退化的重要环节。

【知识链接】

生物防治：就是用生物或生物代谢物及生物技术获得的生物产物，如抗生素、生物农药或天敌来治理有害生物。

下篇　各论

第一章　直根中药材

第一节　人参

一、植物学特性及品种

人参（棒槌）［*Panax ginseng* C. A. Mey.］（五加科人参属），别名黄参、棒槌、人衔、鬼盖、神草等（图1-1、图1-2）。多年生宿根草本，主根高30~60cm，肥厚，肉质，黄白色，圆柱形或纺锤形，下面稍有分枝。根状茎（芦头）短，直立。茎圆柱形，不分枝。人参掌状复叶，3~6枚着生于茎顶，小叶3~5片，中间一片最大，小叶片椭圆形或长椭圆形，长4~15cm，宽2~6.5cm。

人参有野生与栽培之别，野生者称山参、野山参或野生山参，栽培者通称为园参。

图1-1　人参植株

图1-2　人参根

二、生物学特性

（一）生态习性

人参自然分布于北纬40°~48°，东经117°~137°的区域内，多生于以红松为主的针阔混交林或杂交林中。对土壤要求严格，适于生长在排水良好，富含腐殖质的微酸性沙质壤土中，pH值为6.0左右，坡度为30°左右，郁闭度（指森林中乔木树冠在阳光直射下在地面的总投影面积（冠幅）与此林地（林分）总面积的比，它反映林分的密度。）为0.5~0.8，怕积水，忌干旱。年均气温4.2℃，1月平均气温-18℃，7—8月平均气温20~21℃。年降水量800~1 000mm，无霜期100~140天。

（二）生长发育特性

1. 种子及越冬芽的生育特性

人参种子有形态后熟和生理后熟的特性。当人参果实转为鲜红色时，种子已成熟，但此时种胚尚未发育成熟，胚长只有0.32~0.43mm，胚率（胚长/胚乳长×100%）为6.7%~8.2%，与能够发芽种子的种胚相比，只有其胚长的1/10，需要在自然或人工条件下继续生长，种胚从0.32~0.43mm长到3.48~5.5mm，达到或超过胚乳的2/3，分化成具有胚根、胚轴、胚芽的完整种胚，同时还分化出1年生植株未来的芽苞，这一现象称为形态后熟。这期间形成的芽苞，称之为“越冬芽”。

人参种子属于胚构造发育不完全类型，新采收种子的胚很小，仅由少数胚原细胞组成。胚为锁形或半月形，位于胚乳腔中。因此，人参种子必须经过后熟过程，才能发芽出苗。后熟过程可分为胚的形态后熟和生理后熟两个阶段。

（1）胚的形态后熟阶段　胚原细胞在适当的水、温度及氧气条件，逐渐分化、增大，胚长1.0~1.3mm时，种子开始裂口；胚长达3.0~4.5mm时，分化出具有子叶、胚芽、胚轴和胚根的胚，此时形态后熟期基本完成。

（2）胚的生理后熟阶段　裂口的人参种子，在自然状态下0~5℃低温条件，经过60天左右才能正常发芽。如继续放在17~20℃条件下则不能发芽。种子后熟过程具有严格的顺序性，前期完不成，后期便不能进行。没有完成后熟的种子不能发芽；完成后熟的种子，一般胚长达5.0~5.5mm，胚率达100%时，在适宜的条件下，种子才能发芽出苗。

2. 地上部分生育特性

栽培人参从播种出苗到开花结实需要3年时间，3年以后年年开花结实。1~6年形态变化较大。一年生为1枚3出复叶，俗称“三花”。2年生为1枚5出掌状复叶，俗称“巴掌”。3年生为2枚5出掌状复叶，俗称“二甲子”。4年生为3枚5出掌状复叶，并开始抽薹开花，俗称“灯台子”。5年生为4枚5出掌状复叶，俗称“四批叶”。6年生为5枚5出掌状复叶，俗称“五批叶”。6年以上的植株只生5~7枚5出掌状复叶。应当指出，人参地上植株的这种形态变化趋势，是受外界环境条件和自身生长发育状况影响。外界条件差，自身发育不良，形态变化趋势延后。地上茎叶一旦损伤，无再生能力，靠根茎上的潜伏芽再生，潜伏芽靠根部营养发育成越冬芽。但芽较小，翌年生长植株矮小、瘦弱，俗称“转胎”。

3. 根的生育特性

1年生参根只生有幼主根和幼侧根，其上的季节性吸收根在木栓化时脱落；2年生有较大的主根和几条明显的侧根，侧根上有许多须根，于秋季老熟时形成基础根系；3年以后侧根上再生出次生根，发展成为以基础根系为主体的根系，并在根茎上长出不定根；5~6年生根系发育基本完全，具备商品参规格。7年以上参根表皮木栓化，易染病烂根。在年生育期中，地上部分生长迅速时，消耗养分多，根重减轻，开花结果时根重恢复到原重，果红熟后根生长逐渐加快，采种后生长最快，后期逐渐减慢。

（三）生长发育对环境条件的要求

1. 温度

人参喜凉爽，耐严寒。一般土温平均稳定上升到10℃左右时，人参便能出苗。最适出苗的平均气温为15℃，土温为12℃。出苗期温度过低影响出苗，出苗后气温接近0℃时，叶片卷缩，气温骤降至-4℃，小苗会因冻害死亡。若土温在10℃以下反复变化易烂苗。生长期最适宜气温20~25℃，土温为18~20℃。当气温达到23℃时，在强光照射下，叶片易灼伤。越冬期间能耐-40℃左右的气温、-20℃上下的土温。在晚秋和早春，土温在0℃上下反复变化易引起“缓阳冻害”。

2. 湿度

参喜湿润、怕干旱，适宜的空气相对湿度为80%左右。对不同地区的不同土壤含水量要求不同。沙质土壤20%~30%为宜；棕色森林土有机质含量高，春季出苗时为40%，夏季生长期为35%~40%，开花结果期为45%~50%，果后参根生长期为40%~50%。土壤含水量高于60%易烂根，低于30%出现干旱。

3. 光照

喜弱光、散射光和斜射光，怕强光和直射光。因此栽培人参时，选择阳口（即荫棚高檐的朝向），以东北阳、北阳为好，俗称露水阳（上午10时以前的阳光，北偏东30°）。

4. 土壤

以土层深厚、排水良好、疏松、肥沃、腐殖质层深厚的棕色森林土或山地灰化棕色森林土，富含腐殖质的沙质壤土为宜，适宜微酸性土壤（pH值5.8~6.3），碱性土壤不宜栽种。

三、栽培技术

（一）选地与整地

选择柞树、椴树、桦树等阔叶林或长有阔叶树的混交林、灌木林种植人参，老参地或撂荒地也可开垦利用。土壤应排水良好、富含腐殖质和磷、钾肥，以森林灰土、活黄土及花岗岩风化土为佳，而灰泡土、碱性土不宜种参。山地宜向阳，坡度在10°~35°。立秋前后砍倒小杂树，刨出树根，割净杂草，挑出荫棚用材。树枝、柴草在干后用火烧掉，可烧死部分病菌和虫卵，增施钾、磷肥。

（二）繁殖方法

种子繁殖。先育苗再移栽，多被人工栽培所采用。

选种：选4~5年生长健壮的植株留种，采摘结实饱满、无病虫害的人参果实。将果实及时浸泡、揉搓，漂洗，除去果皮及果肉，洗出种子。

催芽：将1份种子混3份河沙，用新高脂膜600~800倍液喷雾土壤表面，提高出苗率。随即装入催芽箱中，置于室内或室外适当场所催芽，注意经常检查翻倒，控制好温度和温度播种，常于6月下旬播干籽（上年采收干藏种子）。

播种：春播于4月下旬至5月上旬，一般播催芽子；夏播于6月下旬至7月上、中旬，北部产区多播干子，南部产区多播水子；秋播于9月下旬至10月中、下旬，播催芽子。各地要因地制宜掌握播期，播种方法有点播、条播、撒播3种，生产中常采用点播；即按株行距3cm×3cm或5cm×5cm挖穴，每穴下1~2粒种子，覆土4cm，每平方米用种15~20g，播后用木板轻轻镇压。夏秋点播应覆盖玉米秸或稻草，再压10~15cm的土。

移栽：幼苗生长2~4年进行移栽，一般多在3年移栽。如土壤肥力不高，也可再移栽一次。春秋两季均可移栽，现我国生产区采取培育二年参苗进行移栽，一是使小苗充分利用土壤中的水分肥料和光照，利于参苗生长。二年生的参苗成活率高，因参苗小，易缓苗，生殖生长期增一年，有利于参根增重。

一般多采用秋栽，秋栽在10月进行。栽参前1天把苗起出，栽多少起多少，远距离引用，要用苔藓外包装。选芽苞肥大、浆足、芦头完整、须完整健壮的参苗。参苗消毒用150单位抗霉素、120倍波尔多液等药液浸种5~10分钟，勿浸泡芽，取出稍干，用移栽。为了田间管理方便，按参苗大小分成三至七等，一般分为三等。参苗要用白布盖严，防止风吹日晒。栽参畦面用刮板（长26cm，宽16cm，下面有薄刃，背呈木梳状）刮沟，沟底平整或斜坡。将参苗接芦头向畦端摆匀，用刮板覆土顺参压好参须，再行覆土。栽到最后一行要倒栽，即芦头向畦末端，参须相对。栽完耙平畦面，使畦中略高，以便排水，覆盖植物秸秆残叶，并覆盖土3~6cm。移栽的株行距、参苗株数及覆土深度，应按参苗大小有所不同。春栽4月中、下旬、宜于越冬芽萌发前栽完。秋栽10月中、下旬，宜于土壤封冻前栽完。

（三）田间管理

1. 撤出防寒土

解冻后，越冬芽萌动时，搂去防寒草和上面的盖土，再用耙或二齿搂松表土，平推平拖，不要碰伤根部和芽苞。

2. 架设荫棚

出苗前要搭好荫棚。荫棚高度，应根据植株大小，灵活掌握。1~3年生的小苗，前檐立柱地上部分为80~100cm，后檐立柱为70~80cm；4~6年生的，前檐立柱为100~110cm，后檐立柱为80~90cm，另50cm埋入土中。前后檐相差30cm左右，使棚顶形成一定的坡度。参棚要牢固，风刮不倒。出苗达2/3时，要盖好荫棚，即在顶棚盖草帘、芦苇帘，使荫棚达到适益的透光度。

3. 除草松土、培土

一般每年进行3~5次，防止土壤板结，消除杂草病株，培土扶苗。人参向阳性强，畦边植株向外生长，伸出荫棚，被日晒雨淋，易引起病害，甚至死亡。故应将其推回荫棚里，培土压实。

4. 追肥

5月上旬苗出齐后，结合松土开沟施入充分腐熟的粪肥、炕洞土等，每平米施2.5~4kg，覆土盖平。如遇干旱要及时浇水，以防烧须根。也可根外追肥2%的磷肥：用过磷酸钙1kg，加水5kg，浸泡24小时，滤去沉渣，再加水45~50kg配成。6—8月的清晨或傍晚用喷雾器将配成的肥液喷在叶面上，每年喷2~3次。

5. 防旱排涝

人参怕旱，又怕涝。因此，应根据雨量和土壤湿度，适时排涝。天旱时，早晚用喷壶向畦面洒水，或开沟灌水，浇至土壤攥成团，撒开即散。春季缺水影响全年生长发育，而秋旱又影响参根积累养分。所以，要及时进行春灌秋灌，并进行保墒。雨季要及时排水，防止雨水冲积参畦，造成土壤过湿，通气不良。

6. 疏花摘蕾

留种田，开花初期疏掉1/3~1/2花序中部花蕾；生产田，开花前全部摘蕾。

7. 越冬防寒

上冻前，畦面要盖草、压土；入春突遇降温，而参苗尚未出土，也应盖草防寒。参地周围，特别是挡风地块，还应架设防风障。此外，要及时排除雪水，以免侵害参根，导致烂根死亡。

四、病虫害防治

（一）病害

1. 立枯病

病原是真菌中的一种半知菌，又名“土掐病”。此病主要是发生在出苗展叶期，1~3年生人参发病重，受害参苗在土表下干湿土交界的茎部呈褐色环状缢缩，幼苗折倒死亡。

防治方法：播种前每亩用3kg 50%多菌灵可湿性粉剂处理土壤；发病初期用

50%多菌灵1 000倍液浇灌病区，深4~5cm，浇灌后，参叶用清水淋洗；发现病株立即清除烧毁，病穴用5%石灰乳等消毒处理；加强田间管理，保持苗床通风，避免土壤湿度过大。

2. 软腐病（细菌性软腐病）

主要为害根部。病斑呈褐色软腐，边缘清晰，圆形至不规则形，大小不一，常数个联合，最后致整个参根软腐。用手挤压病斑，有白色菌脓溢出，具浓重的刺激性气味，病情严重时整个参根组织腐烂解体。

防治方法：选择地势高燥的地块栽参，防止土壤板结、积水；土壤消毒：80%乙蒜素乳油1 000~2 000倍液喷淋；50%氯溴异氰尿酸水溶性粉1 000倍液等。

3. 黑斑病

又名斑点病，病原是真菌中一种半知菌，此病主要为害叶片，茎和果实成熟时也受害。6月中旬开始发生，7—8月为发病盛期。被害茎及花梗出现暗褐色长斑。空气湿度大时，特别是雨季，病害的发生蔓延很快，严重时造成植株早期枯萎死亡。

4. 人参疫病

又名“耷拉手巾”。7—8月雨季时发生，主要侵害叶片，茎和根部亦可受害，4年以上植株发病尤重。染病叶片凋萎下垂，似热水烫，故而得名。根部染病，呈黄褐色软腐，根皮易剥离，内部组织呈现黄褐色不规则花纹，有腥臭味，发病后外皮常有白色菌丝，粘着土粒成团。在夏季连续降雨，湿度大时容易发病。

防治方法：保持参畦良好的通风排水条件；增施磷、钾肥；发现病株立即拔除烧掉，病穴用5%石灰乳消毒；发病前用1：1：120波尔多液或65%代森锌500倍液喷洒；敌克松500倍液，7~10天一次，连续2~3次。

5. 锈腐病

全年都能发生，6—7月为发病盛期。从幼苗到成熟期植株均能染病。主要侵害根、芦头及越冬芽，病部呈黄褐色干腐。

防治方法：严格挑选无病参苗，参地要充分耕翻，松土、上帘，防止土壤湿度过大；发病严重时，秋季挖起参株，用1：1：100倍波尔多液或65%可湿性代森锌100倍液，浸根（勿浸芽苞）10分钟，另栽于无病地。

6. 菌核病

5—6月发生，秋后亦有蔓延。主要侵害4年生以上参根，芽苞、芦头亦可被害。根部发病初期外观无异常，但内部组织松软，指压易碎，后逐渐呈灰黑色软腐，被害部分长出白色菌丝，后期参根只剩皮和纤维组织，最后根皮内形成黑色鼠粪状菌核，致使根烂掉。病株地上茎叶前期略呈皱缩，后期枯萎死亡。春秋两季温度低，湿度大及土壤透气不良时，易发生蔓延。

防治方法：早期发现病株，带土挖出，病穴用5%石灰乳消毒，再换入无病土；发病严重地块，挖出参根加工商品或消毒后另选地栽植。

7. 猝倒病

常与立枯病同时发生，其特征是病菌自土表处，向上下两边蔓延，病部如开水烫过，呈暗褐色软腐，并收缩变软，苗猝倒而死。在坏死植物表面和其周围土壤上，常出现一层灰白色的菌丝体。在气候潮湿，植物过密，通风不良的条件下发生严重。

防治方法：同立枯病。

8. 炭疽病

病原是真菌中一种半知菌。6—7 月间发生，主要侵害叶片，茎、果实、种子也能感染。叶上病斑，初为黄色，逐渐扩大后成褐色，边缘清楚。中间呈灰褐色并有同心轮纹，上生黑色小点，后期易破碎成空洞。在气候潮湿时，病害迅速蔓延。

防治方法：选用无病种子或播前用 1%甲醛溶液浸种 10 分钟，随后用清水洗净；架好参棚，防止过分漏雨和强光照射。发现病叶及时摘除烧毁，展叶后用 1∶1∶120 波尔多液、65%可湿性代森锌 400 倍液，5%田安水剂 500 倍液等喷雾，每隔 7~10 天喷 1 次。

9. 红皮病

亦称“水锈病”，参农俗叫“小红孩”，是目前人参、西洋参栽培中发生较为普遍并且日趋严重的病害，轻者为 10%~30%，重者可达 80%~100%，严重危及人参、西洋参的产量和质量。人参红皮病的表现特征是参根表皮呈现不同程度的红褐色并伴有腐烂，人参地上部出现萎蔫，也有的人参植株地上部不出现黄萎现象，只是受害的根部表面呈现不同程度的红褐色，常有裂纹，单从地上部难以判断有无红皮病发生。

10. 日灼病

为生理性病害。人参为喜弱光植物，叶片上气孔数目在相同面积上比大田作物少几倍。光照过强时，气孔闭锁，蒸腾作用降低，时片上温度过高，超过自身忍耐能力，叶绿素受到破坏。

防治方法：调整好参棚内的光照，参棚前后檐长度要合适，棚顶遮阴要适度；夏季温度高，光照强，可在参棚前后挂帘。

（二）虫害

1. 蛴螬

又名白地蚕。以幼虫为害，咬断参苗或咬食参根，造成断苗或根部空洞，为害严重。白天常可在被害株根际或附近土下 9~18cm 找到。

2. 地老虎

又名“地蚕”“乌地蚕”等，主要有小老虎和黄地老虎。以幼虫为害，咬断根茎处，白天常在被害株根际或附近表土下找到。

3. 蝼蛄

又名“土狗”“拉拉蛄”等，主要有华北蝼蛄和非洲蝼蛄两种。成虫或若虫咬断幼苗并在土中作隧道，被害苗断处常呈麻丝状。

4. 金针虫

又名叩头虫，主要有细胸金针虫和沟金针虫两种。以幼虫伤害幼苗根部。

以上4类地下害虫的防治方法基本相同。

(1) 施用的粪肥要充分腐熟　最好用高温堆肥。

(2) 灯光诱杀成虫　在田间用黑光灯或马灯或电灯进行诱杀，灯下放置盛虫的容器，内装适量水，水中摘少许煤油即可。

(3) 用75%辛硫磷乳油按种子量0.1%拌种

(4) 田间发生期用90%敌百虫1 000倍或75%的辛硫磷乳油700%倍液浇灌

(5) 毒饵诱杀　25g氯母乳油拌炒香5kg，加适量水配成毒饵，于傍晚撒于田间或畦面诱杀。

5. 鼢鼠

俗称“瞎耗子”，是危害人参的主要害鼠之一。鼢鼠除吃参根、地下茎和嫩芽外，还在参畦内打洞窜道，把畦面表土拱起小土垄，严重影响参苗的正常生长，造成人参成片缺苗减产，重者使整个参畦被毁。

防治方法：毒饵诱杀（将大葱纵向切开，放入一些磷化锌再合上，用葱叶缠好，放入洞口内，用土把洞口封上，诱杀该鼠）；人工捕捉（挖洞追踪或在洞口埋箭射杀，或在迎风的一面扒开鼠洞，让风吹入洞道内，人守在相反方向的另一洞口处，待鼢鼠出同时捕杀）。

6. 花鼠

又称五道眉、花黎棒。主要危害人参的果实和种子。5—10月为活动危害期，尤其是在人参红果期，咬食果实和种子，造成种子减产，甚至颗粒无收。

防治方法：用5%~8%磷化锌毒饵诱杀。毒饵配制方法是，将10kg大豆炒香，加100~200g植物油，再加500~800g磷化锌拌匀。毒饵配好后，把它撒在参地留种田的周围，离2~3m远放一小堆，或在花鼠出入的每个洞口，撒3~5粒，予以诱杀。用下套子和夹子等方法，进行人工捕捉。也可用猎枪打杀。

7. 田鼠

也叫山鼠和野鼠。主要咬食人参根和参籽。咬食参根，咬断土中茎秆，使地上部植株枯萎倒伏。也常造成雨水从洞口流入畦内，使土壤过湿，造成参根感病而腐烂。

防治方法：人工捕杀（在畦边、畦沟或作业道上放置套夹、压板等捕鼠器具捕鼠）；毒饵诱杀（用玉米、高粱或谷子等15kg加植物油0.5kg，混合，再加磷化锌0.5kg，搅拌均匀，做成磷化锌毒饵。投放在参园周围、畦沟内和作业道上，每隔一定距离投放一小堆，每小堆10~15g，也可把它投放在田鼠经常活动的场所进行诱杀）。

五、采收加工

（一）采收

一般栽培6年（六年生）收获加工，也有6年以上才收获的，边条参生长8~9年采收，石柱参生长15年采收，随着栽培技术的发展，4年人参可达到超过2005版《中国药典》总皂苷含量标准，因此生长4年人参就可以收获，日本、朝鲜加工生晒参在4年采收，加工红参则是6年时采收，我国也可以采收4年人参用于加工生晒参。9月中旬至10月中旬挖取，挖时防止创伤，摘去地上茎后将参根装入麻袋或筐内运回加工。要将人参按加工不同品种的质量要求挑选分类，边起，边选，边加工。

（二）加工

1. 红参

选浆足不软、完整、无病斑的参根洗干净，放蒸笼里蒸2~3小时，先武火后文火。大的加工单位已用蒸汽蒸参，数量大，进度快。取晒干或烤干，干燥过程中剪掉芦头和支根的下段。剪下的支根晒干捆成把，即为红参须。捆成把的小毛须蒸后晒干也成红色，即为弯须。带较长须根者称“边条红参”，主根即红参。

2. 白参

又名白人参。为移山参或较粗大的园参洗净并刮去表面粗皮，在糖水中浸润，然后晒干而成。以个大、色白、皮老而细、纹深、长芦、长须、无破痕、不返糖者为佳。

3. 白糖参

又名糖参。为个体瘦缩、浆汁不足的多种鲜参，经过扎孔、浸糖、烤干等多种工序加工而成。

4. 掐皮参

指鲜参根经针刺浸糖后，再用竹刀掐皮使外皮成纵皱，并将须根用线束扎者。将根软、浆液不足的参根刷洗干净，放熏箱中，点燃硫黄熏10~12小时。取出后头朝下摆入筐中，放沸水中烫15分钟，参根变软，内心微硬时再出晒半小时左右。将参放平放于木板上，用排针器向上扎，扎遍参体。再用骨制顺针顺参根由下向上扎几针，但不穿透。扎后参头向外，尾向内，平摆于缸内，不要装得太满。上面放一帘，用石头压住。糖熬到挑起发亮并有丝不断时趁热倒入装好参根的缸内，待10~12小时出缸。摆到参盘中晾晒至不发黏时进行第二次排针灌糖。依此法灌3次后晒干或烤干。

熬糖方法：第一次灌糖，0.5kg参需0.65kg白糖，0.5kg糖加水0.15kg。先把水放火锅内，加入糖后再生火，边熬边搅拌，熬到要求的标准即可。第二次灌糖，

1.5kg参，0.5kg糖加水100g，加入第一次糖浆中再熬。第二次灌糖用第二次糖浆，熬开即可。

5. 生晒参

生晒分下须生晒和全须生晒。下须生晒，选体短有病疤；全须生晒，应选体大、形好、须全的参。下须生晒除留主根及大的支根外，其余的全部去掉。全须生晒则不下须，只去掉小主须。下须后洗净泥土，病疤用竹刀刮净，放熏箱中用硫黄熏10~12小时，取出晒干或烤干即可。产量为每平方米鲜重1.5~2kg，折光率50%。

6. 鲜人参

将完整采挖的全参根，洗刷干净，不经烘晒，直接将整条人参同容器（透明塑料袋，玻璃瓶）一起消毒灭菌，然后做真空保持，供销售食用和药用，目前，采用此法加工的有边条鲜参和普通鲜参2种规格。

7. 白干参

取鲜参剪去支根和须根，刮去外皮，晒干。

8. 大力参

取鲜参剪去支根和须根，置沸水中浸煮片刻，晒干。

9. 皮尾参

取鲜参的额支根晒干。

10. 白直须

取鲜参的支根，晒至七八成干，搓去外皮，晒干。

11. 白弯须

取鲜参的须根晒干。

12. 红直须

取鲜参的支根，蒸后晒干。

13. 红弯须

取鲜参的须根，蒸后晒干。

【知识链接】

人参因其根如人形而得名，为我国特产的一种名贵药材，又为“吉林三宝”之一，《神农本草经》列为上品，是一种很好的扶正培本抗衰老药。中医多用于大补元气、补脾、益气生津、宁神益智，能治很多虚弱证。尤其在重危病人出现身体机能衰竭，即中医诊断认为有“脱证”“虚脱”“正不胜邪”的预兆时，即可采用人参、独参汤或以人参为主的生脉散等进行治疗，确能收到良好的疗效。《本草经疏》说：“人参能回阳气于垂绝，却虚邪于俄顷”，亦正指此而言。这说明人参的主要疗效在于对人体的生理机能的调节和复壮，它能提高心脏的收缩力和频率，有强心的作用。

第二节　白芍

一、植物学特性及品种

白芍［*Paeonia lactiflora* Pall.］（毛茛科芍药属），别名白芍药、金芍药（图1-3、图1-4）。多年生草质藤本，高60~80cm。根粗肥，圆柱形或略呈纺锤形，灰黑色，直径约8mm，茎被两列毛。叶对生，膜质，卵状披针形，长7~10cm，基部宽4~8cm，顶端长渐尖，基部深耳状心形，叶耳圆形，下垂，两面均被柔毛。伞形聚伞花序腋生，着花20余朵；花萼外面被微毛，基部内面有腺体5个；花冠白色，裂片长圆形，内被微毛；副花冠杯状，比合蕊冠略长，裂片中间有1小齿，或有褶皱或缺；花粉块每室1个，下垂；柱头顶端略为2裂。蓇葖双生或仅1枚发育，短披针形，长约8cm，直径1cm，向端部渐尖，基部较狭，外果皮有直条纹；种子卵形，长6mm，宽3mm；种毛白色绢质，长3cm。花期6—10月，果期8—11月。

品种主要有亳白芍、杭白芍、川白芍和菏泽白芍。

图1-3　白芍花

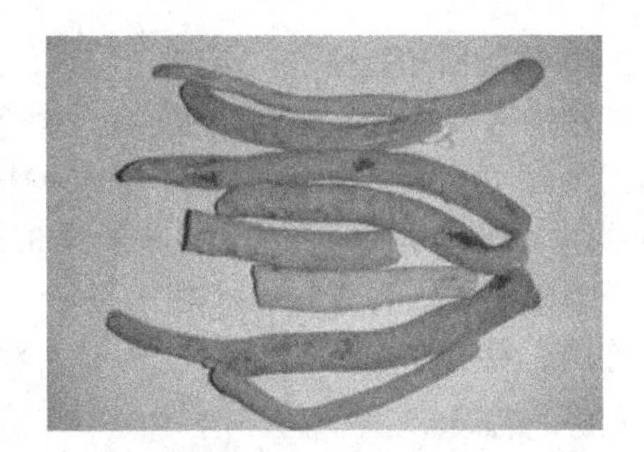

图1-4　白芍根

二、生物学特性

（一）生态习性

白芍对气候适应性较强，野生于山坡、山谷、灌木丛和高草丛中。适宜温和气温，喜阳光充足，背阴地或荫蔽度大则生长不良，产量不高；耐寒，在寒冷地区，冬季培土能安全越冬；一般10月下旬地冻前，在离地面8cm处剪去枝叶，并于根际培土，即可保护过冬；也能耐高温，在短期42℃高温下能安全越夏；抗干旱，怕潮湿，平时不需灌溉，怕积水，水淹6小时以上时全株死亡。白芍的根入土较深，要求土层深厚、疏松肥沃、排水良好的沙质壤土。土壤太薄过瘦及土壤过于黏重易积水，不宜栽种白芍。白芍分布较广，生产基地选择范围较宽。在我国大部分地区均可种植，但主要栽培于安徽、浙江、四川以及山东。其中以亳白芍最为地道。

（二）生长发育特性

白芍的地下部分于9月下旬到10月发根，翌年3月露红芽出苗，3月下旬到4月植株生长最旺，3月下旬到4月上旬现蕾，4月下旬到5月上旬为开花期，5—6月根膨大生长最快，7月下旬至8月上旬种子成熟，8月以后生长缓慢，10月以后植株地上部枯死倒苗。

三、栽培技术

（一）选地与整地

1. 用地要求

应选土层疏松、土层深厚、地势高燥或稍带斜坡、排水良好的沙质土壤或夹沙黄泥土。土层太薄过瘦及不易保水保肥的沙土，均生长不良。土壤黏重、易积水的土地不易栽种。栽植前应施足底肥，以每亩腐熟的饼肥200kg或粪干1 500kg为宜，深翻整平后方可。

2. 栽植时间和规格

栽植的适宜时间一般为8月下旬（处暑）到9月下旬（秋分）；栽植的密度，一般观赏用可80cm×70cm，每亩栽1 200株左右，生产用可60cm×50cm，每亩栽2 200株左右。栽植时，穴的规格一般深35cm左右，口径20cm左右，苗的深度以芽低于地平面3cm为宜，最后将穴填满土、捣实并堆10cm土堆，以防寒保墒并起标志作用。栽植后可视土壤情况，可适当浇水越冬。

（二）田间管理

1. 中耕除草

白芍栽后1~2年，植株长势不旺，发苗少，且行株距较大，容易滋生杂草，有碍幼苗生长。最好能在畦面铺放1层未完全腐烂的落叶杂草，一则可以抑制杂草的生长，二则盖草逐渐腐烂，增加土壤肥力。栽种翌年春季，幼苗出土后，应及时中耕除草。因幼苗尚弱，不宜深锄。第3年中耕除草宜在苗枯后进行。第4年春季苗出齐后及夏季杂草多时各中耕除草1次。中耕除草宜浅锄，以表土疏松、杂草除尽、不伤根为准。每年冬季割去地上茎叶，全面中耕和整理畦沟，并培土越冬。

2. 追肥

白芍栽种当年一般不施追肥，栽后第二年追肥4次：第一次在3月中耕除草后，每亩芍施猪粪水1 200kg左右；第二、第三次在5—7月，每亩施猪粪水1 500kg左右和油籽饼20~25kg，混合施用，油籽饼必须充分腐熟后才能用；第四次在11—12月，每亩施猪粪水1 500~2 000kg。第三年追肥3次：第一次在3月，每亩施猪粪水1 500kg及过磷酸钙20~25kg；第二次在9月，每亩施猪粪水1 500kg及油籽饼20~30kg；第三次在11—12月，每亩施猪粪水1 500~2 000kg。每次追肥，结合中耕除草进行。如中耕后，因下大雨土面板结，需在植株旁边松土开穴施用，施后覆土，以免肥料流失。在施油籽饼及过磷酸钙时，最好与500~600kg的腐熟堆肥或厩肥拌匀，先施穴内，再施猪粪水，然后盖土。切忌施用牛粪。据产区经验，施用牛粪后，植株根部易生黑斑和根部害虫，影响产量和质量。

3. 摘除花蕾

每年春季出现花蕾时应及时摘除，以减少养分的消耗，促进根的生长发育，提高产量。试验证明，摘除花蕾有明显的增产效果，可增产20%左右。第4年按种植发展计划留下适当种株留种。

4. 间套作

白芍栽种的第一、第二年，可以适当套种其他作物，如玉米等。

四、病虫害防治

（一）病害

1. 灰霉病

又名花腐病。危害叶、茎、花。5月开花以后发生，6—7月较重，叶上病斑常发生于叶尖和边缘，近圆形，紫褐色或褐色，具不明显的轮纹，天气潮湿时病斑上长出灰色霉状物，有时产生黑色颗粒，为病原菌的子实体。茎上病斑梭形，紫褐色，往往软腐，使植株折倒。花和花蕾被害时，同样变褐软腐，也生灰色霉状物。病菌以菌核随病叶遗留土中越冬。花开后，遇阴雨连绵及露水较大时，容易发病。

防治方法：清除被害枝叶，集中烧毁；轮作；选无病种芽，并用25%多菌灵可湿性粉剂300倍液浸种株10~15分钟后栽种；加强田间管理，及时排水，通气透光；发病初期1：1：100的波尔多液或25%多菌灵可湿性粉剂300倍液加0.2%洗衣粉，每10~14天喷1次，连喷3~4次。

2. 赤星病

又名斑点病，5—6月发生。病叶上病斑圆形或椭圆形，直径1~3mm，中央黄褐色，边缘紫红色，上生黑色小点，即病原菌的分生孢子器。

3. 轮纹芽枝霉

4月初发生，5月较严重。在病叶上产生圆形或椭圆形的赤褐色斑，大小为1~8mm，病斑受叶脉限制，边缘向叶背凸起，界限明显，斑中产生黑色小点，为病原菌的分生孢子器。

防治方法：同赤星病。

4. 锈病

5 月初开始发生，6—7 月较重。病叶背面有黄色至黄褐色的粒状物，这就是病原菌的夏孢子堆；后期叶面出现圆形、椭圆形或不规则的灰褐色斑，叶背在夏孢子堆里长出暗褐色的刺毛状物，这就是病原菌的冬孢子堆。芍药锈病的性孢子器和锈子腔阶段，常发生在松柏类植物上。

防治方法：每年秋冬及收获时将枯枝落叶集中烧毁，减少越冬病源；发病初期用 0. 3~0. 4 波美度的石硫合剂或 25%粉锈宁 800 倍液喷雾防治。

（二）虫害

1. 蛴螬

7—8 月为害严重。幼虫咬食芍药根部，致使芍根表面形成许多斑点，影响产量和质量，并使加工刨皮时费工。

防治方法：每亩用 30%的呋喃丹 5kg 或每亩用 50%辛硫磷颗粒剂 3kg 或甲基异柳磷水剂，与有机肥或沙土混合成毒饵，均匀撒施，然后深锄即可。

2. 线虫

系根结线虫，传播性强，对芍药危害比较严重，症状表现为须根出现大小不同的瘤状物，植株生长衰弱，叶缘变黄、枯焦、早落，严重时植株变矮直至死亡。

防治方法：可用 30%的呋喃丹颗粒剂 25g/m^2，于夏季多雨期均匀施于发生地块，后深锄 5~10cm。因根结线虫系好气性低等动物，主要生活 5~20cm 以内的土层内，施药时，千万不可过深。

五、采收加工

（一）采收

白芍于栽种后 3~4 年采收。采收季节，浙江于 6 月下旬至 7 月上旬，安徽、四川等地于 8 月间，山东于 9 月间。过迟根内淀粉转化，干燥后质不坚实，质地轻泡。选择晴天，割去地上茎叶，挖出全根。挖时应注意不把芍根挖断。全根挖出后，抖去泥土，切下芍根。

（二）加工

白芍加工分去皮、煮芍、干燥 3 个步骤。

1. 去皮

去皮前应将芍根的须根、侧根剪去。浙江产区采用先将芍根浸于水中 2~3 小时，然后混以黄沙在木板上搓去外皮。四川产区则用竹刀、小刚刀或碎玻璃片刮去外皮。外皮除去后浸入清水中洗净。

2. 煮芍

将去皮的芍根分成大、中、小 3 级，分别放在开水中煮 5~20 分钟（细小芍根煮 5~10 分钟，中等的煮 10~15 分钟，大的煮 15~20 分钟）。煮到芍根发软，并检验是否煮好。检验方法是：取出几根芍根，用口吹气，芍根水气快干时，即表示已煮好；或用竹针刺芍根，容易刺穿，表示已煮好，就可取出放入清水中。再按其自然生长情况，切成 9~12cm 长，两端粗细近似的短节，并及时摊放暴晒干燥。

3. 干燥

在暴晒时，不断地翻动芍根。在晒到表皮干硬后，堆放 1~2 天至表皮回润；然后再晒 1~2 天再堆。如此反复 2~3 次，直至全干。当晒至半干后，如遇中午太阳过大时，应将芍药根堆制晒席一端，以另一端折盖，凉后再晒，这样芍根才不会裂口，干后表皮才不会皱缩。在加工过程中，如遇天气阴雨或处理不当，芍根起黏发霉时可淘洗后用硫黄熏一夜后再晒。

细小芍根不需刮皮的，可直接煮后晒干。二脑壳除育苗作种外，也可刮皮煮后晒干。须根及根的头尾可作畜用药。

【知识链接】

芍药又名将离、娄尾春，与牡丹并称“花中二绝”。它在群花之中处于“一花之下，万花之上”，故又名花相。原产我国，已有 3 000 多年的栽培历史。它不仅是传统观赏花卉，为我国出口的重要资源，而且又是中医传统用药，名扬古今中外。

芍药，《神农本草经》列为中品，谓“主邪气腹痛，除血痹、破坚积，寒热疝瘕、止痛、利小便、益气”。芍药有赤、白之分，最早见于《本草经集注》。

第三节 三七

一、植物学特性及品种

三七［*Panax notoginseng*（Burk.）F. H. Chen］（五加科人参属）又名田七、山漆、金不换。多年生草本，高 30~60cm（图 1-5、图 1-6）。根状茎短，主根呈倒圆锥形或圆柱形，并常有瘤状突起的分枝。掌状复叶，2~5 枚轮生于茎顶；叶柄长 4~9cm，无毛，基部具多数披针形或卵圆形的托叶状附属物；小叶 5~7 枚，罕有 3 或多达 10 枚的；叶片膜质，倒卵状椭圆形，长 3~10cm，宽 1.5~5.6cm，基部一对较小，先端长渐尖，基部圆形至宽楔形，略偏斜，边缘有细密锯齿，齿端具小刚毛，两面沿脉亦疏生刚毛。夏季开淡黄绿色花，伞形花序单生于茎顶叶丛中，花 80~100 朵或更多，总花梗长达 30cm；花 5 数。花瓣长圆状卵形，先端尖；

子房下位，2室，花柱2，基部合生，花盘平坦或微凹。果近肾形，熟时红色，顶端黑色。种子扁球形，2~3粒，白色，表面微皱。花期7—9月，果期9—11月。

品种主要有藤三七、姜三七、兰花三七、菊三七、景天三七。

图1–5　三七花

图1–6　三七根

二、生物学特性

（一）生态习性

三七属于亚热带高山阴性植物，生态幅较为狭窄；在我国主要分布于江西、湖北、广东、广西、四川、云南等地。野生于山坡丛林下，目前，野生者已少见，多为栽培。

三七适宜在温暖，而稍阴湿的环境中生长，忌严寒和酷暑，栽培要求搭棚。海拔1 400~1 800m，年均温度15~17℃，最冷月均温8~10℃，最热月均温20~22℃，≥10℃以上的有效积温为4 500~5 500℃，全年无霜期300天以上，年降水量1 000~1 300mm，这样的环境条件最适宜三七的生长发育，易获得高产。海拔1 600~2 000m、气温较低、昼夜温差较大、空气湿度大、土壤自然夜潮性好的温凉山区或半山区环境，有利于三七干物质的积累，但不利于三七的生殖生长。海拔1 300~1 600m的温暖中山丘陵地区环境有利于三七的生殖生长。

（二）生长发育特性

三七为多年生宿根草本，从播种到收获，一般需要3年以上的时间。一年生的三七通常作为种苗。二年生的三七才能开花结实；一般在7月现蕾，8月开花，9月结实，10—11月果实分批成熟。从现蕾到开花经历60~63天，三年生的植株较二年生的植株，盛花期早5~7天，每天单花开花数量多2~3朵；花粉生命力强，结实率高，种子粒大而饱满。留种时应选取三年生的植株，对于二年生的植株应摘除花苔，促进营养物质的积累。三七每年有一个生长周期，二年生以上的三七在生长周期内有两个生长高峰，一个为4—6月的营养生长高峰，另一个为8—10月的生殖生长高峰。在整个生长周期内，三七干物质的积累呈增长趋势；4—8月为干物质积累最快的时期，12月达到最大值。在自然状况下，三七种子的寿命仅为15天左右；休眠期为45~60天。三七种子在10~30℃温度范围内能发芽，最适发芽温度为20℃。处在休眠期的三七种子，需经过一段时间的低温处理，或采用500mg/L的赤霉素处理后，才能萌发，最适萌发温度为15℃，低于5℃或高于30℃时，三七种子不能萌发。

三、栽培技术

（一）选地与整地

育苗地宜选在背风、向阴、靠近水源，土壤疏松而排水良好的生荒地。多次耕犁后，使土壤细碎，疏松，每亩施厩肥、火烧土、磷肥、油麸等经充分沤熟的混合肥1 500~2 000kg，基肥拌于10~15cm的上层土中。种植地宜选南坡或东坡，背风的斜坡或峡谷的上丘缓地。荒地应在寒露前犁翻暴晒，使土壤细碎疏松，拾净杂草、树根、石块等物。取杂草、茅秆等铺在畦面上焚烧，一方面可以清除病虫害，另一方面可以增加肥力。新开荒地要进行土壤处理，可以结合倒土，以及每平米施用75~100g生石灰进行处理。选用熟地则在前作物收获以后，抓紧时间翻地，每亩用生石灰50~100kg或甲醛溶液、波尔多液进行土壤消毒。轮作地在结合倒土和理厢时，可采用每亩施用多菌灵、敌克松各1kg进行消毒处理。施足基肥以后作宽1.2m，挖成沟宽30cm、深30~50cm的畦；地四周开好排水沟。

（二）繁育方法：以种子繁殖为主

1. 采种

选用生长旺盛，长势健壮、抗逆性强的3~4年生植株所结种子，在10—11月果实成熟呈紫红色时，采收果大、饱满、无病虫害的“红籽”（三七果实）作为三七种。

2. 种子处理

三七种子有胚后熟特性，不能干燥贮藏，需随采随播；或者采用“湿沙层积”进行保存。播种前采用58%瑞毒霉锰锌500~800倍液处理30~50分钟，或者采用1.5%多抗霉素200mg/kg浸种30~50分钟；或采用三七专用包衣剂进行包衣。

3. 播种育苗

在11月上旬至下旬播种；按行株距4cm×5cm点播，每穴放种子1颗，覆土1.5cm，用稻草覆盖保湿。每亩播种20万颗，可取种苗大约1万株，种苗产量可达260kg。单株重≥2.5g、休眠芽肥壮、根系生长良好、无病虫感染和机械损伤的种苗率可达到80%左右。按行株距5cm×5cm播种，也能取得良好的效果。

（三）移栽定植

幼苗生长1年，于12月至翌年1月移栽。移栽前同样需要对幼苗（俗称子条）进行消毒，消毒方法与种子相同。将子条大小分级，以行距10cm，株距12.5~15cm为宜，即种植密度为每亩2.6万~3.2万株。种植密度增加，植株增高，叶面积先减少而后又有增加的趋势，三七单株的根重则明显下降。种植密度每亩在1万~4万株时，三七产量随着群体密度的增加而显著增加；但是，种植密度越大，大规格三七所占的比例就越小，经济效益就越小。幼苗移栽前，开3~5cm深的沟，用厩肥和草木灰，并拌入磷肥、饼肥等作为基肥，将子条芽头向下倾斜20°栽下，盖土3cm左右的厚度，再盖上稻草保湿。

（四）田间管理

为了保证三七药材的质量，采用必要的、科学的、有效的田间管理技术措施非常重要。在三七规范化栽培生产过程中，严格调控水、肥和荫棚透光度，并及时摘除花苔是创造优质高产的关键。

1. 搭建荫棚

三七的生长忌严寒和酷暑，栽培时要求搭建高1.5~1.7m的荫棚，四周设围篱，以保持温暖、而稍阴湿的生长环境。荫棚的透光度不但影响三七的产量，也是一个影响三七商品质量的主要因素。

透光率达到30%左右时，三七无法正常生长；荫棚透光率在10%~15%，不超过20%，最适宜三七的生长。

2. 追肥

出苗初期在畦面上每亩撒施草木灰25~50kg，2~3次；4—5月每月每亩追施粪灰混合肥1次，500~1 000kg。3~4年生的三七，在6—8月孕蕾开花期间，每亩应追施混合肥2~3次，1 000~1 500kg，另加磷肥25kg左右。

三七为典型的喜钾植物，一年生、二年生、三年生的三七对氮、磷、钾三要素的吸收趋势表现为：$K_2O>N>P_2O_5$。三七对养分的需求量比其他作物低，以三年生的三七为例，每形成100kg的干物质仅需纯N 1.85kg，P_2O_5 0.5kg，K_2O 2.28kg，因而，没有必要过多地施肥。三七在不同发育时期对养分的吸收也不一样，8月初和11月初是两个吸肥高峰期，所以，8（花期）—11月（果期）应是三七最重要的需肥时期。三七的施肥量通过田间试验和生产实践证实：每亩施农家肥2 500kg为底肥，追肥每亩每次施2 500kg农家肥，或者每亩每次施复合肥15kg，配合硫酸钾10~15kg，每年追肥2次即能获得较高的产量和较好的经济效益。

3. 除草淋水

在栽培过程中，见草即除，保持田间无杂草。应注意防涝抗旱，经常保持湿润。雨后及时松土。天旱时应及时淋水，淋水宜在早晚进行，中午阳光强烈，淋水会灼伤幼苗。当三七根茎裸露在外时，应及时培土，以利于生长。

不留种的三七于6月上旬花苔抽出2~3cm时摘除，以避免营养物质的消耗，有利于壮根。

四、病虫害防治

（一）病害

1. 立枯病

又名烂脚瘟，为害幼苗。2—4月开始发病，低温阴雨天气发病严重。4—5月危害严重。是苗期毁灭性病害，严重时整畦倒苗。幼苗被害后，叶柄基部出现黄褐色水渍状条斑，后期变成暗褐色，病部缢缩，幼苗折倒死亡。

防治方法：结合整地用杂草进行烧土或每亩用1kg氯硝基苯作土壤消毒处理；施用充分腐熟的农家肥，增施磷钾肥，以促使幼苗生长健壮，增强抗病力；严格进行种子消毒处理；未出苗前用1：1：100倍波尔多液喷洒畦面，出苗后用苯并咪唑1 000倍液喷洒，7~10天喷1次，连喷2~3次；发现病株及时拔除，并用石灰消毒处理病穴，用50%托布津1 000倍液喷洒，5~7天喷1次，连喷2~3次。

2. 疫病

又名清水症，为害叶。5月开始发病，6—8月气温高，雨后天气闷热，暴风雨频繁，天棚过密，园内湿度大，发病较快而且严重。发病初期叶或叶柄上出现暗绿色不规则的病斑，随后病斑变深色，患部变软，叶片似开水烫过一样，呈半透明状，干枯或下垂。

防治方法：冬季清园后用2波美度的石硫合剂喷洒畦面，消灭越冬病菌；发病前用1：1：200倍波尔多液，或用65%代森锌500倍液，或用50%代森铵800倍液，每隔10天喷1次，连喷2~3次；发病后用50%甲基托布津700~800倍液，每隔5~7天喷1次，连喷2~4次。

（二）虫害

1. 蚜虫

为害茎叶，使叶片皱缩，植株矮小，影响生长。

防治方法：用40%乐果乳油800~1 500倍液喷杀。

2. 短须螨

又称红蜘蛛。群集于叶背吸取汁液，使其变黄、枯萎，脱落。6—10月危害严重。花盘和果实受害后造成萎缩、干瘪。

防治方法：清洁三七园；3月下旬以后喷0.2~0.3波美度石硫合剂，每隔7天，连喷2~3次；6—7月发病盛期，喷20%三氯杀螨砜800~1 000倍液。

五、采收加工

（一）采收

4 年生的三七就可采收加工。

1. 采收时间

产地每年采收三七有两个时期，多在 8 月，少数在 11—12 月。一般在留种田，要到 12 月采种后起收。8 月采收加工的产品质量好，称为眷三七（简称春七），11—12 月新中后起收加工的三七，质稍轻，不饱满，有抽沟，质量不如 8 月采收的好，称为冬七。从本质上看，春七、冬七不是以时期分类，而是以商品质量好坏为标准。有些产区为提高三七产量和品质，于 7 月摘除花蕾，使光合积累物质贮存于根内，到 9—10 月采收加工，产量高，品质好，也称春七。

2. 采收方法

（1）采摘果实　当三七果实由绿转为红色并具光泽时即成熟，可分批采摘、分批贮藏，也可全红后统一采摘。采挖三七用自制木条或木棍削尖后从床面一边向另一边顺序采挖。如土壤过于干燥板结，应浇一次透水后隔 3 天采挖。采挖时应防伤根，保证三七完好无损。机械损伤的三七或病三七必须单独存放。受损伤和有病虫害的三七在采挖时应清楚并单独存放。

（2）采收茎叶　选择健康的三七茎叶，距地面 2~4cm 处剪断。

（3）采收花　在三七花蕾生长到直径 3~5cm 时，用手在花蕾基部将其摘除。

采收多选择晴天进行，将根全部挖出，抖净泥土，运回加工。起收时，要尽量减少触伤。

（二）加工

1. 鲜三七

（1）分选　清除病七、三七叶及杂质，或根据客户需要分选。

（2）清洗　用饮用水将鲜三七快速淘洗，除去泥沙。

（3）去毛根　摘除直径 5mm 以下的毛根。

（4）初步干燥　将鲜三七晾晒或 50 ~ 60℃ 条件下烘烤干燥至含水量 40%~50%。

（5）修剪　用剪刀沿高于主根表面 4~6mm 处将支根、根茎剪下，以干燥后修剪口与主根表面平齐为宜。

（6）干燥　将三七主根、根茎、支根、毛根分别晾晒或在 40~50℃ 条件下烘烤干燥至含水量 13% 以下，将干燥的三七主根与抛光物共置抛光器中抛光至三七主根外表光净、色泽油润取出，分离主根与抛光物。本工序可根据客户需要选用或不选用。抛光物可由粗糠、稻谷、荞麦、干松针段组成。

2. 三七茎叶

（1）清洗　用0.1%稀盐酸或2%生石灰浸泡2～3小时后，用流动的饮用水洗净。

（2）干燥　将洗净的三七茎叶在30～60℃条件下烘烤干燥至含水量10%以下。

3. 三七花

（1）清洗　用流动的纯化水洗净三七花。

（2）干燥　将洗净的三七花干燥至含水量10%以下。

【温馨小提示】

三七是典型的阴生植物，这种生态习性与三七本身的组织构造特征相一致。具有丰富生产经验的七农，对三七生长发育期适宜的光照条件，大致为三成透光七成遮阴，在具体做法中又根据三七株龄及不同生育期中透光的需求而有所区别。根据一年中的气候状况及生育期特点，通过调整天棚上荫蔽物的疏密程度，调节园内的透光度。例如，在5月上旬，正值各类三七苗的生长初期，此时年降水量偏少，太阳辐射光较强，且日照时数长，为维护这一阶段三七苗的正常生长，应适当加大荫蔽度，棚内的透光度约为25%～30%。进入雨季后，由于云量增多，大气湿度增大，日照时数比春季减少，总辐射也较低，而三七正进入生长旺盛期，此时宜减少荫蔽，加大园内的光照，透光度可增加到40%，具体控制园内荫蔽度的多少，需根据当时当地的实际情况而定。

第四节　白芷

一、植物学特性及品种

白芷［*Angelica dahurica*（Fisch. ex Hoffm.）Benth. et Hook. f. ex Franch. et Sav］（伞形科当归属），又名香白芷（图1-7、图1-8）。多年生高大草本，高1～2.5m。根圆柱形，有分枝，直径3～5cm，外表皮黄褐色至褐色，有浓烈气味。茎基部径2～5cm，有时可达7～8cm，通常带紫色，中空，有纵长沟纹。基生叶一回羽状分裂，有长柄，叶柄下部有管状抱茎边缘膜质的叶鞘；茎上部叶二至三回羽状分裂，叶片轮廓为卵形至三角形，长15～30cm，宽10～25cm，叶柄长至15cm，下部为囊状膨大的膜质叶鞘，无毛或稀有毛，常带紫色；末回裂片长圆形，卵形或线状披针形，多无柄，长2.5～7cm，宽1～2.5cm，急尖，边缘有不规则的白色软骨质粗锯齿，具短尖头，基部两侧常不等大，沿叶轴下延成翅状；花序下方的叶简化成无叶的、显著膨大的囊状叶鞘，外面无毛。复伞形花序顶生或侧生，直径 10~30cm，花序梗长 5~20cm，花序梗、伞辐和花柄均有短糙毛；伞辐 18~40，中央主伞有时伞辐多至 70；总苞片通常缺或有 1~2，成长卵形膨大的鞘；小总苞片 5~10 余，线状披针形，膜质，花白色；无萼齿；花瓣倒卵形，顶端内曲成凹头状；子房无毛或有短毛；花柱比短圆锥状的花柱基长 2 倍。果实长圆形至卵圆形，黄棕色，有时带紫色，长 4~7mm，宽 4~6mm，无毛，背棱扁，厚而钝圆，近海绵质，远较棱槽为宽，侧棱翅状，较果体狭；棱槽中有油管 1，合生面油管 2。花期 7—8 月，果期 8—9 月。

图 1-7　白芷植株

图 1-8　白芷根

主要品种有川白芷、杭白芷、祁白芷、禹白芷。

二、生物学特性

（一）生态习性

白芷主产区为半湿润、半干旱大陆性季风气候，具有冬寒少雪、春季多风、夏热多雨的特点。主产区海拔多在 50~500m，宜生长于地势平坦、土层深厚、土壤肥沃、质地疏松、排水良好的沙质壤土。年平均气温 17.4℃，年平均降水量为 993mm。具有喜温暖湿润，阳光充足，怕高温，能耐寒的特性。光能促进白芷种子发芽，种子发芽喜变温条件，变温范围在此之后 10~25℃为好，喜土质疏松的沙壤土，过黏或板结的土壤易导致主根短粗分枝多，影响质量。

（二）生长发育特性

白芷播种后，地温稳定在 10℃以上时，15 天左右萌发出土。刚出土的白芷小苗只有两片细长的子叶，半月后陆续长出根出叶。白芷播种当年不抽薹，秋季其肉质根根头直径 2cm 左右，尚未达到优质药材的要求。秋末，随着气温下降，地上叶片渐次枯萎，宿根休眠越冬。

第二年春，越冬后的宿根萌芽出土，先长出根出叶，5 月开始茎的生长抽薹。

抽薹后生长迅速，1个月便可现蕾开花，进入花期后，植株边开花边长大。白芷主茎顶端花序先开，然后自上而下的一级分枝顶端花序开放，最后是二级分枝顶端花序开放。7月种子陆续成熟，种子成熟后易被风吹落。

三、栽培技术

（一）选地与整地

白芷对前作要求不严，与其他作物轮作为好，宜在平坦土地栽培，以土层深厚，疏松肥沃的沙质壤土为佳。前茬一般多为水稻、玉米、高粱、棉花等。前茬作物收获后，每亩施腐熟堆肥，或厩肥3 000~5 000kg，饼肥100kg，磷肥50kg作基肥。再进行翻耕，深25~30cm，翻后晒土，使之充分风化，晒后再翻耕一次。因白芷主根生长深，因此整地要深耕细耙，并使上下土层肥力均匀，防止因表土过肥而须根多。整平耙细后做高畦。一般畦宽1.2~1.5m，高12~20cm，畦面要平坦，以利灌水排水，表土要平整细碎。

（二）繁育方法

1. 培育种子

白芷用种子繁殖。可单株选苗移栽留种和就地留种。生产上多采用前一种方法，一般在收挖白芷时进行。四川选主根不分枝，健壮无病的紫茎白芷作种。河南、河北选根条细长、芦头小、无须根、皮细色白、健壮白芷作种。移栽前剪去叶子，按行株距50~70cm栽种。冬季及翌春进行除草施肥。6—7月种子陆续成熟，于果皮变黄绿色（河南黄白色）时，连同果序一起采下，可分批采收，然后摊放通风干燥处，晾干脱粒，去净杂质备用。

2. 播种期

播期分秋播、春播两种，以秋播为好。河南秋播在白露前后，河北于处暑至白露之间，四川于白露至秋分之间，浙江于寒露前10天进行。气温较高地区以秋分至寒露为宜，播种过早，白芷植株当年生长过旺，第2年部分植株提前抽薹开花，根部木质化不能药用。播种过迟，冬季降水量少，气温较低，播后不易发芽，影响生长。

3. 播种方法

条播、穴播均可。浙江、河南、河北为条播，行距13~20cm，开沟1~1.5cm，每亩用种1~1.5kg。播后搂平畦面，浇水，保持土壤湿润。四川多用穴播，行距30~33cm，穴距23~27cm，穴底要平。每亩播种量0.5~0.8kg。播后均不覆土，随即施稀人畜粪水，每亩1 000kg左右，再用人畜粪水拌的草木灰覆盖其上，不露种子。然后用木板镇压或轻踩，使种子和土壤密接，以利发芽。15~20天即可出苗。

（三）田间管理

1. 间苗

出苗后株高 4~7cm 时间苗，可进行 1~2 次。穴播留苗 5~8 株，条播的每隔 7~10cm 留苗 1 株。按株距 10~12cm 定苗。间苗时，留叶柄青紫色或植株基部扁形的壮苗，留成三角形或梅花形，以利通风透光。

2. 松土除草

结合间苗进行除草。苗期除草要用手薅或浅锄，以后可进行中耕除草，使田间土壤疏松无杂草，以利生长。

3. 施肥

一般追肥 3~4 次。第 1、2 次均在间苗、中耕后进行。每次每亩施稀人畜粪水 1 500~2 000kg。第 3 次在定苗后进行，每亩施人畜粪水 2 000~3 000kg，加入 3kg 尿素。清明节前后进行第 4 次追肥，每亩施人畜粪水 2 000~3 000kg，撒施草木灰 150kg，施后培土。浙江第 1 次在 3 月间苗后，第 2 次在 4 月除草后，第 3 次在立夏前施肥。一般冬季施圈肥。施肥应注意当年宜少施，以防徒长，提前抽薹开化。第 2 年宜多，辅以磷钾肥，促使根部粗壮。

4. 排灌

白芷播种后土壤干旱，应及时灌溉，保持土壤湿润，以利出苗。生长期，如遇天气干旱，应及时浇水，保证植株生长需要，雨水过多或田间积水时，应及时排水，以防病害或烂根。

5. 拔除抽薹苗

白芷抽薹开花会消耗大量养分，引起根部重量下降，质地松泡，所结种子也不能做种，因此，早抽花薹必须及时拔除。

四、病虫害防治

（一）病害

1. 斑枯病

又名白斑病、叶斑病，为真菌中的一种半知菌。危害叶片。病斑开始较小，初呈暗绿色，扩大后灰白色，严重时，病斑汇合成多角形大斑。后期在病叶的病斑上密生小黑点（即病原菌分生孢子器），叶片局部或全部枯死。一般 5 月发病，直至收获。氮肥过多，植株过密，亦易发病。

防治方法：选择健壮、无病植株留种，白芷收获后，清除病残植株和残留土中的病根，集中烧毁。发病初期，摘除病叶，并喷 1∶1∶100 的波尔多液 1~2 次。

2. 紫纹羽病

为真菌中的一种病菌。在主根上常见有紫红色菌丝束缠绕，引起根表皮腐烂。

在排水不良或潮湿低洼地，发病严重。

防治方法：作高畦以利排水；每亩用70%五氯硝基苯粉剂2kg加草木灰20kg拌匀撒施土中，并进行多次整地；每亩亦可用70%敌克松可湿性粉剂2kg，对水2 000kg泼浇畦面，待土干后再整地播种。

3. 立枯病

为真菌中的一种半知菌。多发生于早春阴雨，土壤黏重、透气性较差的情况下。发病初期，幼苗基部出现黄褐色病斑，以后基部呈褐色环状干缩凹陷，直至植株枯死。

防治方法：选沙质壤土种植，及时排除积水；发病初期用5%石灰水灌注，每7天1次，连续3~4次，或用1∶25的五氯硝基苯细土，撒于病株周围。

4. 黑斑病

秋天叶上出现黑色病斑。

防治方法；摘除病叶或喷1∶1∶120的波尔多液1~2次。

（二）虫害

1. 黄翅茴香螟、黄凤蝶、蚜虫、红蜘蛛

危害叶片。

防治方法：用90%晶体敌百虫1 000倍液或40%乐果乳油2 000倍液喷杀。

2. 黑咀

危害根部。

防治方法：用25%亚铵硫磷乳油1 000倍液，浇灌植株根部周围土壤。

3. 食心虫

咬食种子，常使种子颗粒无收。

防治方法：用90%晶体敌百虫1 000倍液喷杀。

4. 地老虎

危害植株幼茎。

防治方法：用人工捕杀或毒饵诱杀。

五、采收加工

（一）采收

白芷因产地和播种时间的不同，采收期也不同。春播在当年霜降前后，秋播在第2年6—8月间，叶片呈枯萎时采收。收获过早，根尚未充实，产量和质量不高；收获过迟，则萌发新叶，根部木质化，也影响产量和品质。

采收选择晴天进行，采挖时刨出全根，抖去泥土，除去茎叶，运回加工。

（二）加工

1. 直接晒干

晴天，剪去残存叶基，抹去须根，按大、中、小分级，分别暴晒。

2. 硫黄熏蒸

收后遇雨，去泥后应立即熏蒸；晒软后如遇雨或雨淋应立即蒸熏；大白芷要蒸透后再晒。熏蒸采用烘坑进行，先将白芷按大小和不同干湿程度分别装好，用草包或麻袋盖严，每250kg鲜白芷需3.5~4kg硫黄，熏时要不断加入硫黄，不能熄灭，直至熏透。熏1昼夜后，取样用小刀切开，在切口涂抹碘酒，如果蓝色很快消失，即表明已熏透，可灭火停熏。假如蓝色反应不消失，则需继续熏硫。熏后应及时晒干，包装贮存在通风干燥处。

【历史典故】

据记载，古代有个叫王定国的人，长期患头痛病，来到都梁求名医杨介医治，只服了杨介的三丸药即疼痛消失。王定国于是向杨介恳求能得到这个药方，杨介告诉他，只需用白芷一味，洗净晒干，研为粉末，做成弹子大药丸。于是王定国回家后每天吃一丸，以清茶服下，病痛很快痊愈。于是他将此药丸称为“都梁丸”。

第五节　云木香

一、植物学特性及品种

云木香［*Saussurea costus*］（菊科风毛菊属）又名广木香、木香、蜜香、青木香、五木香、南木香。多年生高大草本，高1.5~2m。主根粗壮，直径5cm（图1-9、图1-10）。茎直立，有棱，基部直径2cm，上部有稀疏的短柔毛，不分枝或上部有分枝。基生叶有长翼柄，翼柄圆齿状浅裂，叶片心形或戟状三角形，长24cm，宽26cm，顶端急尖，边缘有大锯齿，齿缘有缘毛。下部与中部茎叶有具翼的柄或无柄，叶片卵形或三角状卵形，长30~50cm，宽10~30cm，边缘有不规则的大或小锯齿；上部叶渐小，三角形或卵形，无柄或有短翼柄；全部叶上面褐色、深褐色或褐绿色，被稀疏的短糙毛，下面绿色，沿脉有稀疏的短柔毛。头状花序单生茎端或枝端，或3~5个在茎端集成稠密的束生伞房花序。总苞直径3~4cm，半球形，黑色，初时被蛛丝状毛，后变无毛；总苞片7层，外层长三角形，长8mm，宽1.5~2mm，顶端短针刺状软骨质渐尖，中层披针形或椭圆形，长1.4~1.6cm，宽3mm，顶端针刺状软骨质渐尖，内层线状长椭圆形，长2cm，宽3mm，顶端软骨质针刺头短渐尖；全部总苞片直立。小花暗紫色，长 1.5cm，细管部长 7mm，檐部长 8mm。瘦果浅褐色，三棱状，长 8mm，有黑色色斑，顶端截形，具有锯齿的小冠。冠毛 1 层，浅褐色，羽毛状，长 1.3cm。花期 6—7 月，果期 7—8 月。

图 1-9　云木香根

图 1-10　云木香植株

木香的品种主要有广木香、云木香、川木香。

二、生物学特性

（一）生态习性

生于海拔较高的山区，一般海拔2 700~3 300m，年平均温度 5.6℃，最高气温 23℃，最低气温-14℃，年降水量 800~1 000mm（多集中在 8 月），无霜期 150 天。从 12 月以后到第二年 3 月常有积雪、霜冻，但木香仍安全越冬，生长很好。春秋生长快，7—8 月多雨季节生长缓慢。此时有乱根，苗期怕强光，多与其他作物间套种，否则苗期易死亡。土壤要求肥沃、疏松、排水良好的，pH 值 6.5~7 的生草灰化土（黑油沙土）为好；海拔低，温度高易退化，生长不好。

云木香可以连作 1~2 次，生长情况正常。但连作种植应增施肥料。

（二）生长发育特性

海拔1 600m 左右的地区种植，秋季（9 月中下旬）播种后 10~14 天开始出苗，15~19 天为出苗盛期。当年仅生真叶 2~3 片，翌年亦只有基生叶，第三年起抽薹开花。春季（3 月中旬至 4 月中旬）播种后 15~30 天开始出苗，25~40 天为出苗盛期，翌年有部分植株抽薹开花。播种后二三年生植株，4 月出苗，5 月中下旬抽薹，6 月孕蕾开花，7 月下旬至 8 月上旬种子成熟，11 月中下旬植株枯萎倒苗。

三、栽培技术

（一）选地与整地

应选择前茬作物为玉米、马铃薯、当归等作物，排水良好的、土壤肥沃的黑油沙和白油沙地种植，如果新开垦的土地，首先要撂荒（烧掉生荒地上杂草等植物），地块选好后均需深翻 30cm，把杂草等物翻入地下，进行冻化。第二年 2、3 月再翻一次，按行距 40~45cm 开沟，每亩施厩肥、羊粪等4 000kg 左右腐熟肥料为基肥，防止由于木香根的香气招诱地下害虫，再翻土（使粪土均匀）打碎、耙平，做成宽 100~130cm 的畦，或 130cm 宽的高畦均可。

（二）繁育方法

通常用种子繁殖，直播或育苗移栽。通过试验比较，直播和移栽在产量上无大差异。但育苗移栽费工多，故较少采用，只有在播种后缺苗时，用来作补苗用。

1. 采种

在二三年生云木香生产田中选健壮植株，不刈花薹，留作采种；或选择生长好的地段建立留种区。海拔1 600m 地区，7 月下旬至 8 月上旬，在种子成熟期应经常到田间检查，当花柄变黄、花苞变为黄褐色、上部细毛接近散开时，及时采收花苞。采种时间延迟，种子老熟后，会脱落。

2. 种子处理

花苞采回后，放在通风干燥处，后熟 7~10 天，然后经太阳晒干后，轻轻打出种子，风去杂物，贮于通风干燥处。忌用火炕。

3. 播种

（1）播种期　云木香在西南地区，春、秋、冬季都可播种。应根据当地具体情况，选择适宜的播种期。

① 春播：春季最适宜的播种期是在解冻后至 4 月上旬（惊蛰至清明）。春雨早来地区，播种过迟易被雨水冲击，土表板结，影响出苗；幼苗期杂草多，除草费工，且易遭受蛴螬、地老虎、蚱蜢等害虫食害幼苗，造成缺棵。

② 秋播：秋播最适宜的时期是在 9 月中下旬（白露至秋分）。播种过早尚有暴雨发生，土壤板结，有碍出苗，或出苗后被大雨冲击，泥浆淹没幼苗，造成幼苗死亡。播种过迟，幼苗出土后，会被严寒冻死。适时秋播，翌年出苗返青早，生长快，能抑制杂草生长。

③ 冬播：冬季最适宜的播种期是 11 月中旬至冰冻前（小雪至大雪）。播种后当年不出苗，翌年早春解冻后即出苗，较春播的早出苗 15~25 天，出苗整齐。杂草出土时，幼苗已长大。且冬季播种，可以利用冬闲劳力及秋收后的冬闲地。

（2）播种密度　以行穴距 33cm、每穴留苗 3 株较适宜。定苗时每亩存苗 15 000株，生长期中死亡约 25%，生长第三年收获时，每亩有效植株约11 000株，产量稳定而较高。

（3）播种方法

① 开穴：在整好的畦上，按行穴距 33cm 开浅穴，穴径 20cm，穴深 3~5cm，穴底要平坦。春播、秋播开穴宜浅，冬播可稍深。

② 播种：直播每亩用种 1kg。随开穴随播种，每穴播种子 8~10 粒。种子在穴

中要散开。每穴播种粒数，要切实准确，不可过多或过少。

③ 施种肥：种肥通常用人畜肥、草木灰、土杂肥等。播种前将各种肥料混合，每亩用量1 500~2 000kg。播种后每穴撒肥 1 把，盖在种子上。

④ 覆土：种肥施后盖细土。春播、秋播应覆土 1cm 厚，冬播可稍厚些。在表土疏松细碎情况下，可用 2~3 枝落叶竹桠在畦面上扫一下再覆盖土，用这种方法平整覆盖土既快又均匀。

⑤ 培育补植用苗：播种后及生长过程中常因虫害或其他灾害而缺苗。为保证全苗，稳定产量，缺苗应补植。因此，应适当培育专供补植缺株用的幼苗。

（三）田间管理

1. 间苗补苗

云木香苗期需间 2 次苗，第一次在苗高 5cm 左右间苗；第二次当苗长出 4 片真叶时，间隔 15cm 留 1 苗，穴播每穴留 2 苗，间出多余的苗子，带土补栽于缺苗处。在每年最后一次中耕要检查苗子，有缺苗的进行补栽，保证全苗，每亩12 000株，只有全苗才能丰产。

2. 中耕除草

出苗后有草就拔，因苗小，根浅不能除得太深，苗长到 6~7 片真叶时第二次浅除，切勿伤根，否则死苗。第三次 7 月中下旬除草。云木香生长第二年，返青苗出新叶，进行第一次锄草，7 月中下旬进行第二次中耕除草，第三年返青出齐苗后，间苗一次，并除草松土。

3. 追肥

云木香定植后，结合第二次中耕除草时，第一年长出 6 片真叶时，每亩追施一次厩肥，1 000~1 250kg，7—8 月每亩追施 1∶3 人粪尿（粪尿：水）或硫酸铵 15~20kg。第二年苗出齐后结合第一次松土除草，每亩追施厩肥 750~1 000kg。生长过程中，天旱要浇水，第一年施化肥后，要浇水、刈花薹，打老叶。生长两年后，在 7—8 月结合中耕除草各打一次老叶，每株打去 4~5 片老叶，打下来的老叶和嫩叶可以做饲料。播种后第二年 5 月左右，有部分植株抽薹开花，应在刚抽薹时割掉，再抽，再刈，免得影响根部的生长，第三年为了留种用，除种株外，其余的花薹也要刈掉。

4. 培土

云木香第一、二年秋天均需要根部培土各一次，地上部枯萎后，培 12cm 左右厚土，能提高产量和质量。

四、病虫害防治

（一）病害

危害云木香的主要是根腐病，植株发病后根部逐渐腐烂，根变黑，地上部分枯萎而死。此病发生多因地下水位高，排水不良或中耕除草时挖伤根部所引起。

防治方法：选用排水良好的地块种植，并注意做好排水工作；中耕除草时要小心，避免挖伤根部。发病后，可用 58%甲霜灵可湿性粉剂 500 倍液拌草木灰 30kg 灌穴，防止病害蔓延。

此外，危害云木香的还有褐斑病，苗期有白绢病，但发生较少。

（二）虫害

1. 蚜虫

在夏末秋初季节，易发生蚜虫。

防治方法：用乐果乳剂 0. 5kg 加水 1 000kg 喷杀。

2. 介壳虫

属同翅目蚧总科。全年危害云木香，发展最快的季节是初秋。

防治方法：初龄期，喷三硫磷 3 000倍或者亚胺硫磷 25%乳油 800 倍液。

五、采收加工

（一）采收

在海拔较低温度较高的地区，种后两年采收；海拔高温度低的地区，种后三年采收。以 10 月采收较好，9 月下旬亦可。采收过早产量降低。在采收期应选晴天收挖。先将茎叶割去，再挖出全部根。因根入土较深，应注意深挖。根挖出后，若天气晴朗，可就地晾晒，去掉根上泥土，运回加工。

（二）加工

当地上茎叶枯萎时用锄挖出，抖去泥土，不能用水洗，立即加工，先切去发芽的头部，再切成 5~7cm 长的段，晒干。放入麻袋撞去粗皮细根。阴雨天气可用文火烘干，即为成品。一般每亩产量 400kg 左右。

【知识链接】

云木香以根入药，《本草纲目》曰：“木香乃三焦气分之药，能升降诸气。”临床多用于脾胃气虚，运化无力所致的呕吐、腹泻等证。

第六节　板蓝根

一、植物学特性及品种

板蓝根是菘蓝［*Isatis tinctoria* L.］（十字花科菘蓝属）的根，又名草大青、菘青、北板蓝。菘蓝，二年生草本，植株高50~100cm。光滑被粉霜（图1-11、图1-12）。根肥厚，近圆锥形，直径2~3cm，长20~30cm，表面土黄色，具短横纹及少数须根。基生叶莲座状，叶片长圆形至宽倒披针形，长5~15cm，宽1.5~4cm，先端钝尖，边缘全缘，或稍具浅波齿，有圆形叶耳或不明显；茎顶部叶宽条形，全缘，无柄。总状花序顶生或腋生，在枝顶组成圆锥状；萼片4，宽卵形或宽披针形，长2~3mm；花瓣4，黄色，宽楔形，长3~4mm，先端近平截，边缘全缘，基部具不明显短爪；雄蕊6，4长2短，长雄蕊长3~3.2mm，短雄蕊长2~2.2mm；雌蕊1，子房近圆柱形，花柱界限不明显，柱头平截。短角果近长圆形，扁平，无毛，边缘具膜质翅，尤以两端的翅较宽，果瓣具中脉。种子1颗，长圆形，淡褐色。花期4—5月，果期5—6月。

图1-11　板蓝根根

图1-12　板蓝根植株

二、生物学特性

（一）生态习性

菘蓝对气候的适应性很强，我国南北各地均能生长。较耐寒，喜温暖，怕水涝。在高寒地带如东北平原和天气炎热、降水较多的岭南不宜栽培。

对土壤要求不严，因系深根植物，故应选深厚、肥沃、排水性能好的沙质壤土栽培，地势低洼易积水的土壤不宜栽种。

（二）生长发育特性

菘蓝为越年生植物，按自然生长规律，秋播种子萌发出苗后，是营养生长阶段，露地越冬经过春化阶段，翌年春季抽茎、开花、结果而枯死，完成整个生长周期，采收不到叶和根。除欲快速获得繁殖用种子外，一般都不采用秋播。宜在春季播种，夏、秋季采叶2~3次，秋、冬季挖根，以增加经济效益。但春播不宜过早（1—2月）。因种子出苗后，受早春寒潮的影响，也会经过春化阶段，提前抽薹开花，当年完成生育期，造成无收。

三、栽培技术

（一）选地与整地

板蓝根系深根植物，适宜温暖湿润的气候，抗旱耐寒，怕涝，水浸后容易烂根，一般的土壤都可以种植，但是最好选择土壤疏松，排水良好的地块种植。秋耕越深越好，施基肥。每亩可以施农家肥3 000~4 000kg，二铵 15kg，生物钾肥 4kg，均匀地撒到地内并深翻 30cm 以上。雨水少的地方作平畦，雨水多的地方作高畦。畦宽、长以地而定。畦面呈龟背形，畦高约 20cm。开排水沟。

（二）繁殖方法

采用种子繁殖。

种子处理：播种前将种子用清水浸泡 12~24 小时，捞出种子并晾至其表面无明水。与适量干细土拌匀，以便播种。

播种：板蓝根可春播或秋播。在北方适宜春播，并且应适时迟播，如果播种时间过早，抽薹开花早，不仅造成减产而且板蓝根的品质也会下降，最适宜的时间是 4 月 20 日至 30 日。在畦面上开一条行距 20cm，深 1. 5cm 的浅沟，将种子均匀地撒在沟中，覆土 1cm 左右，略微镇压，适当浇水保湿。温度适宜，7~10 天即可出苗。一般每亩用种量为 2~2. 5kg。

（三）田间管理

1. 间苗定苗

出苗后，当苗高 7~8cm 时按株距 6~10cm 定苗，去弱留壮，缺苗补齐。苗高 10~12cm 时结合中耕除草，按照株距 6~9cm，行距 10~15cm 定苗。

2. 中耕除草

幼苗出土后浅耕，定苗后中耕。在杂草 3~5 叶时可以选择精禾草类化学除草剂喷施除禾本科杂草，每亩用药 40mL，兑水 50kg 喷雾。

3. 追肥浇水

收大青叶为主的，每年要追肥 3 次，第一次是在定植后，在行间开浅沟，每亩施入 10~15kg 尿素，及时浇水保湿。第 2、3 次是在收完大青叶以后追肥，为使植株生长健壮旺盛可以用农家肥适当配施磷钾肥；收板蓝根为主的，在生长旺盛的时期不割大青叶，并且少施氮肥，适当配施磷钾肥和草木灰，以促进根部生长粗大，提高产量。

四、病虫害防治

（一）病害

1. 霜霉病

该病在3—4月始发，在春夏梅雨季节尤其严重，主要为害板蓝根的叶部，病叶背面产生白色或灰白色霉状物，严重时叶鞘变成褐色，甚至枯萎。

防治方法：排水降湿，控制氮肥用量。发病初期用70%代森锰锌500倍液喷雾防治，或用杀毒矾800倍液喷雾防治，每隔7~10天喷1次，连喷2~3次。

2. 叶枯病

主要为害叶片，从叶尖或叶缘向内延伸，呈不规则黑褐色病斑迅速蔓延，至叶片枯死。在高温多雨季节发病严重。

防治方法：发病前期可用50%多菌灵1 000倍液喷雾防治，每隔7~10天喷1次，连喷2~3次。该时期应多施磷钾肥。

3. 根腐病

5月中下旬开始发生，6—7月为盛期。常在高温多雨季节发生，雨水浸泡致根部腐烂，整株枯死。

防治方法：发病初期可用50%多菌灵1 000倍液或甲基托布菌1 000倍液淋穴，并拔除残株。

（二）虫害

1. 菜粉蝶

俗称小菜蛾，主要为害叶片，5月开始发生，尤以6月危害严重。

防治方法：可以用菊酯类农药喷雾防治。

2. 甘蓝蚜

春夏季植株抽薹时发生。为害嫩梢及花蕾，使嫩梢花蕾萎缩，不能开花。

防治方法：可用40%乐果乳油800~1 500倍液或80%敌敌畏乳油2 000~3 000倍液喷杀。

3. 三角地老虎

为害叶片，7—8月发生。防治方法同菜粉蝶。

4. 小菜蛾

幼虫咬食叶片成缺刻孔洞。春夏季发生。防治方法同菜粉蝶。

五、采收加工

（一）采收

春播板蓝根在收根前可以收割2次叶子，第一次可在6月中旬，当苗高20cm

左右时从植株茎部距离地面2cm处收割，有利于新叶的生长；第二次可在8月中下旬。高温天气不宜收割，以免引起成片死亡。收割的叶子晒干后即成药用的大青叶，以叶大、颜色墨绿、干净、少破碎、无霉味者为佳。

（二）加工

板蓝根应在入冬前选择晴天采挖，挖时一定要深刨，避免刨断根部。起土后，去除泥土茎叶，摊开晒至七八成干以后，扎成小捆再晒至全干。以根条长直、粗壮均匀、坚实粉足为佳。

第七节　牡丹

一、植物学特性及品种

牡丹［*Paeonia suffruticosa* Andr.］（毛茛科芍药属），又名花王、牡丹皮、粉丹皮、木芍药、条丹皮、洛阳花（图1-13、图1-14）。多年生落叶小灌木。茎高达2m；分枝短而粗。叶通常为二回三出复叶，偶尔近枝顶的叶为3小叶；顶生小叶宽卵形，长7~8cm，宽5.5~7cm，3裂至中部，裂片不裂或2~3浅裂，表面绿色，无毛，背面淡绿色，有时具白粉，沿叶脉疏生短柔毛或近无毛，小叶柄长1.2~3cm；侧生小叶狭卵形或长圆状卵形，长4.5~6.5cm，宽2.5~4cm，不等2裂至3浅裂或不裂，近无柄；叶柄长5~11cm，和叶轴均无毛。花单生枝顶，直径10~17cm；花梗长4~6cm；苞片5，长椭圆形，大小不等；萼片5，绿色，宽卵形，大小不等；花瓣5，或为重瓣，玫瑰色、红紫色、粉红色至白色，通常变异很大，倒卵形，长5~8cm，宽4.2~6cm，顶端呈不规则的波状；雄蕊长1~1.7cm，花丝紫红色、粉红色，上部白色，长约1.3cm，花药长圆形，长4mm；花盘革质，杯状，紫红色，顶端有数个锐齿或裂片，完全包住心皮，在心皮成熟时开裂；心皮5，稀更多，密生柔毛。蓇葖长圆形，密生黄褐色硬毛。花期5月；果期6月。

图1-13　牡丹根

图1-14　牡丹花

品种主要有牡丹、紫斑牡丹、矮牡丹。

二、生物学特性

（一）生态习性

牡丹性喜温暖、凉爽、干燥、阳光充足的环境。喜阳光，也耐半阴，耐寒，耐干旱，耐弱碱，忌积水，怕热，怕烈日直射。宜在气候湿和、阳光充足，雨量适中地区，年均气温在15℃左右，年日照时数约2 000小时，年降水量在1 200～1 500mm，无霜期230天左右，年积温在5 000～5 800℃。主要分布于安徽铜陵凤凰山，山东菏泽亦有栽培。适宜在疏松、深厚、肥沃、地势高燥、排水良好的中性沙壤土中生长。酸性或黏重土壤中生长不良。选地时应符合GAP的要求，对种植地环境的空气、灌溉水及土壤质量进行检测，其质量应达到国家环境质量标准。种植地远离城市、村庄和主要交通干道，根据自然环境条件，选择适宜的道地品种栽培。

充足的阳光对其生长较为有利，但不耐夏季烈日暴晒，温度在25℃以上则会使植株呈休眠状态。开花适温为17～20℃，但花前必须经过1～10℃的低温处理2～3个月才可。最低能耐-30℃的低温，但北方寒冷地带冬季需采取适当的防寒措施，以免受到冻害。南方的高温高湿天气对牡丹生长极为不利，因此，南方栽培牡丹需给其特定的环境条件才可观赏到奇美的牡丹花。

（二）生长发育特性

牡丹种子寿命不长，隔年种子，发芽率为30%左右。种子具有上胚轴休眠特性。生产上多在当年8—9月播种，当年生根不发芽。通过低温冬季的冷冻作用，打破上胚轴休眠，到第二年春上胚轴生长，幼苗出土，生产上播种不宜过晚。

牡丹为宿根植物，早春萌发，4～9日开花，7—8月果熟，10月中旬地上部枯萎，生育期为250天左右。

三、栽培技术

（一）选地与整地

牡丹栽培一般选择地势离燥、阳光充足、排水良好的沙质壤土及地下水位较低的地块种植。忌连作，一般要3～5年后再种。做到精细整地，深翻土壤40cm以上，使土层深厚疏松，且施基肥，每亩施入充分腐熟土杂肥3 000kg，开高畦宽2cm，床高20cm，间距40cm，沟底宽35cm，沟底应平整，排水通畅。

（二）繁殖方法

以种子繁殖为主，亦可分根繁殖。

种子繁殖方法如下。

（1）种子采收与处理　当牡丹果实呈橙黄色，即将开裂时，将果实采收，放置室内阴凉处摊开，使果实后熟。当果实的果瓣完全开裂时，即筛出收集种子，切勿暴晒，种子最易失去水分，经干燥丧失发率，应立即播种。

（2）播种育苗　选择刚采收好的籽粒饱满、黑色发亮、新鲜、无病虫害的种子，放入50℃的温水中浸泡24~30小时，漂浮的种子去掉不用。或可用25mg/kg赤霉素（GA）溶液浸种2~4小时。这样可以提高牡丹的发芽率。按行距25cm，开沟条播，沟深6cm，播幅宽10cm，将处理好种子拌草木灰均匀地撒入沟内，上覆细肥土，大约3cm厚，压紧，并盖草，保持土壤湿润。若遇天气干旱应及时浇水，第二年出苗，出苗后揭草，进行追肥、除草，加强苗期田间管理，培育2~3年，即可移栽，每亩用种量约80kg。

（3）移栽　9月中、下旬可以开始移栽定植，按株距40cm，行距50cm，深25cm，每穴栽入2年生粗壮茎1株或细幼苗根茎2株。栽培要求根系舒展，芽头紧靠穴壁上部，覆土压紧，盖土略高畦面，最后铺盖一层腐熟肥或枯草，以利防旱防寒。也有的地方移栽1年生苗，方法和上述相同。

（4）分根繁殖　一般选择3~4年生健壮、无病虫害的牡丹，在9月上旬至10月上旬挖起全株，将大根留下做药用，选择健壮植株，无病虫害的中、小根作种用。然后顺其自然生长的形状，用刀从根茎处切开。每根须留芽2~3个，并尽量多留细根，以利成活，立即种植在整好的畦面上，按行、株距60cm×40cm挖穴，穴深25cm，每穴栽1株。压实、盖紧，并在畦面上盖上腐熟的厩肥或枯草，以防旱防寒。

（5）种子直播繁殖法　在牡丹种植地许多采用种子直播法，种子处理与育苗移栽相同，直播时按行距40cm，株距2~3cm，有效株数5万~6万株/亩。

（三）田间管理

1. 中耕除草

移栽后的第二年春季，待牡丹发出苗后，即揭去盖草时开始除草，做到勤除杂草，在生长前两年除草3~4次，两年后杂草较少，可根据情况除草。除草要求松土宜浅，以免损伤根系。雨后晴天为宜，可增加土壤的通透性。

2. 亮根

在栽后的第二年春季，揭开盖草时，扒开根际周围的泥土，暴露根蔸，让阳光直射—亮根，目的让须根萎缩，促进主根生长，2~3天后结合中耕除草再培肥土。

3. 追肥

牡丹耐肥力强，需多施肥料，除应施足基肥外，每年于春、秋、冬季各追肥一次。若未施塌基肥或基肥不足，则分期追肥更为重要，以P、K肥为主。第一次施用人畜粪，第二次施入人畜粪水加入适量的复合P、K肥，第三次施用腐熟堆肥和发酵的饼肥等。以“春秋少，腊冬多”的施肥原则施肥，根据植株大小而定。

4. 摘蕾修枝

除留种田外，在牡丹花蕾期将花全部摘除，促进养分供应根部生长，可提高产量，一般选择晴天上午进行。每年霜降后，结合中耕除草，清除落叶杂草，剪去枯枝，清除运出做堆肥，减少病虫害的发生。

5. 培土防寒

霜降前，结合中耕除草施腊肥，可在植株根部15cm左右或盖一层草，以防寒越冬。

6. 灌溉排水

牡丹怕涝，雨季应及时疏沟排水，以防烂根。如遇干旱，可在傍晚进行浇灌，一次性浇透，不能积水。

四、病虫害防治

（一）病害

1. 叶斑病

也称红斑病。病菌主要侵染叶片，也侵染新枝。发病初期一般在花后15天左右，7月中旬随温度的升高日趋严重。初期叶背面有谷粒大小褐色斑点，边缘色略深，形成外浓中淡、不规则的圆心环纹枯斑，相互融连，以致叶片枯焦凋落。叶柄受害产生墨绿色绒毛层；茎、柄部染病产生隆起的病斑；病菌在病株茎叶和土壤中越冬。

防治方法：11月上旬（立冬）前后，将地里的干叶扫净，集中烧掉，以消灭病原菌；发病前（5月）喷洒波尔多液，10~15天喷1次，直至7月底；发病初期，喷洒甲基托布津、多菌灵，7~10天喷1次，连续3~4次。

2. 紫纹羽病

由土壤传播。发病在根颈处及根部，以根颈处较为多见。受害处有紫色或白色棉絮状菌丝，初呈黄褐色，后为黑褐色，俗称“黑疙瘩头”。轻者形成点片状斑块，不生新根，枝条枯细，叶片发黄，鳞芽瘪小；重者整个根茎和根系腐烂，植株死亡。此病多在6—8月高温多雨季节发生，9月以后，随气温的降低和雨水的减少，病斑停止蔓延。

防治方法：选排水良好的高燥地块栽植；雨季及时中耕，降低土壤湿度；4~5年轮作一次；选育抗病品种；分栽时五氯硝基苯药液涂于患处再栽植，也可用5%代森铵液浇其根部；受害病株周围用石灰或硫黄消毒。

3. 菌核病

又名茎腐病。发病时在近地面茎上发生水渍状斑，逐渐扩展腐烂，出现白色棉状物。也可能侵染叶片及花蕾。

防治方法：选择排水良好的高燥地块栽植；发现病株及时挖掉并进行土壤消

毒；4~5年轮作一次。经常见的还有炭疽病、锈病。炭疽病在叶面上发生圆形或不规则形淡褐色凹陷病斑，扩展后边缘为紫褐色；锈病在叶背着生黄色孢子堆，引起叶片退绿，后期病叶上生柱状毛发物。防治方法同叶斑病。

4. 牡丹褐斑病

牡丹褐斑病在牡丹生育后期发生。叶表面出现大小不同的苍白色斑点，一般直径为3~7mm大小的圆斑。一叶中少时有1~2个病斑，多时可达30个病斑。病斑中部逐渐变褐色，正面散生十分细小的黑点，发生严重时整个叶面全变为病斑而枯死。叶背面斑病呈暗褐色，轮纹不明显。多在7—9月发病，雨多时病重。

防治方法；采收后彻底清除病残株及落叶，集中烧毁。

5. 牡丹红斑病

牡丹红斑病也叫霉病、轮斑病，是牡丹上发生最为普遍的病害之一。主要危害叶片，还可危害绿色茎、叶柄、萼片、花瓣、果实甚至种子。叶片初期症状为新叶背面现绿色针头状小点，后扩展成直径3~5mm的紫褐色近；圆形的小斑，边缘不明显。扩大后有淡褐色轮纹，成为直径达7~12mm的不规则形大斑，中央淡黄褐色，边缘暗紫褐色，有时相连成片，严重时整叶焦枯。在潮湿气候条件下，病部背面会出现暗绿色霉层，似绒毛状。叶缘发病时，会使叶片有些粗曲。绿色茎上感病时，产生紫褐色长圆形小点，有些突起。病斑扩展缓慢。中间开裂并下陷，严重时茎上病斑也可相连成片。叶柄感病后，症状与绿色茎相同。萼片上初发病时为褐色突出小点，严重时边缘焦枯。墨绿色霉层比较稀疏。

防治方法：冬季整枝时必须将病枝清除，盆土表面挖去10cm左右，重新垫上新土；早春植株萌动前喷3~5波美度的石硫合剂一次；初见病后及时摘除病叶，喷洒药液进行全面防治。喷药时特别注意叶片背面，并且喷洒均匀、周到。

6. 牡丹白粉病

叶片上产生白色粉霉斑，常接连成片，甚至覆盖整株叶片和茎秆，引起植株早衰或枯死。

防治方法：加强栽培管理施氮肥不宜过多，应适当增施钾、钙肥，以增强植株长势，提高抗病力。适时修剪整形，去掉病梢、病叶，改善植株间通风、透光条件。室内盆栽时，应置于通风良好、光照充足之处。冬季要控制室内温湿度，夜间要注意通气。秋末冬初移入温室（或冷窖）前，应仔细检查，发现病叶、病梢立即剪除并烧毁，以免带入室内传播蔓延；发病初期喷洒15%粉锈宁可湿性粉剂1 000倍液，或70%甲基托布津可湿性粉剂1 000倍液，均有良好的防治效果。粉锈宁的残效期可达20~25天，喷药后受病害部位的白层暗灰色，干缩并消失。

7. 牡丹病毒病

牡丹环斑病毒在叶片上产生深绿和浅绿相同的同心轮纹圆斑，同时有小的坏死斑，引起植株明显矮化，下部枝条细弱扭曲，叶黄化卷曲。

防治方法：不用病株做繁殖材料。发现病株，应及时清理；及早防治传毒蚜虫。清理周围杂草，减少传染源。

（二）虫害

1. 蝼蛄

主要啃根皮和咬食嫩芽、幼苗；地老虎从根茎处危害嫩芽为主；蛴螬咬食根部，7月上旬至9月上旬最重，常把根咬伤、咬断数处，食量大，是牡丹的主要虫害。

防治方法：蝼蛄可用豆饼或麦麸配成毒饵，撒在田里诱杀。防治地老虎、蛴螬，要施发酵腐熟的肥料，并加入辛硫磷，翻入土中20cm深，麦麸效果良好。

2. 介壳虫

全身橙红或橘红色，每年发生二代，雌虫常群集叶柄或茎枝上吸取汁液，使叶色发黄，枝梢枯萎，引起植株生长势减弱。

防治方法：发现虫害时可剪除受害的枝叶烧毁；幼虫孵化期可用敌敌畏或氧化乐果喷洒，但喷施氟乙酰胺效果最好；休眠期或早春发芽前用石硫合剂喷洒枝干有较好的防治作用。

3. 蚜虫

蚜虫繁殖力很强，一年可繁殖多代，大量蚜虫常群聚在羽衣甘蓝叶片、嫩茎上吸食汁液。

防治方法：在蚜虫初发时，可喷40%的氧化乐果、乐果1 000~1 500倍液或辛硫磷乳剂1 000~1 500倍液。

4. 叶蛾

俗称卷叶虫，以其幼虫卷叶危害，常将叶片用丝卷起，躲藏在其中取食危害。

防治方法：冬季把种植场地周围枯草、落叶清扫烧毁，消灭越冬虫体；发现有羽衣甘蓝卷叶蛾的虫苞时，应及时摘除或直接捏死卷叶中的幼虫；当卷叶蛾大量发生时，可喷50%的杀螟松或80%的敌敌畏乳油或50%的辛硫磷1 000~1 500倍液。也可用胺萘可湿性粉剂1 000~2 000倍喷施。

5. 菜青虫

菜青虫成虫白天活动，卵产在叶背，幼虫群居取食叶肉。植株有3年年龄的，分散危害，早晚于叶背、叶面或嫩梢处取食，受害叶片呈缺刻状。

防治方法：可人工捕捉幼虫。幼虫数量较多时，应及时喷80%的敌敌畏乳油或杀螟松1 000~1 500倍液。用40%的氧化乐果1 500~2 000倍液喷施也有一定效果。

6. 软腐病

软腐病发病初期可选用70%甲基托布津可湿性粉剂对水600倍，或70%代森锰锌可湿性粉剂兑水500倍喷雾。

7. 霜霉病

霜霉病发病初期可用50%速克灵可湿性粉剂对水1 000~1 200倍，或58%甲霜灵锰锌可湿性粉剂兑水500倍喷雾。

五、采收加工

（一）采收

定植后3~5年即可收获，以4年为佳。8月采收者称伏货，水分较多，容易加工，质韧色白，但其质量和产量均偏低；10月采收者称秋货，质地较硬，加工较难，但其质量和产量均较高。选晴天，先挖开四周土壤，用特制的三齿铁锹，顺行开沟挖取。

（二）加工

采挖要选在晴天进行，将植株根部全部挖出，抖去泥土，剪下鲜根，置阴凉处堆放1~2天，待其稍失水分而变软（习称跑水），除去须根（丹须），用手握紧鲜根，扭裂根皮，抽出木心。优质药材凤丹皮均不刮皮，直接晒干。根条较粗直、粉性较足的根皮，用竹刀或碎碗片刮去外表栓皮，晒干，即为刮丹皮，又称刮丹、粉丹皮。根条较细、粉性较差或有虫疤的根皮，不刮外皮，直接晒干，称连丹皮，又称连皮丹皮、连皮丹、连丹。在加工时，根据根条粗细和粉性大小，按不同商品规格分开摊晒，以便销售。

【温馨小提示】

野生的牡丹称山牡丹，花为单瓣，而栽培的牡丹，由于专事培育以开花，其力移于花而薄于根，故其根皮不及野生品为佳。可是，现代药用的牡丹皮，其名贵者，均为栽培品，而野生的山牡丹皮，反不及栽培的为佳，这是由于人们在栽培技术上有了改进和很大的提高，使其按照人们的愿望而定向发展之故。最主要的手段是将大部分的花芽摘去，不令其开花，则营养集中于根部，不致因开花而消耗过甚。这样就解决了野生品资源不足和对栽培品提高质量的关键措施。

第八节　北沙参

一、植物学特性及品种

珊瑚菜［*Glehnia littoralis* F. Schmidt ex Miq.］（伞形科珊瑚菜属），别名莱阳

参、海沙参、银沙参、辽沙参、苏条参、条参、北条参（图 1-15、图 1-16）。多年生草本。高 5~20cm，全株有白色柔毛，主根和侧根区分明显，主根圆柱形，细长，长 30~40cm，直径 0.5~1.5cm，肉质致密，外皮黄白色，须根细小，着生在主根上，少有侧生根。基生叶卵形或宽三角状卵形，三出式羽状分裂或 2~3 回羽状深裂，具长柄，叶柄长 5~15cm；茎上部叶卵形，边缘具有三角形圆锯齿。复伞形花序顶生，密被灰褐色绒毛；伞幅 10~14，不等长；小总苞片 8~12，线状披针形；花梗约 30；花小，白色。双悬果近球形，密被软毛，棱翅状。花期 5—7 月，果期 6—8 月。

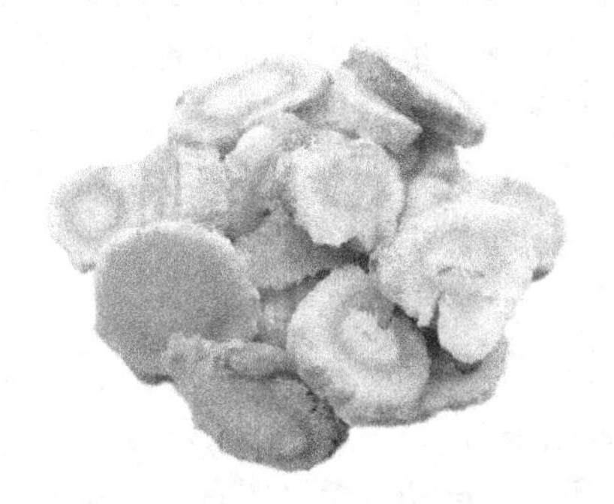

图 1-15　北沙参根

图 1-16　北沙参植株

二、生物学特性

（一）生态习性

北沙参为草本植物，适应性较强，喜温暖湿润气候，抗旱耐寒，喜沙质土壤。忌水浸，忌连作，忌强烈阳光。除苗期留种需充足的水外，生长后期不易多浇水。

（二）生长发育特性

前茬作物以薯类为最好，忌大豆、花生作物，隔年种子发芽率显著降低，放到第三年丧失发芽能力。北沙参当年种子冬播发芽率高，出苗齐。冬播的第二年谷雨前后出苗，一般不开花结果，第三年才开花结果。次年春播发芽率显著降低，第二年才开花结果，小满后抽薹，一个星期开花，花期半个月，头伏前后种子成熟。

三、栽培技术

（一）选地整地

选择比较潮湿、排水良好、含有丰富腐殖质的沙壤土，每亩施厩肥4 000kg、饼肥 50~100kg 作基肥，敌百虫 0.5kg，翻入土中深 40~50cm，整细耙平，做平畦或高畔，畦宽 3~6cm。

（二）繁殖方法

1. 种子处理

北沙参是深根系植物，播种前要深翻地，耙平，下种前接上种子果翅放到25℃的温水中浸泡4小时捞出稍晾，混拌2/3湿沙，放入箱内冷冻，春天解冻后下种，秋播宜在上冻前播种。春播种子不宜沙藏处理，否则当年不能出苗。

2. 播种方法

秋播按行距5~6cm，划0.5cm深的浅沟，种子与种子相隔4~5cm覆土浇水，上盖稻草，上冻前再浇一次大水，盖上一层圈肥。春播在清明至谷雨前后，方法同上。种子不用低温冷冻处理，种后不出苗，若不处理，最好采下即播种。沙质壤上每亩播种量5kg，每亩纯沙地6~7.5kg，有灌溉条件的肥沃土壤每亩可播种3.5~4kg，播后纯沙地用黄泥或小酥石镇压，免风吹沙土移动造成损失，涝洼地封冻时应压沙。秋播种子第二年3月出苗。

3. 田间管理

解冻后，地板结要松土，保墒，见草即拔，苗有3片左右真叶，要间苗，要成三角形留形，株距0.7cm左右，不能过稀，否则根分叉，过密生长不良。春季干旱酌情浇水，保持地面湿润。生长后期地面忌积水，苗期现蕾及时摘除。两年生沙参春天连农家肥，5月结合灌溉追施化肥一次。

四、病虫害防治

（一）病害

1. 根结线虫病

该病在5月易发生虫侵入根端，吸取汁液形成根瘤，使幼苗发黄死亡。

防治方法：忌连作，选用无病地。土壤用滴滴混剂消毒，每亩用量30~50kg。播前20天地温15℃以上，将地开宽30cm左右，深6~7cm的沟，把药施入沟内后覆土镇压。

2. 锈病

又叫黄疸病，在7月中旬至下旬开始发生，茎叶上产生红褐色病斑，末期病斑表面破裂，植物早期枯死。

防治方法：发病后用敌锈钠300倍液（加0.2%洗衣粉），每10天用1次。

3. 病毒病

5月上、下旬发病。发病时植株矮小，生长缓慢，黄化，叶面皱缩不平，叶变厚畸形，颜色深浅不一，也有的在叶面形成褐色环形坏死斑。

防治方法：早期拔除病株；及时防治消灭蚜虫等传毒昆虫；注意选用无病株留种。

4. 根腐病

发病时根部分或全部变色腐烂组织破坏，茎叶失水下垂干枯。

防治方法：初期可用1%硫酸亚铁病穴消毒。

（二）虫害

1. 大灰象甲

又名象鼻虫，4 月中旬是为害盛期。为害未出土的嫩芽及出土后的幼苗叶片，造成严重缺苗断垄。

防治方法：每亩地用鲜萝卜条（或其他青菜）15kg，加 90%结晶敌百虫 10g 或液体敌百虫 20g，拌匀后选晴天傍晚撒于地面。

2. 钻心虫

幼虫取食植株心叶，形成枯心苗；钻蛀根茎，使根茎中空；危害花蕾，影响北沙参正常出薹及种子形成。

防治方法：用 90%敌百虫加水 500 倍，或 50%乐果乳剂加水2 000倍液喷于花、叶上，消灭初龄幼虫。

五、采收加工

（一）采收

春播当年，10 月左右植株枯黄时收挖，秋播种的在第二年寒露节叶子枯黄时采收。收时先在参地一端用镐头开一深沟，露出根部用手提出，除出地上茎，收出的参根不能晒太阳，否则难剥皮降低产量和质量。将参根粗细分开，捆成 1. 5 ~ 2. 5kg 的把，将尾根先放入开水内顺锅转 2 ~ 3 圈（6 ~ 8 秒钟），再把参全部放入锅内烫烤，不断翻动，使水沸腾，捞出剥皮晒干作为药用。有关材料报道，北沙参的主要成分存在于根皮之中。

（二）加工

沙参收后，去掉泥土地上茎，水洗面表面无水，用硫黄熏 12 小时（60kg 药材 1kg 硫黄），要求熏透无硬心，干燥，分等级进行包装，放干燥通风处。

【知识链接】

张璐本经逢原说：“沙参有南、北二种，北者质坚性寒，南者体虚力微”。在山东莱阳、牟平、文登、海阳、莱西、即墨等地均有栽培。野生品分布更广，掖县、招远、黄县、蓬莱、日照等地沿海 1 600余里的沙滩上皆有生长。因其主产莱阳，故专有“莱阳沙参”的称号。本品辽宁、旅大也有产，特称之为“辽沙参”。

第九节　党参

一、植物学特性及品种

党参［*Codonopsis pilosula*（Franch.）Nannf.］（桔梗科党参属），别名防风党参、黄参、防党参、上党参、狮头参、中灵草、黄党。多年生草本，有乳汁（图1-17、图1-18）。茎基具多数瘤状茎痕，根常肥大呈纺锤状或纺锤状圆柱形，较少分枝或中部以下略有分枝，长15~30cm，直径1~3cm，表面灰黄色，上端5~10cm部分有细密环纹。茎缠绕长1~2m，直径2~4mm，有多数分枝，侧枝15~50cm，小枝1~5cm，具叶，不育或先端着花，黄绿色或黄白色，无毛。叶在主茎

图1-17　党参植株

图1-18　党参根

及侧枝上的互生，在小枝上的近于对生，叶柄长0.5~2.5cm，有疏短刺毛，叶片卵形或狭卵形，长1~6.5cm，宽0.8~5cm，端钝或微尖，基部近于心形，边缘具波状钝锯齿，分枝上叶片渐趋狭窄，叶基圆形或楔形，上面绿色，下面灰绿色，两面疏或密，贴伏的长硬毛或柔毛，少为无毛。花单生于枝端，与叶柄互生或近于对生，有梗。花萼贴生至子房中部，筒部半球状，裂片宽披针形或狭矩圆形，长1~2cm，宽6~8mm，顶端钝或微尖，微波状或近于全缘，其间湾缺尖狭；花冠上位，阔钟状，长1.8~2.3cm，直径1.8~2.5cm，黄绿色，内面有明显紫斑，浅裂，裂片正三角形，端尖，全缘；花丝基部微扩大，长约5mm，花药长形，长5~6mm；柱头有白色刺毛。蒴果下部半球状，上部短圆锥状。种子多数，卵形，无翼，细小，棕黄色，光滑无毛。花期7—8月，果期9—10月。

品种主要有西党参、潞党参、东党参、白党参。

二、生物学特征

（一）生态习性

喜温和凉爽气候，耐寒，根部能在土壤中露地越冬。一般在海拔800m以上的

山区生长良好，1 300~2 100m 最适宜。炎热往往会导致病害发生，引起地上部分枯萎。幼苗喜潮湿，土壤缺水会引起幼苗死亡，但高温潮湿则易引起烂根。党参对光照的要求较为严格，幼苗喜荫蔽，大苗或成株喜光，在半阴半阳处均生长不良。党参生长的地区冬季最低气温在-15℃以内，无霜期 180 天左右，夏季最高气温在30℃以下。野生党参多生长在海拔1 500~3 000m 的山地、林地及灌木丛中。

党参是深根性植物，主根长而肥大，适宜在深厚、肥沃和排水良好的腐殖质土和沙质壤土中栽培，pH 值 6.5~7.5，黏性过大或容易积水的地方不宜栽培。忌盐碱，不宜连作。

（二）生长发育特性

党参种子在温度 10℃左右即可萌发，18~20℃最适宜，种子寿命一般不超过 1 年。无论春播或近冬播，产区党参一般在 3—4 月出苗，至 6 月中旬苗可长到 10~15cm 高。6 月中旬至 10 月中旬，为党参苗的营养快速生长期，苗高可达 60~100cm。高海拔、高纬度地区 1 年生党参苗不开花，10 月中下旬上部枯萎，进入休眠期。两年或两年以上植株，一般 3 月中旬出苗，7—8 月开花，9—10 月为果期，10 月下旬至 11 月初进入休眠状态。党参的根在第一年主要以营养生长为主，长达 15~30cm，粗 2~3mm，第 2~7 年，根以加粗生长为主，8~9 年以后进入衰老期，开始木质化，质量变差。

三、栽培技术

（一）选地与整地

宜选土层深厚、土质疏松、排水良好的沙质壤土。黏土、岗地、涝洼地或排水不良的地块均不适宜种植。育苗地区应选择土壤较湿润和有灌溉条件的地方。移栽地和直播地应选择排水条件好和较干燥的地方种植，以免根病蔓延，造成减产。忌连作，一般与大田作物进行轮作。

育苗地以畦作为好，畦宽 1m，畦长依地势而定，畦高 15~20cm，畦间距离 20~30cm。移栽地以垄作为好，垄宽 50~60cm，播种或移栽前结合深耕将基肥翻入土中，一般育苗地和直播地每亩施厩肥和堆肥1 500~2 500kg，移栽地每亩施厩肥或堆肥3 000~4 000kg，过磷酸钙 30~50kg。移栽地应在秋季进行深耕后种植，次年春季及时镇压保墒。

（二）繁殖方法

党参靠种子繁殖，生产上采用种子直播和育苗移栽两种方式。

1. 种子直播

春、夏、秋均可。多数地区采用春播，西北地区常有秋播（又称近冬播种），秋播以播后种子不能萌发为宜。种子直播多用条播，行距 33cm，沟宽 15cm，沟深 15cm，撒种后覆土镇压即可。每亩用种 1.2kg。

2. 移栽定植

在畦面上按15cm沟距开沟，沟深3cm，条播，覆土1~2cm，每亩用种2~2.5kg，播后床面覆草保湿。有些地方为保证苗齐、苗全，播种前把种子用40~50℃温水浸5分钟，捞出后在15~20℃条件下催芽，4~5天后种皮开裂就可播种。当有5%种子出苗后，应逐渐撤出覆草。在高温干旱的地区，撤草后应搭简易遮光棚。苗高5~7cm时间苗薅草，株距3cm。党参育苗1~2年后移栽，移栽多在10月中旬或3月中旬至4月初进行。畦作时，可在整地后按行距25~30cm开15~20cm深的沟，按株距6~10cm将苗斜放于沟内，盖土5cm压紧并适量灌水。垄作时，可在已做好的垄上开15~20cm深的沟，株距约10cm，覆土后及时耙平保墒。

（三）田间管理

1. 遮阴

为了避免强烈阳光晒死幼苗，须进行遮阴，常用盖草、塑料薄膜或间作高秆作物来遮阴。

2. 排灌

因党参种子小，吸水力不足，要常保持土壤湿润，以利种子发芽出苗。定植后应灌水，苗活后少灌水或不灌水，雨季及时排水，防止烂根。

3. 中耕除草

育苗地若因灌水土壤板结，可用树条轻轻打碎表层，使幼苗顺利出土。出苗后封垄前开始松土除草，清除杂草是保证产量的主要措施之一。

4. 追肥

定植成活后，苗高20~30cm，可追肥人粪尿每亩1 000~1 500kg，然后培土。在6月下旬或7月上旬开花前应进行追肥，这次一般追加尿素和过磷酸钙，每亩分别追施9~15kg和25~30kg。追肥能使茎叶生长繁茂，促进开花结果，提高种子和根的产量。

5. 搭架

平地种植的参苗高30cm，设立支架，以便顺架生长，可提高抗病力，少染病害，有利参根生长和结实。也可就地取材，因地而宜，与其他高秆作物进行间作，使其缠绕生长。

四、病虫害防治

（一）病害

1. 锈病

开始于5月中、上旬，6—7月为发病盛期。叶、茎、花均可被害。

防治方法：①通过育种手段，选育抗病品种；②及时清理病残枯叶，减少病原菌，加强病情检查，发现中心病株及时拔除；③发病期喷50%二硝散200倍液或敌锈钠200倍液，7~10天1次，连续2~3次。

2. 根腐病

一般多在土壤过湿与气温过高时。该病较易发生，发病初期，近地面须根变成黑褐色。轻度腐烂严重时，整个根呈褐色水渍状腐烂，地上部分枯死。

防治方法：①与禾本科作物轮作；②雨季排水；③整地时每亩用50%多菌灵500倍液浇病区。

（二）虫害

1. 地下虫害

4—5月主要有地老虎、蛴螬为害嫩茎及根部。

防治方法：用敌百虫800倍液和一六零五乳剂1 000倍液浇根部诱杀。

2. 蚜虫、红蜘蛛

黏虫多在开花时发生，危害茎叶。

防治方法：可用于40%乐果乳油2 000倍液喷雾或50%虫螟松1 000~2 000倍液喷雾，每周1次，连续数周。

五、采收加工

（一）采收

直播党参以4~5年收获为宜，育苗移栽3~4年收获为宜，多数地区采用育苗1年，移栽后种植2年采收。于秋季地上茎叶枯黄后选晴天小心挖出根，避免挖伤和挖断，否则浆汁流出形成黑疤会影响质量。

（二）加工

将挖出的参根洗净，按大小、长短、粗细分级，干晒席上摊晒2~3天，当参体发软（绕指而不断）后，将参根捆成小把，一手握住根头，一手向下顺，揉搓3~4次，使得党参皮肉紧贴，充实饱满并富有弹性，次日再晒晚上收回再揉搓，反复多次。然后再置木板上反复压搓，继续晒干即为商品。应注意，搓的次数不宜过多，用力也不宜过大，否则会影响质量。

【知识链接】

党参为中医常用的补气药，功能补中益气，和胃生津，适用于虚弱患者。因原出山西上党，而根形如参，故名。

党参地区习用品比较多，20余种，均为党参属植物，药用者就形态学观点而言，应符合如下3个条件：①根呈长圆柱形；②体柔润而不柴；③气香而味甜。

第十节　牛膝

一、植物学特性及品种

牛膝［*Achyranthes bidentata* Blume］（苋科牛膝属），又名怀牛膝、牛髁膝、山苋菜（图 1-19、图 1-20）。多年生草本，高 70～120cm；根圆柱形，直径 5～10mm，土黄色；茎有棱角或四方形，绿色或带紫色，有白色贴生或开展柔毛，或近无毛，分枝对生。叶片椭圆形或椭圆披针形，少数倒披针形，长 4.5～12cm，宽 2～7.5cm，顶端尾尖，尖长 5～10mm，基部楔形或宽楔形，两面有贴生或开展柔毛；叶柄长 5～30mm，有柔毛。穗状花序顶生及腋生，长 3～5cm，花期后反折；总花梗长 1～2cm，有白色柔毛；花多数，密生，长 5mm；苞片宽卵形，长 2～3mm，顶端长渐尖；小苞片刺状，长 2.5～3mm，顶端弯曲，基部两侧各有 1 卵形膜质小裂片，长约 1mm；花被片披针形，长 3～5mm，光亮，顶端急尖，有 1 中脉，雄蕊长 2～2.5mm；退化雄蕊顶端平圆，稍有缺刻状细锯齿。胞果矩圆形，长 2～2.5mm，黄褐色，光滑。种子矩圆形，长 1mm，黄褐色。花期 7—9 月，果期 9—10 月。

图 1-19　牛膝根

图 1-20　牛膝植株

品种主要有川牛膝、怀牛膝、土牛膝。

二、生物学特性

（一）生态习性

牛膝为喜光、喜肥植物，适生于凉爽湿润气候、年降水量约1 500mm 的地区，分布在海拔1 200～2 400m 的高寒地区，以冬有积雪的1 500～1 800m 的向阳地带栽培最为适宜。适宜在土层深厚、富含有机质的两合土或偏沙质的土壤上生长。不耐严寒，生长期间如气温降低到-17℃，则植株大多数要受冻死亡。

（二）生长发育特性

牛膝全生育期为100～130天，在整个生育期分为幼苗生长期、植株快速生长期、根条膨大开花期、枯萎采收期4个时期。种子在21～23℃的条件下，在合适的湿度4～5天即可发芽。一般一年生植株结的种子发芽率低，二年生植株结的种子发芽率高，三年生植株结的种子质量最好。

三、栽培技术

（一）选地与整地

牛膝根深，种植地要求深厚，以便深耕。土壤要逐步翻犁加深，至少在50～60cm。耕后每亩地施入农家肥3 000kg、尿素15kg、过磷酸钙80kg、硫酸钾10kg作为基肥。于6月耕翻30cm，浇水踏墒，耙平，按宽1.8～2m，长度依地而定做平畦，四周开好排水沟，备用。易排水的地块可平作，轮荒地种植较熟土为深。

（二）繁殖方法

主要以种子繁殖为主。

1. 良种繁育

在收获块根季节，宜选高矮适中，小枝密、叶片肥大、健壮的植株，芦头不超过3个，颜色较白，留上下粗细均匀、侧根少的长根条作种。越冬时，把选出的块根埋在地下，待明年4月初刨出栽下。种用牛膝应种在新茬地里，施尽基肥，加强管理，待其种子成熟后晒干、脱出即可。

2. 播种

牛膝种子发芽率一般为80%，适宜温度为21～23℃。有足够湿度，播后4～5天即可出苗。播种不宜过早或过晚，过早则地上部分生长快，开花结籽多，根易分叉，品质不佳；过迟，植株矮小，发育不良，产量低。所以适时播种很重要。江淮流域一般在7月初播种。播种方法一般用条播，按行距33cm，开线沟2cm，将种子均匀撒在沟内并盖土，每亩播种1kg左右。

（三）田间管理

1. 定苗和松土除草

当苗高7～10cm时结合松土除草按株距7cm间苗，待苗17～20cm时按株距13～17cm定苗。牛膝不宜深耕，除草时浅松土即可。

2. 追肥

幼苗到8月底苗高不足20cm时，每亩地可追施尿素2～5kg，当苗高30cm时，每亩地追施20～30kg。

3. 打顶

为提高块根产量，根据植株生长情况适当打薹，以减少抽薹。当枝叶高67cm

时，将顶部的花穗割掉，不可留枝过短，留株高33～50cm。再长再割除，一般割除两次，最后留株50cm。

4. 排灌

播种时及幼苗期都应浇水1～2次。如雨水多，应注意排水。9月正是牛膝根部迅速发育时期，天旱时可适当灌水，以使根部生长。

四、病虫害防治

（一）病害

主要有白锈病和叶斑病。

1. 白锈病

6—8月发生，主要表现是叶片背面生白色疱状病斑，疱状病斑破裂后散出白粉，为病菌孢子囊。一二年生植株发病率较高。

防治方法：收获后清园，集中处理病残株；还可以喷1∶1∶20波尔多液，每10天喷1次，连喷2～3次。虫害主要是尺蠖（土名量步虫）幼虫咬食叶片、嫩茎。

2. 叶斑病

表现是受害叶片上产生褐色病斑，稍凹陷。

防治方法：适时适量浇水，雨季及时排水，降低湿度；在幼虫一、二龄期喷90%敌百虫800～1 000倍液。

3. 根腐病

病株叶片枯黄，生长停止；根部变褐色，逐渐腐烂，最后枯死。

防治方法：实行轮作；注意排水；用50%多菌灵可湿性粉剂1 000倍液灌根。

（二）虫害

1. 甜菜夜蛾

为害叶片，常常将叶片咬成空洞状，6月开始发生，8—9月进入为害盛期。

防治方法：采用黑光灯诱杀成虫。各代成虫盛发期用杨树枝扎把诱蛾，消灭成虫；及时清除杂草，消灭杂草上的低龄幼虫；人工捕杀幼虫；在低龄幼虫发生期，可轮换使用10%、20%米螨等农药喷洒。

2. 豆芫菁

以成虫为害，白天活动，尤以中午最盛，群集为害，喜食嫩叶、心叶为害盛期在7月下旬至8月。

防治方法：用40%辛琉磷1 000倍液喷雾。

除此之外，危害牛膝的有猿叶虫、毛虫、红蜘蛛、椿象等害虫。

五、收获与加工

（一）采收

霜降后地上部分枯萎时采挖。采收时，用镰刀割去地上部分，留茬口 3cm 左右，收获时先在近畦边挖沟，宽 50cm、深 1.2m，然后向根部挖，注意不要刨断。

（二）加工

1. 捆把晾晒

采挖后，晾晒，去掉牛膝表面附着的泥土，去掉不定根及侧根，用稻草按粗细长短分别捆扎成把，悬挂于向阳处晾晒，在牛膝水分损失 50%~60%前，注意防冻。当晒至七八成干时，取回集中放室内加盖，使其“发汗”，再干燥后即为毛牛膝。

2. 成品加工

用红绳将堆闷发汗过的毛牛膝重新捆扎成把，每把 0.5kg，牛膝梗留 1~2cm，多余的牛膝梗用刀削掉，周围用刀削光滑后，平摊于箕上晾晒至干，即成商品。

3. 产品分级

每 3cm 平宽 4~6 根为一等（头肥）；6~8 根为二等（二肥）；8 根以上为三等（平条）。

【知识链接】

牛膝为中医常用的补肝肾，强筋骨，逐瘀通经，引血下行药。用于腰膝酸痛，筋骨无力，经闭癥瘕，肝阳眩晕。首载于神农本草经，列为上品。河南武陟县产的怀牛膝即为上种，但由于栽培上的变异，根据其叶脉的不同，有不同的名称，据报道：叶脉较粗而突起明显，形似核桃树叶者，称为“核桃纹”；根部芦头较肥大者称“大疙瘩”，芦头较小者称“小疙瘩”。一般认为怀牛膝中以“核桃纹”品种最佳，但数量不多，其次为“小疙瘩”，再次为“大疙瘩”。

第十一节　桔梗

一、植物学特性及品种

桔梗［*Platycodon grandiflorus*（Jacq.）A. DC.］（桔梗科桔梗属），别名为白药、梗草、紫花子、包袱花、铃当花（图 1-21、图 1-22）。茎高 20~120cm，通常

无毛，偶密被短毛，不分枝，极少上部分枝。叶全部轮生，部分轮生至全部互生，无柄或有极短的柄，叶片卵形，卵状椭圆形至披针形，长 2~7cm，宽 0.5~3.5cm，基部宽楔形至圆钝，急尖，上面无毛而绿色，下面常无毛而有白粉，有时脉上有短毛或瘤突状毛，边顶端缘具细锯齿。花单朵顶生，或数朵集成假总状花序，或有花序分枝而集成圆锥花序；花萼钟状五裂片，被白粉，裂片三角形，或狭三角形，有时齿状；花冠大，长 1.5~4.0cm，蓝色、紫色或白色。蒴果球状，或球状倒圆锥形，或倒卵状，长 1~2.5cm，直径约 1cm。花期 7—9 月。

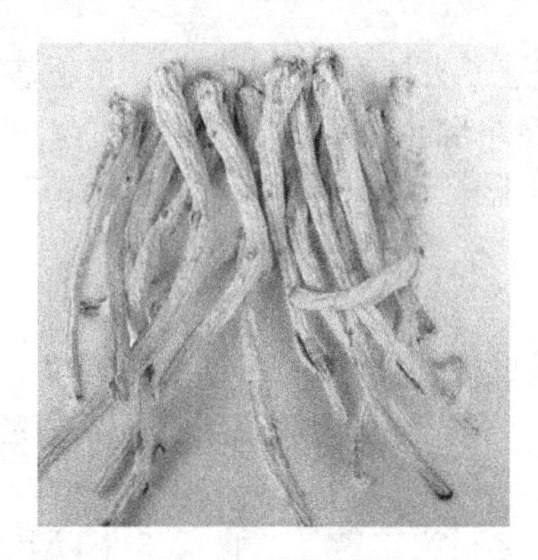

图 1-21　桔梗根

图 1-22　桔梗植株

品种主要有南桔梗和北桔梗。

二、生物学特性

（一）生态习性

桔梗适应性较强，在我国大部分地区均有分布。其范围在北纬 20°~55°，东经 100°~145°，宜栽培在海拔1 100m 以下的丘陵地带。对气候条件要求不严格，以温暖湿润、阳光充足、雨量充沛为好；土壤以土层深厚、质地疏松、比较湿润而排水良好的富含磷钾肥的中性夹沙土为好，黏重土或过于轻松干燥的土壤不宜栽种。

（二）生长发育特性

桔梗种子细小，发芽率约 80%，寿命为 1 年，在低温下贮藏，能延长种子寿命。0~4℃干贮种子 18 个月，其发芽率比常温贮藏提高 3.5~4 倍。种子发芽率 70%，在温度 18~25℃，有足够湿度，播种后 15 天出苗。

种子萌发至 5 月底为苗期，植株生长缓慢。7—10 月孕蕾开花结果，雌雄蕊异熟，自交结实率低。一年生开花较少，2 年后开花结实多。10—11 月中旬地上部开始枯萎倒苗，根在地下越冬，至次年春出苗。种子萌发后，胚根当年主要为伸长生长，第 2 年 6—9 月为根的快速生长期，二年生根明显增粗。

三、栽培技术

（一）选地与整地

桔梗适宜生长在较疏松的土壤中，过于黏重的死黄泥和干沙土不宜栽种，尤喜坡地和山地，以半阴半阳的地势为最佳，平地栽培要有良好的排水条件，桔梗不宜连作。

桔梗有较长的肉质根，因此最好是垄上栽培。于早春（4月中下旬）撒上农家肥将地翻耕耙细整平（深翻30cm）。做垄时，先在地上隔2m打上格线，开沟，然后将沟里的土向两边分撩，做成垄宽1.7m，沟宽30cm左右的垄床，如遇旱情，可沿沟灌溉，以备播种。

（二）繁殖方法

桔梗主要是用种子繁殖，所以要选用高产的植株留种，留种株于8月下旬要打除侧枝上的花序，使营养集中供给上中部果实的发育，促使种子饱满，提高种子质量。蒴果变黄时割下全株，放通风干燥处后熟，然后晒干脱粒，待用。通常采用直播，也可育苗移栽，直播产量高于移栽，且叉根少、质量好。可秋播、冬播或春播，以秋播最好。

1. 选种

桔梗种子应选择2年生以上非陈积的种子（种子陈积一年，发芽率要降低70%以上），种植前要进行发芽试验，保证种子发芽率在70%以上。

发芽试验的具体方法是：取少量种子，用40~50℃的温水浸泡8~12小时，将种子捞出，沥干水分，置于布上，拌上湿沙。在25℃左右的温度下催芽，注意及时翻动喷水，4~6天即可发芽。

2. 播种

桔梗可春播也可夏播。春播宜用温烫浸种，可提早出苗，即将种子置于温水中，随即搅拌至水凉后，再浸泡8小时，种子用湿布包的地方，用湿麻袋片盖好，每天早晚用温水冲洗一次，约5天，待种子萌动时即可播种。播将种子均匀播于沟内，因种子细小，播时可用细沙和种子拌匀后播种，播后盖土或火灰，干旱地区播后要浇水保湿。每亩用种量500~750g。出苗期间要注意松土除草，当苗高约2cm时进行间苗，按株距留壮苗，苗稀或断优的地方应于阴天带上补苗。后施稀人畜粪水，施后盖上，再追施一次并培土，防止倒伏，施后盖上。此外，还要经常松土除草，天早要及时浇水。一般于播后秋末或早春萌芽前收获。

防止桔梗益根，桔梗以顺直的长条形、坚实、少岔根的为佳。栽培的桔梗常有许多合根，有二叉的也有三叉的，大大影响质量。如果一株多苗就有岔根，苗愈茂盛主根的生长就愈受到影响。反之一株一苗则无岔根、支根，看来解决桔梗岔根问题很简单。栽培的桔梗只要做到一株一苗，则无岔根、支根。因此，应随时剔除多余苗头，尤其是第 2 年春返青时最易出现多苗，此时要特别注意，把多余的苗头除掉，保持一株一苗。同时多施磷肥，少施氮钾肥，防止地上部分徒长，必要时打顶，减少养分消耗，促使根部的正常生长。

干播的种子需 25 天左右出苗，催芽播种的种子也需 10 天左右出苗。待小苗出土后，及时除去杂草，小苗过密要适时疏苗，以每亩种植 60 ~ 72 株为宜，间隔 5cm 保留一株进行间苗（每亩 6 万株左右），并配合松土。后期也要适时进行除草，另外桔梗花期较长，要消耗大量养分，影响根部生长，除留种田外要及时疏花疏果，提高根的产量和质量。

（三）田间管理

1. 中耕除草

桔梗直播危害最大的为草荒，尤其是春播，易滋生杂草，应及时除草。早期只能人工拔草，待植株长大后方可松土除草。并注意培土，防止倒伏。一般除草 4 ~ 5 次，做到勤除草，尤其在桔梗第一年生长期内。

2. 施肥

每年一般追肥 4 次，第 1 次在苗齐后，施催苗肥，每亩施入熟腐的人畜粪水 1 000 ~ 1 500kg 或尿素 10kg 左右。第 2 次施入壮苗肥，一般每亩追施复合磷、钾肥 50kg，第 3 次在 8 月施入畜粪水 1 000 ~ 1 500kg 或复合磷、钾肥 50kg。第 4 次在入冬后施越冬肥人畜粪水2 000kg 和复合磷、钾肥 50kg。

3. 合理密植、除花增产

直播的桔梗不能过密，在苗齐时及时定苗，每亩控制在5 800株左右，另外植物的花期较长，除留种田外，适时除花。但人工除花蕾费工费时成本高，可选用 40%乙姆利化学药剂除花。每亩喷施 40%乙锦利1 000倍液 100kg 左右，达到疏花效果，这样既省时省工，又能增产。

四、病虫害防治

（一）病害

1. 根腐病

危害根部，受害根部出现黑褐斑点，后期腐烂至全株枯死。

防治方法：用多菌灵1 000倍液浇灌病区。雨后注意排水，田间不宜过湿。

2. 轮纹病和斑枯病

均危害叶片，受害叶片病斑近圆形，上生小黑点。轮纹病叶片褐色，具同心轮纹；斑枯病叶片白色，常被叶脉限制。

防治方法：发病初期喷 1：1：100 波尔多液或 50%多菌灵可湿性粉剂1 000倍

液，连续喷 2~3 次。

3. 白粉病

主要危害叶片。发病时，病叶上布满灰粉末，严重至全株枯萎。

防治方法：发病初用 0.3 波美度石硫合剂或白粉净 500 倍液喷施或用 20%的粉锈宁粉1 800倍液喷洒。

4. 紫纹羽病

9 月中旬危害严重，10 月根腐烂。受害根部初期变红，密布网状红褐色菌丝，后期形成绿豆大小紫色菌核，茎叶枯萎死亡。

防治方法：切忌连作，实行轮作倒茬；拔除病株烧毁，病穴灌 5%石灰水消毒。

5. 炭疽病

7—8 月高温高湿时易发病，蔓延迅速，植株成片倒伏死亡，主要危害茎秆基部，初期茎基部出现褐色斑点，逐渐扩大至茎秆四周，后期病部收缩，植株倒伏。

防治方法：在幼苗出土前用 20%退菌特可湿性粉剂 500 倍液喷雾预防，发病初期喷 1：1：100 波尔多液或 50%甲基托布津可湿性粉剂 800 倍液，每 10 天喷 1 次，连续喷 3~4 次。

（二）虫害

1. 根线虫病

受危害时，根部有病状突起，地上茎叶早枯。

防治方法：每亩施入 100kg 茶籽饼肥作基肥，可减轻危害，播前用石灰氮或二溴氯丙烷进行土壤消毒。

2. 拟地甲

危害桔梗根部

防治方法：可在 3—4 月成虫交尾期与 5—6 月幼虫期，用 90%敌百虫 800 倍液或 50%辛硫磷乳油1 000倍液喷杀。

五、采收加工

（一）采收

直播的桔梗种植 2~3 年，移栽苗种植当年可以采收，于秋季植株枯萎后和春季萌动前采收。采收过早，根部营养物积累尚不充分，折干率低；过迟收获不易刮皮。采收时把根挖起，抖去泥土，除去茎叶。

（二）加工

采收的桔梗根，趁鲜时用瓷片刮去栓皮，洗净，晒干。刮皮后应及时晒干，否则易发霉变质和生黄色的锈色斑。一般每亩产干货 150kg，高产可达 200~250kg。

【知识链接】

入药用的桔梗，古今处方用名均有苦、甜之分，苦桔梗即桔梗科植物桔梗的根部，古今用药情况相同。但甜桔梗则不然，古代之甜是指同科沙参属植物荠苨的根部而言，而现时之甜桔梗则系指北地出产的北桔梗而言，故目前各地所售之苦桔梗与甜桔梗其植物来源同为一种，不过产地有所不同而已。

桔梗在植物品种上又有紫花与白花之分。入药苦桔梗较甜桔梗为佳，紫花又较白花为佳。

第十二节　丹参

一、植物学特性及品种

丹参［*Salvia miltiorrhiza* Bge.］（唇形科鼠尾草属），别名血参、赤参、紫丹参（图1–23、图1–24）。多年生草本，高30~100cm，全株密被淡黄色柔毛及腺毛。根细长，圆柱形，外皮朱红色。茎四棱形，上部分枝。叶对生；单数羽状复叶，小叶3~5片。顶端小叶片较侧生叶片大，小叶片卵圆形。轮伞花序顶生兼腋生，每轮有花3~10朵，多轮排成疏离的总状花序。花唇形，蓝紫色，上唇直立，下唇较上唇短。小坚果长圆形，熟时暗棕色或黑色，包于宿萼中。花期5—10月，果期6—11月。

图1–23　丹参植株

图1–24　丹参根

品种主要有南丹参和丹西尾参。

二、生物学特性

（一）生态习性

野生丹参多见于山坡草丛、沟边、林缘等阳光充足、较湿润的地方。丹参对气候条件的适应性较强，但以温暖湿润向阳的环境最适宜，耐寒、耐旱。微酸性至微碱性的土壤均可种植。植株根系发达，深达60~80cm，适宜种植在土层深厚、质地疏松的沙质壤土。丹参吸肥力强，可从深层土壤中吸收养分，一般中等肥力的土壤便可生长良好。

（二）生长发育特性

丹参在年生长周期中，4—9月以地上部分茎叶生长为主；9—10月为茎叶生长和根茎生长的转折期，11—12月生长中心由茎叶转向根部，光合产物大量由茎叶传递到根部，使根茎迅速膨大，12月中下旬植株的干物质积累量达峰值，此期为最佳采收期。

丹参种子小，寿命1年。种子春播当年抽茎生长，多数不开花；二年生以后年年开花结实，种子千粒重14~17g。一年生实生苗的根细小，产量低，故实生苗第二年起收加工。

育苗移栽的第一个快速增长时期出现在返青后30~70天。从返青到现蕾开花需60天左右，这时种子开始形成。种子成熟后，植株生长从生殖生长再次向营养生长过渡，叶片和茎秆中的营养物质集中向根系转移，因此出现第二个生长高峰。7—10月是根部增长的最快时期。丹参根的分生能力较强，不带芽头的丹参根分段后埋入土中，均能上端长芽，下面生根，发育成新的个体，采用此法繁殖，当年参根即能收获入药。丹参宿根苗在11月地上部分开始枯萎，次年3月开始萌发返青。人工栽培（分根繁殖）长江流域在2—3月播种，4—5月开始萌发出土；黄河流域在3—4月播种，5月出苗，两地均在6月开始抽茎开花，7—8月为盛花期，9—10月为果期，也是根部增长最快的时期。

三、栽培技术

（一）选地与整地

宜选择向阳、土层深厚、排水良好、肥力中等、中性至微碱性的沙质壤土为宜，易积水、涝地或过黏过沙的土地都不宜种植。前作后，深翻土地，整地时施入有机肥作基肥，再耕翻平整开沟。多雨地区可起高垄种植，排水良好的坡地不需起垄；北方少雨地区宜平作。

（二）繁殖方法

丹参可选用分根繁殖、茎枝扦插、种子繁殖3种方式。其中以分根繁殖的产量最高。

1. 分根繁殖

四川产区多采用分根繁殖。作种栽用的丹参一般都留在地里，栽种时随挖随栽。选择直径0.3cm左右，粗壮色红，无病虫害的一年生侧根于2—3月栽种。也可在11月收获时选种栽植。按行距30~45cm，株距25~30cm穴栽，穴深3~4cm，每亩施猪粪尿1 500~2 000kg。栽时将选好的根条折成4~6cm长的根段，边折边栽，根条向上，每穴栽1~2段。栽后随即覆土，一般厚度为1.5cm左右。据生产实践，用根的头尾做种栽出苗早，中段出苗迟，因此，要分别栽种，便于田间管理。木质化的母根作种栽，萌发力差，产量低，不宜采用。分根栽种要注意防冻，可盖稻草保暖。

2. 种子繁植

（1）育苗移植　北京地区于3月，进行条播，覆土0.3cm，播后浇水，加盖塑料薄膜，保持土壤湿润，15天左右出苗；江浙地区于6月种子成熟时，采收后立即播种，复土以盖上种子为标准，播后盖草保湿，10月移植于大田。

（2）直播　华北地区于4月中旬播种，条播或穴播。穴播行株距同分根法，每穴播种子5~10粒；条播沟深1cm左右，覆土0.6~1cm，每亩播种量1.5kg左右。如遇干旱，播前先浇透水再播种。播后半月出苗，苗高6cm时进行间苗定苗。

3. 扦插繁殖

华北、江浙地区多采用扦插繁殖。一般华北于6—7月，江、浙于4—5月，取丹参地上茎，剪成10~15cm的小段，剪除下部叶片，上部叶片剪去1/2，随剪随插。在已作好的畦上，按行距20cm、株距10cm开浅沟，然后将插条顺沟斜插，插条埋土6cm。扦插后要进行浇水、遮阴。待再生根长至3cm左右，即可移植于田间。也有的将劈下带根的株条直接栽种，注意浇水，也可成活。

（三）田间管理

1. 中耕除草

分根繁殖地，因覆土稍厚，出苗慢。一般在4月幼苗开始出土时，要进行查苗，发现土板结或复土较厚，影响出苗时，要及时将穴的复土扒开，促其出苗。生育期中耕除草3次，第1次于5月，苗高10~12cm时进行，第2次于6月进行，第3次于8月进行。

2. 施肥

生育期结合中耕除草，追肥2~3次，每亩用腐熟粪肥1 000~2 000kg，过磷酸钙10~15kg，或用饼肥25~50kg均可。

3. 排灌

丹参怕水涝，在多雨地区和多雨季节注意清沟排水，防止土壤积水烂根。出苗期及幼苗期不耐旱，如遇干旱，及时灌水或浇水。

4. 摘蕾

除留做种子的植株外，必须分次摘除花蕾，以利根部生长。

四、病虫害防治

（一）病害

1. 根腐病

高温多雨季节易发病，5—10 月易发生。受害植株根部发黑，地上部枯萎，最后自下而上逐渐枯萎死亡。

防治方法：病重地区忌连作；选地势干燥、排水良好地块种植；雨季注意排水；发病期用 70%多菌灵1 000倍液浇灌。

2. 叶斑病

危害叶片。初期叶片上出现深褐色病斑，病斑近圆形或不规则形，后逐渐扩展融合形成大斑，眼中是叶片枯死脱落。

防治方法：清除基部病叶，改善通风透光条件，减轻发病。冬季清园，处理残株；发病初期喷 50%多菌灵 800~1 000倍液或 1：1：100 波尔多液，每隔 7~10 天喷 1 次，连续喷 2~3 次。

3. 菌核病

发病植株茎基部、芽头及根茎部等部位逐渐腐烂，变成褐色，植株枯萎死亡。

防治方法：实行水旱轮作，水淹菌核；采用 50%氯硝胺溶液 0.5kg 加石灰 10kg，撒于病株周围，进行土填消毒。

（二）虫害

1. 根结线虫

全年发生。致使植株生长矮小，叶片退绿变黄，最后全株枯死。

防治方法：实行轮作，与禾本科作物如玉米、小麦等轮作；结合整地进行土壤处理，每亩施入 3%辛硫磷颗粒 3kg，进行土壤消毒；发病时，每亩用米乐尔颗粒 3kg，沟施；用 40%辛琉磷乳油稀释 20 倍灌根。

2. 银纹夜蛾

幼虫咬食叶片，夏秋季发生。

防治方法：在幼龄期喷 90%敌百虫原药 800 倍液或 50%磷胺乳油1 500倍液，7 天一次。

3. 蚜虫

以成若虫吸茎叶汁液，严重者造成茎叶发黄。

防治方法：冬季清园，将枯株落叶深埋或烧毁；发病期喷 50%杀暝松1 000~2 000倍液或 40%乐果乳油1 000~2 000倍液，每 7~10 天喷 1 次，连续数次。

4. 棉铃虫

幼虫危害蕾、花、果，影响种子产量。

防治方法：现蕾期开始喷洒50%磷胺乳油1 500倍或25%杀虫脒水剂500倍液防治。

5. 蛴螬和金针虫

以幼虫危害，咬断苗或嘴食根，造成缺苗或根部空洞，危害严重。5—8月大量发生，使植株逐渐枯萎。

防治方法：施肥要充分腐熟，最好用高温堆肥；灯光诱杀成虫；用75%辛硫磷乳油按种子量的0.1%拌种；田间发生期用90%敌百虫1 000倍或75%辛硫磷乳油700倍液洗灌；用氯丹乳油25g，拌炒香的麦麸5kg，加适量水配成的毒饵，于傍晚撒于田间诱杀。

五、采收加工

（一）采收

采用分根、芦头、扦插种植的，在栽种的当年或第2年春季萌发前采收。用种子育苗移栽的，在移栽后的第2年的10—11月茎叶枯萎后或第3年早春萌发前采收，选晴天较干燥时采挖。采挖时先把根际周围土锄松，然后把全根挖起。在田间暴晒，去泥土后运回，忌水洗。

（二）加工

将运回的参根，放在太阳下晒至半干，除净根上的泥土，集中堆闷发汗，每堆500~1 000kg，堆闷4~5天，再晾1~2天，使根条中央由白转为紫黑色时，即摊开晒至全干。用火燎去根条上须根，装入竹篓内摇动，使其互相撞擦，除去根条上的泥土和须根，剪去芦头即成。

【知识链接】

丹参为活血祛瘀、凉血、养血安神的妇科要药。常用于月经不调，经行困难，产后瘀滞腹痛以及肢体疼痛，心腹刺痛，癥瘕等症。本品专走血分，有显著的祛瘀生新作用。前人有“一味丹参饮，功同四物汤”的经验。对血虚而微有热象者最为合宜，功能生新血而补血虚。由于发现丹参在治疗冠心病以及外科用于抗菌消炎有显著疗效，且复方丹参滴丸已进入国际市场，临床用量很大，要求有丰富的资源。因此，丹参已由野生变为家种，且寻找新的药源受到医药界的重视。

第十三节　黄芪

一、植物学特性及品种

蒙古黄芪［*Astragalus mongholicus* Bunge］（豆科黄芪属），别名白皮芪（陕西）、混其日（蒙药名）、红蓝芪、炮台芪、北芪、黑石滩芪、正芪。多年生草本，主根长而粗壮，条顺直。茎直立，高40~80cm，奇数羽状复叶，小叶12~18对，小叶片小，宽椭圆形或长圆形，长5~10mm，宽3~5mm，两端近圆形，上面无毛，下面被柔毛；托叶披针形。总状花序腋生，通常比叶长，具花5~20余朵，花萼钟状，密被短柔毛，具5萼齿；花冠黄色至淡黄色，长18~20mm，旗瓣长圆状倒卵形，翼瓣及龙骨瓣均有长爪；雄蕊10枚，两体；子房光滑无毛，荚果膜质，膨胀，半卵圆形，直径11~15mm，先端有短喙，基部有长子房柄，均无毛。根呈圆柱形，极少分枝，长30~70（~90）cm。表面灰黄至淡棕褐色，栓皮较紧实不易脱落，有不规则的纵皱纹及横生皮孔。质硬而韧，可折断，断面纤维性并显粉性。横切面皮部黄白色，有时可见裂隙，厚度约为半径的1/2，形成层部位呈灰褐色的环，木质部淡黄色，有放射状纹理，俗称“菊花心”。气微，味微甜，嚼之有豆腥味。花期6—7月，果期7—9月。

膜荚黄芪［*Astragalus membranaceus*（Fisch.）Bunge.］（豆科黄芪属），别名山爆仗根（山东）、箭杆花根、绵黄芪、宪州黄芪、箭芪、东山黄芪、横芪、条芪、卜黄芪、宁古塔芪（东北）、鸡爪芪。多年生草本，高50~80cm，主根深长，条直，粗壮或有少数分枝。奇数羽状复叶，小叶6~13对，小叶片椭圆形至长圆形或椭圆状卵形，长7~30mm，宽3~12mm，先端钝，圆或微凹，有时具小尖头或不明显，基部圆形，上面近无毛，下面伏生白色柔毛；托叶卵形至披针状线形，长5~15mm。总状花序腋生，通常生花10~20余朵；花萼钟状，被黑色或白色短毛；萼齿5，长为萼筒的1/5~1/4；花冠黄色至淡黄色，或有时稍带淡紫红色，长约16mm，旗瓣长圆状倒卵形，翼瓣及龙骨瓣均具长爪及短耳；子房有柄，被柔毛。荚果膜质，膨胀，半卵圆形，长20~30mm，宽9~12mm，被黑色或黑白相间的短伏毛。主根圆柱形，常有分枝。表面灰黄色、黄棕色至淡褐色，纵皱纹较深，略呈沟状。质硬，较难折断，味微甜，有豆腥味。均以条粗长，皱纹少，断面色黄白，粉性足，味甜者为佳。花期6—8月，果期7—9月（图1-25、图1-26）。

品种主要有黑皮芪、白皮芪和红芪。

图 1-25 黄芪植株

图 1-26 黄芪根

二、生物学特性

(一) 生态习性

黄芪多生长在海拔 800~1 300m 的山区或半山区的干旱向阳草地上，或向阳林缘树丛间。性喜凉爽，耐寒耐旱，怕热怕涝，适宜在土层深厚、富含腐殖质、透水力强的沙壤土种植，强盐碱地不宜种植。土壤黏重根生长缓慢带畸形；土层薄，根多横生，分支多，呈“鸡爪形”，质量差。故要获得高质高产的黄芪应选择渗水性能好的沙壤土、冲积土为好。种子发芽时不喜高温，但需充足水分。幼苗因细弱，怕强光，而成株生长喜充足的阳光。忌连作，不宜与马铃薯、胡麻轮作。

(二) 生长发育特性

黄芪种子发芽率可达 70%~80%，妥善贮存 3~4 年也不会丧失发芽能力。种子发芽不喜高温，14~15℃为发芽适温。从种子播种到新种子形成需要 1~2 年。2 年以后年年可以开花结实，一般生长周期为 5~10 年。每年内它的生长发育时期可分为幼苗生长期、枯萎越冬期、返青期、孕蕾开花期、结果种熟期共五个时期。

黄芪的根系深直，1 年和 2 年生幼苗的根系主要是将吸收的水分和养分供给地上部和其本身的生长发育。随着生长叶面积逐渐扩大，光合作用增强，幼苗的生长速度显著加快。随着黄芪的生长，根的吸收功能逐渐减弱，但贮藏功能增强，须根着生的位置也不断下移，主根变得肥大，一般不耐高湿和积水。

三、栽培技术

(一) 选地与整地

应选择山区、半山区，地势向阳，土层深厚、土质肥沃的沙壤土域或棕色森林土。平地选地势较高、渗水力强、地下水位低的沙壤土或积土，忌白浆土、盐碱土、黏壤土及积水草甸土。深耕并每亩施厩肥或堆肥2 500kg，过磷酸钙 25~30kg。

耕细后做畦，宽 120cm，高 30cm。

（二）繁殖方法

主要以种子直播和育苗移栽两种方式为主。

1. 种子直播

重点要按种子的成熟度把握好采种的时期。

（1）采种　黄芪属异花授粉植物，不易得到纯种自交系。所以一般选择豆荚宽大，种粒饱满的种子，但一定要注意采种的时期。同一株黄芪上种子的成熟迟早不同，所以要随熟随采，不能等到整株种子都成熟时再采种。因全熟时，果荚开裂，种子会自然落地，造成经济上的损失。栽培区果期一般在 7—9 月。

（2）种子处理　黄芪种子有硬实现象，为了缩短出苗时间，提高出苗率，在播种前应进行种子处理。一般采用的方法如下。① 硫酸处理：用 90%的浓硫酸 5mL/g，在 30℃的条件下，处理种子 2 分钟，随后用清水将种子冲洗若干次，然后催芽。② 机械处理：用砂磨机温汤浸种均可提高黄芪硬实种子的发芽率，但生产上一般用温汤浸种结合砂磨法较为可行。方法是：一是取种子置于容器中，加入适量开水，不断搅动约 1 分钟，然后加入冷水调水温至 40℃，放置 2 小时，将水倒出，种子加覆盖物焖 8~10 小时，待种子膨大或外皮破裂时，可趁雨后播种。二是将种子置于石碾上，放厚些，待种子碾至外皮由棕黑色变为灰棕色时即可播种。

（3）播种　黄芪在春季、夏季（伏天）和秋季（近冬）均可播种。春播一般是在 3—4 月，即“清明节”前后，地温稳定在 5~8℃时播种。春播应注意适期抢墒早播，这对出苗保苗有利，一般播后 15 天左右即可出苗；在春季较旱的地方多采用夏播，因 6—7 月的雨水充足，气温高，播后容易出苗（一般需 7~8 天），土壤的湿度大，既利于幼苗的生长，也利于保苗，秋播（近冬）主要要注意播种时的地温，要保证播后种子不萌发，而以休眠状态越冬，不然冬季的低温会冻死刚萌发出土的幼苗。黄芪的播种多采用穴播和条播的方法，其中穴播法较好，因此种方法保墒好，覆土也比较一致，镇压适度，有利于种子萌发和集中出苗。出苗后还可以相互遮光、保温。穴播时按 20~25cm 开穴，每穴播 3~10 粒种子，覆土 15cm，然后踩平，每亩播量在 1kg 左右。而在需大面积播种的地方，也常采用条播的方法，按 20~30cm 的行株距开沟，将种子均匀播于沟内，覆土 1.5~2cm，然后用树条编织成的农具压一遍。每亩播 1.5kg 左右的种子。出苗后要进行松土除草、追肥、灌水、间苗、定苗等一系列常规管理。

2. 育苗移栽

此种方法有很多优点，由于黄芪根系入土较深，起苗时费工费时，近年来，栽培区的经验是将黄芪通过育苗 1 年，起苗后用平栽或斜栽的方法移栽于沟内，栽后 1~2 年采收经济器官。选择土壤肥沃、排灌方便、疏松的沙壤地育苗为宜，因其根系较长，所以要求土层深度在 40cm 以上。育苗的方法：可用撒播或条播，条播的行距15~20cm，每亩播量在2kg左右。

（三）移栽定植

黄芪一般育苗1年后，当苗长至10~12cm高时，在初春或秋末选阴天或小雨天进行起苗移栽定植。移栽的时期可以是初春，也可以是秋末，一般要求边起边栽，但有些地方将苗起完后，再进行定植。要注意的是起苗时，一定要深挖，保证苗栽根系不被损伤，主根受伤后易形成鸡爪芪，影响商品质量。将挖起的根苗清选、分级。接着在准备好的定植地上，按行距40~50cm，深10~15cm开沟，将苗栽顺放于或斜放于沟内，按15~20cm的株距摆匀，覆土，灌水。移载时注意使根自然直放，以减少叉根。

（四）田间管理

1. 松土除草

幼苗出齐后即可进行第一次松土除草。这时苗小根浅，应以浅除为主。切勿过深，特别是整地质量差的地块，除草过深土壤透风干旱，容易造成小苗死亡。在以后的生长过程中，一般视杂草滋生情况再除2~3次。人工除草同大田作物。还可使用除草剂，即在播种时或播种后每亩施用氟乐灵150g，或每亩施用拉索200g。

2. 定苗间苗

幼苗对环境的抵抗力弱，不宜过早的间苗，一般在苗高6~10cm，五出复叶出现后进行疏苗，当苗高15~20cm时，条播按21~33cm的株距进行定苗，而穴播每穴留1~2株即可。

3. 追肥

5月上旬追加硫酸铵，每亩5kg~15kg；6月上旬追加尿素，每亩7~10kg；7月上旬追加过磷酸钙，每亩50kg，厩肥2 000kg。

4. 打尖

7月中旬打尖，减少营养消耗。

5. 排灌

雨季注意排水。天旱时，苗期、返青期适当灌水。

四、病虫害防治

（一）病害

1. 白粉病

高温多湿的7—8月间为盛发期，危害叶片和荚果。受害叶片两面和荚果表面均生有白色绒状霉斑，后期出现很多小黑点，严重减产。

防治方法：可于发病初期用25%粉锈宁1 500倍液或1：1：200波尔多液喷雾2~3次，效果较好。

2. 黄芪紫纹羽病

俗称“红根病”，因发病后根部变成红褐色，先由须根发病，而后逐渐向主根蔓延，根部自皮层向内部腐烂，最后全根烂完。

防治方法：除清除病残体、轮作、雨季排水外，可结合整地每亩用70%敌克松1.5~2.0kg进行土壤消毒或发病初期用多菌灵、甲托、退菌特等灌根。

（二）虫害

1. 蚜虫

7—8月发生，为害嫩梢，高温干旱年份尤为严重。

防治方法：可用40%乐果1 000~1 500倍或50%避蚜雾2 000~3 000倍喷雾防治。

2. 豆荚螟

成虫在黄芪嫩荚或花包上产卵，孵化后幼虫蛀入荚内咬食种子。老熟幼虫钻出果荚外，入土结茧越冬。

防治方法：在花期用敌敌畏或敌杀死按用量每隔7天喷施1次，连续喷3~4次，直到种子成熟为止。

五、采收加工

（一）采收

一般2~3年采收，生长年限过久可产生黑心甚至成为朽根，影响品质，不能药用。一般9月中下旬采收为佳。

（二）加工

用工具小心挖取全根，避免碰伤外皮和断根，去净泥土，趁鲜切去芦头，修去须根，晒至半干，堆放1~2天，使其回潮，再摊开晾晒，反复晾晒，直至全干。将根理顺直，扎成小捆，即可供药用。质量以条粗、皱纹少、断面色黄白、粉性足，味甘者为佳。

【知识链接】

黄芪为中医常用补气固表药，能补脾肺之气，多用于脾肺气虚，症见倦怠乏力、食少便溏、气短懒言、自汗等症，对中气下陷引起的久泻脱肛、胃下垂尤为适用。

第十四节　柴胡

一、植物学特性及品种

柴胡［*Bupleurum chinense* DC.］（伞形科柴胡属），别名北柴胡、硬柴胡、铁苗柴胡、黑柴胡和山根菜（河北）（图1-27、图1-28）。多年生草本，高50~85cm。主根较粗大，坚硬。茎单一或数茎丛生，上部多回分枝，微作“之”字形曲折。叶互生；基生叶倒披针形或狭椭圆形，长4~7cm，宽6~8mm，先端渐尖，基部收缩成柄；茎生叶长圆状披针形，长4~12cm，宽6~18mm，有时达3cm，先端渐尖或急尖，有短芒尖头，基部收缩成叶鞘，抱茎，脉7~9，上面鲜绿色，下面淡绿色，常有白霜。复伞形花序多分枝，顶生或侧生，梗细，常水平伸出，形成疏松的圆锥状；总苞片2~3，或无，狭披针形，长1~5mm，宽0.5~1.2mm，很少1~5脉；伞辐3~8，纤细，不等长，长1~3cm；小总苞片5~7，披针形，长3~3.5mm，宽0.6~1mm，先端尖锐，3脉，向叶背凸出；小伞形花序有花5~10，花柄长约1.2mm，直径1.2~1.8mm；花瓣鲜黄色，上部内折，中肋隆起，小舌片半圆形，先端2浅裂；花柱基深黄色，宽于子房。双悬果广椭圆形，棕色，两侧略扁，长2.5~3mm，棱狭翼状，淡棕色，每棱槽中有油管3，很少4，合生面4。花期7—9月，果期9—11月。

图1-27　柴胡根

图1-28　柴胡植株

狭叶柴胡［*B. scozonerifolium* Willd.］（伞形科柴胡属），别名南柴胡、红柴胡、细叶柴胡、小柴胡。多年生草本，高30~60cm。主根发达，圆锥形，外皮红褐色，质疏松而稍脆。茎单一或数分枝，基部留有多数棕红色或黑棕色的叶柄残留纤维。叶细线形，长6~16cm，宽2~7mm，先端长渐尖，基部稍变窄，抱茎，质厚，稍硬挺，常对折或内卷，3~7脉，叶缘白色，骨质；上部叶小，同形。总苞片1~4，针形，极细小，1~3脉，常早落；小总苞片5；线状披针形，细而尖锐；小伞形色，棱浅褐色，粗钝略凸，每棱槽中有油管5~6，合生面4~6。花期7—9月，果期9—11月。

品种主要有柴胡、狭叶柴胡、三岛柴胡等。

二、生物学特性

（一）生态习性

柴胡适应性强，具有耐寒、耐旱、怕涝的特性。野生者常分布于海拔1 500m以下的山区、丘陵、荒坡、草丛、路边、林中隙地和林缘。喜温暖、湿润气候条件，在-40℃下能安全越冬。对于土壤要求不严，但在土壤肥沃、疏松、土层深厚的夹沙地上生长良好，产量高，质量好。盐碱地以及土壤黏重、排水不畅的地方不宜种植。

（二）生长发育特性

柴胡从播种到出苗一般需要30天左右，出苗后进入营养生长期，此期持续时间较长，达30~60天。柴胡在营养生长期，叶片数目和大小增长迅速，但根增长缓慢。到抽茎孕蕾期，叶片数目增加较慢，但大小生长迅速，根随即进入稳步快速增长期。开花结果到枯萎之前，地上部分生长量极小，但根生长最快。

柴胡野生种子多不成熟，发芽率低，一般只能达到60%，有人认为是胚未发育成熟。种子在18℃开始发芽。植株生长随气温升高而加快，但升至35℃以上生长受到抑制，以6—9月生长迅速。后期根的生长增快。人工栽培者，需生长发育期2年。花期8月上旬至9月下旬，果期10月上旬至11月下旬。

三、栽培技术

（一）选地与整地

宜选择土层深厚，排水良好的壤土、沙质壤土或偏沙性的轻黏土种植。坡地、平地、荒地均可，但以较干燥的地块为好，避免选择低湿地。忌连作。农田地种植前茬可选择甘薯、小麦、玉米地等。选好地块后，翻耕20~30cm深，整地前每亩施入充分腐熟的农家肥3 000~5 000kg，配施少量磷钾肥。种植前，再翻耕两次，使得土壤熟化，然后整细耙平，做成宽1. 2~1. 5cm的畦。

（二）繁殖方法

柴胡主要是用种子繁殖，一般可在冬春季节播种，但以冬播为好，开春出苗早而齐，冬播宜在11月到12月初进行，每亩用种量为3~4kg，播前要做好种子处理，柴胡种子细小，种子表面有一层角质，一般播后角质退化后才能出苗，往往容易影响正常按时出苗，使出苗不齐不全，种子精选后可用温水浸泡，适量放入洗衣粉，轻轻擦洗后，将洗衣粉用清水冲净后晾干保管以备播种，播种时可用细黄土适量与草木灰将种子拌匀，再进行撒播。

播种方法可用开沟条播或撒播两种方式，开沟播种可将肥料先放入沟内，在撒播种子时，盖土不要太厚，土不能超过 1.5cm 厚度。撒播可在整好的平整地面上，用拌好的种子均匀的在田块表面撒播，播后可用人工浅盖。播后的田块有条件的地方可以用水灌溉、填实土壤，对田块进行适当镇压。春后即可出苗，春播方法同于冬播，但需盖草保湿。

（三）田间管理

间苗、除草和松土：出苗后要经常松土除草，但应注意勿伤茎秆。当苗高 3~6cm 时进行间苗，待苗高 10cm 时，拔除过密的小瘦弱苗，结合松土锄草，按 5~10cm 株距定苗。一年生柴胡苗茎秆比较细弱，在雨季到来之前应培土，以防止倒伏。

灌排水与施肥：出苗前应保持畦面湿润，干旱季节和雨季应分别做好防旱和防涝工作。苗高 30cm 时，可酌情每亩追施过磷酸钙 10kg，硫酸铵 7.5kg。在行间开沟追施，然后覆土盖严；在开花现蕾期，可喷施磷酸二氢钾 4~5kg，进行根外追肥，促使坐果结实。

平茬：由于柴胡属无限花序，8 月以后开花所结的种子往往不够饱满，可在这时进行平茬处理——将花序顶端割除。这不但可以提高所留种子的质量，又对柴胡根增重有利。

四、病虫害防治

（一）病害

1. 锈病

为害茎叶。叶背和叶基有锈黄色夏孢子堆，破裂后有黄色粉末随风飞扬。被害部位造成穿孔，茎叶早枯，此病多发生在 5—6 月。

防治方法：清园消灭田间杂草和病残株；开花前喷敌锈钠 300 倍液；25%粉锈宁可湿性粉剂1 000~1 500倍液喷雾。

2. 根腐病

多发生在高温季节。发病初期只是个别支根和须根变褐腐烂，后逐渐向主根扩展，终至全部腐烂，只剩下外表皮。最后植株成片枯死。

防治方法：定植时严格剔除病株弱苗，选壮苗栽植；种苗根部用 50%托布津1 000倍液浸根 5 分钟，取出晾干后栽种；收获前增施磷、钾肥，促进植株健壮，增强抗病能力；在多雨季节注意清沟排水，改善田间通风透光条件，降低田间湿度；即时防治地下害虫及线虫、螨虫等传毒有害昆虫；实行与谷类作物轮作，可减轻发病；用 50%退菌特 600 倍液全面喷洒病区防止蔓延；病穴中撒入石灰粉消毒。

3. 斑枯病

为害叶部。产生 3～5mm 直径圆形暗褐色病斑，中央呈灰色。后期病斑汇集，叶片枯萎。

防治方法：清园，处理病残体；发病前用 1∶1∶120 波尔多液防治；发病初期用 50%退菌特1 000倍液防治：50%代森锰锌 600 倍液或 70%甲基托布津 800～1 000 倍液喷防。

（二）虫害

1. 黄凤蝶

6—9 月发生；幼虫危害叶、花蕾，咬成缺刻或仅剩花梗。

防治方法：人工捕杀；90%美曲膦酯 800 倍液，每 7 天一次，连续 2～3 次喷雾防治；用 90%美曲膦酯晶体 800～1 000倍液杀灭。

2. 蚜虫

主要是棉蚜和桃蚜，多在苗期及早春植株返青时危害叶片，常聚集在嫩茎、叶上吸取汁液，造成苗株枯萎。

防治方法：用 90%的敌百虫或 40%的氧化乐果乳剂 200 倍液及敌杀死、快杀灵等农药进行喷雾防治。

3. 赤条椿象

6—8 月发生危害。成虫或若虫吸取茎叶汁液，使植株生长不良。

防治方法：人工捕杀；90%美曲膦酯 800 倍液，每 7 天一次，连续 2～3 次喷雾防治。

五、采收加工

柴胡的茎秆和种子的采集，当种子出现黄黑色，叶片已全部枯黄时可将茎秆连同种子一并割掉，进行脱粒，将茎秆、种子分别晾晒干，妥善保存，待后出售；药根的采收一般应在两年后进行采收，采收药根可用人工深挖，把所有的药根全部挖出，不能采取直接拔除，以防断根影响产量。药根应分类整理，大小一致整齐，扎成小把，晾干即可。

【知识链接】

柴胡为中医常用的升阳解热药，功能疏肝开郁，和解表里，主治寒热往来、胸胁胀痛、疟疾、中气下陷、下利脱肛、月经不调、子宫下垂等症，伤寒大、小柴胡汤用之为主药。

第十五节　甘草

一、植物学特性及品种

甘草［*Glycyrrhiza uralensis* Fisch］（豆科甘草属），别名国老、甜草、乌拉尔甘草、甜根子（图 1-29、图 1-30）。多年生草本，根茎圆柱状，多横生；主根长而粗大，外皮褐色，里面淡黄色。茎直立，多分枝，高 30~120cm，密被鳞片状腺点、刺毛状腺体及白色或褐色的绒毛。叶互生，奇数羽状复叶，小叶 7~17 枚，小叶 5~17 枚，卵形、长卵形或近圆形，长 1.5~5cm，宽 0.8~3cm，上面暗绿色，下面绿色，两面均密被黄褐色腺点及短柔毛，顶端钝，具短尖，基部圆，边缘全缘或微呈波状，多少反卷。总状花序腋生，具多数花，总花梗短于叶，密生褐色的鳞片状腺点和短柔毛；苞片长圆状披针形，长 3~4mm，褐色，膜质，外面被黄色腺点和短柔毛；花萼钟状，长 7~14mm，密被黄色腺点及短柔毛，基部偏斜并膨大呈囊状，萼齿 5，与萼筒近等长，上部 2 齿大部分连合；花冠紫色、白色或黄色，长 10~24mm，旗瓣长圆形，顶端微凹，基部具短瓣柄，翼瓣短于旗瓣，龙骨瓣短于翼瓣；子房密被刺毛状腺体。荚果弯曲呈镰刀状或呈环状，密集成球，密生瘤状突起和刺毛状腺体。种子 3~8 粒，暗绿色，圆形或肾形，长约 3mm。花期 6—8 月，果期 7—10 月。

图 1-29　甘草根

图 1-30　甘草植株

品种主要有甘草、胀果甘草、光果甘草。

二、生物学特性

（一）生态习性

甘草多分布于北温带地区，海拔 0~200m 的平原、山区或河谷。生长在干旱、半干旱的沙土、沙漠边缘和黄土丘陵地带，在引黄灌区的田野和河滩地里也易于繁殖。它适应性强，抗逆性强。喜光照充足、降水量较少、夏季酷热、冬季严寒、昼夜温差大的生态环境，具有喜光、耐旱、耐热、耐盐碱和耐寒的特性。适宜在土层深厚、土质疏松、排水良好的沙质土壤中生长，不宜在涝洼地和地下水位高的土中生长。

（二）生长发育特性

甘草的地上部分每年秋末枯萎，以根及根茎在土壤中越冬。次春4月在根茎上长出新芽，5月中旬出土返青，6月上旬枝繁叶茂于下旬开始花期，7月上旬进入盛花期与结实始期，7月中旬进入结实盛期，8月中旬进入果实成熟期，8月下旬至9月上旬进入枯黄始期，9月中下旬进入盛期，10月上旬进入枯黄末期。

甘草为深根性植物，根系发达，主根粗壮，根深可达地下3.5m以下，土层深厚，根长可达10m以上，可最大限度地利用深层地下水，对于旱环境的适应能力强。主根和侧根不产生不定芽，一旦根茎部分死亡，整个根系就会从上至下腐烂。甘草地下根茎发达，在5—7月地上茎和地下茎生长快，根系的生长和主根增粗慢，8—9月地上部分停止生长，而主根增粗较快。栽培5年以内的甘草，其主根长度和株高均随株龄增加而增长，两者呈正相关。

三、栽培技术

（一）选地与整地

栽培甘草应选择地下水位1.50m以下，排水条件良好，土层厚度大于2cm，内无板结层，pH值在8左右，灌溉便利的沙质土壤较好。一般深耕20cm左右，耕翻后整平耙细。若垄作，一般垄距为60~70cm。翻地最好是秋翻，若来不及秋翻，春翻也可以，但必须保证土壤墒情，打碎坷垃、整平地面，否则会影响全苗壮苗。

（二）繁殖方法

1. 选种及种子处理

采用种子做播种材料者，播前种子用电动碾米机进行碾磨，或将种子称重置于陶瓷罐内，按1kg种子加80%的浓硫酸30mL进行拌种，用光滑木棒反复搅拌，在20℃温度下经过7小时的闷种，然后用清水多次冲洗后晾干备用，发芽率可达90%以上。

2. 播种

甘草在春、夏、秋三个季节均可播种，其中以夏季的5月播种为最好，此时气温较高，出苗快，冬前又有较长的生长期。播前每亩施用优质农家肥4 000kg、磷二铵35kg做基肥，若用种子播种，播种方法可采用条播或穴播较好，播种量每亩2~2.50kg，行距30~40cm，株距15cm，播深2.5~3cm，每穴3~5粒，播后覆土耙平保墒。

（三）田间管理

1. 中耕除草

当年播种的甘草幼苗生长缓慢，易受杂草侵害。一般在幼苗出现5~7片真叶时，人工浅锄（深度3cm左右）并拔掉苗间杂草；出现10~12片真叶、苗高10cm左右时，结合人工拔草深锄一次（深度5cm左右）；苗木生长中后期结合施肥中耕除草（深度15cm左右）；立秋后拔除大草，封冻前培土，压护芦头越冬。第二年植株生长旺盛，主根增粗、加重较快，返青后，株高10~15cm时结合施追肥中耕除草一次，第二次当植株长到30cm时进行中耕除草，秋后培土越冬。第三年管理同第二年，但三年龄植株根头萌发较多根茎，串走垄间，宜适当增加垄耕次数，切断根茎，促进主根生长。

2. 间苗、定苗

当幼苗出现3片真叶、苗高6cm左右时，结合中耕除草间去密生苗和重苗，定苗株距以10~15cm为宜。

3. 灌溉排水

无论直播或根茎繁殖的甘草，在出苗前都要保持土壤湿润，特别是直播甘草，如在出苗中途发生土壤水分亏缺会造成发芽停滞，芽干死亡，甘草严重缺苗甚至不出苗。因此，在播种前一定要灌足底墒。

甘草出苗后一般自然降水可满足其生长需要。但久旱时应浇水，浇水次数不宜过频，特别是要注意“迟浇头水”。甘草是深根性植物，在出苗后，甘草主根随着土壤水层的下降，迅速向下延伸生长，形成长长的主根。而如果这时浇水过勤则会导致甘草萌发大量侧根，影响药材根形。一般在苗高10cm以上，出现5片真叶后浇头水，并保证每次浇水浇透，这样有利于根系向下生长。雨季土壤湿度过大会使根部腐烂，所以应特别注意排除积水，充分降低土壤湿度，以利根部正常生长。另外，在初冬还要灌好越冬水。

4. 追肥

甘草追肥应以P肥、K肥为主，少施N肥，N肥过多，会引起植株徒长，使营养向枝叶集中，影响根茎的生长。甘草喜碱，若种植地为酸性或中性土壤，可在整地时或在甘草停止生长的冬季或早春，向地里撒施适量熟石灰粉，调节土壤为弱碱性，以促进根系生长。第一年在施足基肥的基础上可不追肥；第二年春天在芽萌动前可追施部分有机肥，以棉饼和圈肥为宜；第三年可雨季追施少量速效肥，一般每亩追施磷酸二铵15kg，以加速甘草的生长。每年秋末甘草地上部分枯萎后，每亩用2 000kg腐熟农家肥覆盖畦面，以增加地温和土壤肥力。

四、病虫害防治

（一）病害

1. 锈病

被真菌侵害后，叶的背面出现黄褐色的疱状病斑，破裂后散发褐色粉末，是病原菌的多孢子堆和复孢子，8—9月形成褐黑色的冬孢子堆。

防治方法：把病株集中起来烧毁；初期喷洒0.3~0.4波美度石硫合剂或97%敌锈钢400倍液。

2. 褐斑病

被真菌感染后，叶片产生圆形和不规则形病斑，中央灰褐色，边缘褐色，病斑的正反面均有灰黑色霉状物。

防治方法：病株集中起来烧毁；初期喷1∶1∶100~1∶1∶160的波尔多液或70%甲基托布津可湿性粉剂1 500~2 000倍液。

3. 白粉病

被真菌中的半和菌感染后，叶片正反面产生白粉。

防治方法：喷0.2~0.3波美度石硫合剂或用0.2~0.5波美度石硫合剂加米汤或面浆水喷洒。

（二）虫害

1. 蚜虫

又叫蜜虫、腻虫，成、若虫吸茎叶汁液，严重时造成茎叶发黄。

防治方法：冬季清园，将植株和落叶深埋。发生期喷50%杀螟松1 000~2 000倍液或40%乐果乳油1 500~2 000倍液或80%敌敌畏乳油1 500倍液，每7~10天喷1次，连续数次。

2. 甘草种子小蜂

为害种子。成虫产卵于青果期的种皮上，幼虫孵化后即蛀食种子，并在种子内化蛹，虫羽化后，咬破种皮飞出。被害籽被蛀食一空，种皮和荚上留有圆形小羽化孔。

防治方法：清园，减少虫源；种子处理，去除虫籽或用西维因粉拌种。

3. 跗粗角萤叶甲

为叶甲科萤叶甲亚科的食叶害虫，于6—7月始发，严重时可将甘草叶子全部吃光。

防治方法：可用敌百虫1 000倍液于上午11时前喷雾杀虫。

4. 小绿叶蝉

成虫和幼虫危害叶片，刺吸汁液，使之失绿，初期正面出现黄白色小点，严重时全叶苍白，甚至早期落叶。

防治方法：入冬后，彻底清除植株周围落叶及杂草，集中烧毁或深埋，消灭越冬害虫；喷洒50%马拉松乳剂2 000倍液，或90%敌百虫1 000~1 500倍液。

五、采收加工

（一）采收

直播栽培甘草第四年、根茎及分株繁殖第三年、育苗移栽者第二年可以采收。有研究表明，栽培甘草在开始生长的1~4年期间是甘草酸快速积累期，因此，从甘草酸角度出发，第四年采收较为适宜。采收期春季、秋季均可，秋季于甘草地上部枯萎时至封冻前均可采收，春季采收于甘草萌发前进行。

直播甘草采收时可以沿行两边先把土挖走20~30cm后，揪住根头用力拔出，然后再把下一行的土挖出放到前一行的地方，这样不仅可以增加产量50%~100%，而且不乱土层，不影响下茬作物的生长。育苗移栽采挖相对比较容易，既可用人工，也可用机械采收。机械采收一般用拖拉机配套深切30~40cm的犁首先将侧根切断，然后用耙将根搂出即可。采挖后将甘草根及根茎理顺，用甘草细毛条直接捆绑打成小捆。趁鲜拉运至加工厂。采挖甘草宜在晴天，理顺打好捆的甘草要注意防雨、防水，否则易造成甘草腐烂、发霉。

（二）加工

选地势高燥，环境整洁、宽敞、通风良好，周边无污染源的地段设置加工工作棚。将采挖回来的鲜混草趁鲜用专用切刀人工切去芦头、侧根、毛根及腐烂变质或损伤严重部分，按等级要求切成20~40cm的条草，扎成小把，小垛晾晒。5天后起大垛继续阴干15天。然后，按国家口岸出口标准和国家中医药管理局内销标准进行分级，分级后打成8kg左右的小捆，按等级起大垛。地面以原木架高铺席子再放甘草小捆，上盖席子自然风干。

【知识链接】

中医认为甘草之所以能协和百药，缓和药物的烈性，是取“甘以缓之”之义。这和现代医学认为甘草的解毒作用可能通过甘草甜素的吸附作用、甘草次酸的类肾上腺皮质激素作用与葡萄糖醛酸的结合解毒作用以及改善垂体肾上腺素系统之调节有关的解释有异曲同工之处。

第二章　须根类中药材

第一节　麦冬

一、植物学特性及品种

麦冬［*Ophiopogon japonicus*（Linn. f.）Ker-Gawl.］（百合科沿阶草属），别名麦门冬、沿阶草（图 2-1、图 2-2）。多年生草本，成丛生长，高 30cm。根较粗，中间或近末端常膨大成椭圆形或纺锤形的小块根；小块根长 1~1.5cm，或更长些，宽 5~10mm，淡褐黄色；地下走茎细长，直径 1~2mm，节上具膜质的鞘。茎很短，叶基生成丛，禾叶状，长 10~50cm，少数更长些，宽 1.5~3.5mm，具 3~7 条脉，边缘具细锯齿。花葶长 6~15cm，通常比叶短得多，总状花序长 2~5cm，或有时更

图 2-1　麦冬植株

图 2-2　麦冬根

长些，具几朵至十几朵花；花单生或成对着生于苞片腋内；苞片披针形，先端渐尖，最下面的长可达 7~8mm；花梗长 3~4mm，关节位于中部以上或近中部；花被片常稍下垂而不展开，披针形，长约 5mm，白色或淡紫色；花药三角状披针形，长 2.5~3mm；花柱长约 4mm，较粗，宽约 1mm，基部宽阔，向上渐狭。种子球形，直径 7~8mm。花期 5—8 月，果期 8—9 月。

品种主要有浙麦冬、川麦冬、湖北山麦冬。

二、生物学特性

（一）生态习性

喜温暖湿润气候，炎热夏季，温度高于35℃生长受到抑制。适宜在疏松、肥沃、排水良好的中性或微碱性的壤土或沙质壤土中生长，过沙、过黏或酸性土壤生长不良。

（二）生长发育特性

麦冬从清明至谷雨下种到翌年同一时期收获，生长周期为1年。在此周期里其生长期较长，休眠期甚短。栽培后3个月才开始分蘖，11月至翌春4月为分蘖盛期，炎夏与寒冷季节，叶丛生育停止。一年发根两次：首次在7月之前，新根从老苗基部或老根发出，细而长，多数不膨大成块根；其次从8—10月，从萌蘖苗或老苗基部长出新根。11月为块根膨大期。翌年1—2月间气温降低，植株呈休眠状态，块根发育亦减慢。到3月间，天气转暖，块根发育加快，迅速膨大。

三、栽培技术

（一）选地与整地

选择前茬为禾本科植物大头菜、白菜、棉花、萝卜、茬子等地块种植。麦冬须根发达，入土较深，种植地必须做到深耕细耙，土壤疏松，利于块根的生长发育。选栽前须深翻土壤，深度25~30cm，结合整地每亩施入腐熟肥或厩肥1 000kg、过磷酸钙50kg。栽种前再浅耕1次，整平耙细，做宽1.3m的平畦，高15~20cm，畦沟宽40cm，四周开好排水沟。

（二）繁殖方法

主要采用分株繁殖。于4—5月收获麦冬时，挖出叶色深绿、生长健壮、无病虫害的植株，抖掉泥土，剪下块根做商品。然后切去根茎下部的茎节，留0.5cm长的茎基，以断面呈白色、叶片不散开为好（根茎不宜留得太长，否则栽后多数产生两重茎节，俗称高脚苗。高脚苗块根结得少，产量低）。敲松基部，分成单株，用稻草捆成小把，剪去叶尖，以减少水分蒸发。立即栽种。栽不完的苗子，将茎基部先放入清水浸泡片刻，使其吸足水分，再埋入阴凉处的松土内假植，每日或隔日浇1次水，但时间不得超过5天，否则影响成活率。

（三）栽苗定植

1. 栽种时间

一般在4月中下旬至5月上旬为宜。

2. 栽种方法与密度

收获麦冬时，随收随种，栽种方法分为条栽和穴栽。

条栽：选晴天傍晚或阴天栽种，在整好的畦面上，按行距20~25cm横向开沟，深5cm左右，按株距6~8cm栽苗1株。不能栽得过深或过浅。过深，难于发苗，且易产生高脚苗，产量低；过浅，根露在外面，易晒死或倒伏，影响成活率。将种苗垂直紧靠沟壁栽下，使根部垂直，不得弯曲，否则靠沟壁处不易发根。栽后覆土、压紧，使根部与土壤密接，再用双脚夹苗踩实，使苗株直立稳固。栽后立即浇1次定根水，以利早发新根。

穴栽：在畦面按行距25cm、株距15cm开穴，穴深8~10cm，每穴栽苗4~5株，栽后覆土、压紧，浇足定根水。

（四）田间管理

1. 中耕除草

麦冬植株矮小，如不经常除草，则杂草滋生，妨碍麦冬的生长。栽后半月就应除草一次，5—10月杂草容易滋生，每月需除草1~2次；入冬以后，杂草少，可减少除草次数。

2. 追肥

麦冬喜肥，合理追肥氮、磷、钾是麦冬增产的关键。一般每年追肥3次，第1次在7月，每亩施入人畜粪水2 500kg、腐熟饼肥50kg；第2次在8月上旬，每亩追施入畜粪水3 000kg、腐熟饼肥80kg、灶灰150kg；第3次在11月上旬，每亩追施入畜粪水3 000kg、饼肥50kg、过磷酸钙50kg，以促进块根生长肥大。

3. 灌溉排水

麦冬生长期需水量较大，立夏后气温上升，蒸发量增大，应及时灌水。冬春若遇干旱天气，立春前灌水1~2次，以促进块根生长发育。

四、病虫害防治

（一）病害

1. 黑斑病

4月中旬发生，雨季发病严重。发病初期叶尖变黄，并逐渐向叶基部蔓延，出现青、白不同颜色的水浸状病斑，后期叶片全部变黄枯死。

防治方法：选用健壮无病植株做种株，栽前用1∶1∶100波尔多液浸5分钟；雨季及时排除积水，降低田间湿度；发病初期，在清晨露水未干时每亩撒草木灰100kg；发病期间，喷洒1∶1∶100波尔多液或65%代森锌500倍液，每10天喷1次，连续3~4次。

2. 根结线虫病

危害根部，造成瘿瘤，降低产量与质量。

防治方法：实与禾本科作物轮作，前作或间作物不选甘薯、豆角、土豆等根性蔬菜；结合整地每亩施20%甲基异硫磷乳剂或5%颗粒剂250~300g，做成毒土撒于畦沟内，翻入土中，可防治线虫。

（二）虫害

主要有蛴螬，小地老虎、金针虫、华北蝼蛄和非洲蝼蛄等，它们均危害根基部。在8—9月发生，可用90%敌百虫200倍液喷杀即可。

五、采收加工

（一）采收

麦冬于栽后第2年或第3年的4月上中旬收获。选晴天先用犁翻耕土壤25cm，使麦冬翻出，抖去泥土，切下块根和须根，分别放箩筐内，置流水中用脚踩搓淘净泥沙。

（二）加工

1. 晒干烘干

将洗净的麦冬摊放在晒席或晒场上暴晒，干后再用手轻轻揉搓，再出晒，如此反复几次，直至搓掉须根，用筛子筛去杂质即成。若遇阴雨天，可用40~50℃文火烘10~20小时，取出放几天，再烘至全干，筛去杂质即成商品。麦冬以粒大而长、形似棱状、肉实色黄白者为佳。

2. 清洗去皮

将麦冬放入洗涤槽，用流水洗净，捞出，沥干。用擦皮法或化学法去皮，洗净，放入浓度2%的食盐水中，浸泡8~12小时，捞起。

3. 热烫

将麦冬放入沸水中热烫5~10分钟，捞起，用冷水冷却。

【知识链接】

天冬、麦冬本来是天上两个仙女。大姐天冬干练灵巧，爽直，性格盛于妹妹；小妹麦冬文静秀气，貌美，并喜用淡紫色或白色的花朵装扮自己。她们在天上见到人间虚痨热病的病魔到处行凶，致使人们面黄肌瘦，燥咳吐血，口渴便秘，死者众多，十分可怜。姐妹俩十分同情人间疾苦，决心下凡解救。大姐就在我国东南、西南、河北、山东、甘肃的山谷、坡地疏林、灌木丛中生根落户，小妹麦冬就在我国的秦岭以南浙江、四川一带的溪边、林下安家落户。姐妹俩出没在偏僻地带为那些被病魔缠身的病人奉献自己，和病魔作斗争。姐妹俩虽然都能赶出肺胃阴虚、肺胃燥热、便秘的病魔，又根据两个人的性格有所侧重。大姐对火、燥二魔的清除的力度大于妹妹，直至入侵肾部的魔鬼；小妹性格文静力弱，但主攻心中燥魔不在话下。二人合作，水火即济，促人康泰。

第二节　天门冬

一、植物学特性及品种

天门冬［*Asparaguscochinchinensis*（Lour.）Merr.］（百合科天门冬属），别名三百棒、武竹、丝冬、老虎尾巴根、天冬草、明天冬（图 2-3、图 2-4）。多年生常绿藤本，根在中部或近末端成纺锤状膨大，膨大部分长 3~5cm，粗 1~2cm。茎平滑，常弯曲或扭曲，长可达 1~2m，分枝具棱或狭翅。叶状枝通常每 3 枚成簇，扁平或由于中脉龙骨状而略呈锐三棱形，稍镰刀状，长 0.5~8cm，宽 1~2mm；茎上的鳞片状叶基部延伸为长 2.5~3.5mm 的硬刺，在分枝上的刺较短或不明显。花通常每 2 朵腋生，淡绿色；花梗长 2~6mm，关节一般位于中部，有时位置有变化；雄花：花被长 2.5~3mm；花丝不贴生于花被片上；雌花大小和雄花相似。浆果直径 6~7mm，熟时红色，有 1 颗种子。花期 5—6 月，果期 8—10 月。

品种主要有长花天门冬、大理天门冬、滇南天门冬、短梗天门冬、多刺天门冬、门冬非洲天门冬（原栽培变种）、甘肃天门冬、戈壁天门冬、具刺非洲天门冬、昆明天门冬、连药沿阶草（原变种）、龙须菜、石刁柏、天门冬、天门冬属、文竹门冬、西藏天门冬、西南天门冬、细枝天门冬、新疆天门冬、门冬羊齿天门冬、折枝天门冬。

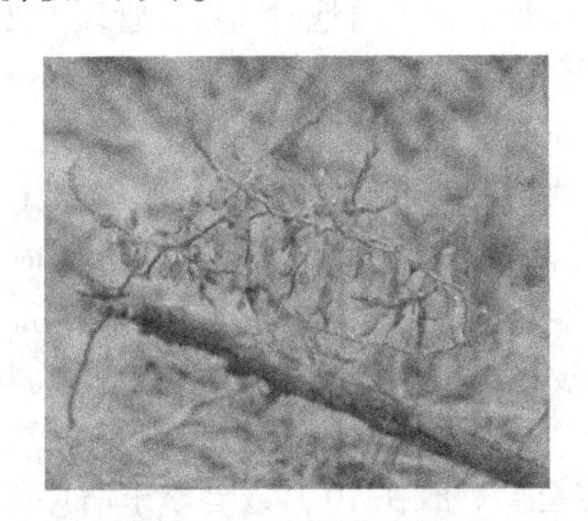

图 2-3　天门冬植株

图 2-4　天门冬根

二、生物学特性

（一）生态习性

喜温暖，不耐严寒，忌高温，常分布于海拔1 000m 以下的山区。一般野生于山坡、山洼、山谷灌丛或树边。夏季凉爽、冬季温暖、年平均气温 18~20℃的地区适宜生长。适宜在土层深厚、疏松肥沃、湿润且排水良好的沙壤土（黑沙土）或腐殖质丰富的土中生长，黏土或土壤贫瘠、干燥的地段不宜栽种。

（二）生长发育特性

喜阴、怕强光，幼苗在强光照条件下，生长不良，叶色变黄甚至枯苗。天门冬块根发达，入土深达50cm。块根数量，随着栽培年限不断增多，一般两年生植株有块根140~200个，四年生植株有块根360~600个。

三、栽培技术

（一）选地与整地

育苗地选择有阴蔽、日照较少的地段，经深翻、耙细、整平后起成1.3m的高畦。移栽地宜选择土层深厚，疏松肥沃，富含腐殖质，排水良好的壤土或沙壤土。在前作物收获后进行深翻，并开好四周排水沟，栽种时再耙细整平，按行距50cm，株距30cm开穴，穴深、宽各约20cm，每穴放入杂肥1kg，待栽种。

（二）繁殖方法

有种子繁殖、分株繁殖和小块根繁殖。目前多采用分株繁殖。

1. 种子繁殖

（1）采种　每年的9—10月，果实由绿色变成红色时采收。堆积发酵后，选粒大而充实的作种。播种期分为春播和秋播。秋播在9月上旬至10月上旬，秋播发芽率高，占地时间长，管理费工；春播在3月下旬，占地时间短，管理方便。

（2）播种　在畦内按沟距20~24cm开横沟；沟深5~7cm，播幅6cm，种距2~3cm。每亩用种子10~12kg。育苗1 000m^2可定植10 000m^2。播后覆盖堆肥或草木灰，再盖细土与畦面相平，上面再盖稻草保湿。气温在17~20℃，并有足够的湿度，播后18~20天出苗。发芽后揭去盖草。幼苗开始出土时需搭棚遮阴，也可在畦间用玉米等作物遮阴，经常保持土壤湿润。在苗高3cm左右时拔草施肥。秋季结合松土施肥，肥料以人畜粪为主。每次每亩施用1 000~1 500kg。

（3）定植移栽　一年以后的幼苗即可定植。一般在10月或春季末萌芽前，幼苗高10~12cm时带土定植。起苗时按大小分级分别栽植。按行距50cm×株距24cm开穴。先栽2行天门冬，预留间作行距50cm，再栽2行天门冬。定植时将块根向四面摆匀，并盖细土压紧。在预留的行间，每年都可间作玉米或蚕豆。

2. 分株繁殖

采挖天门冬时，选取根头大、芽头粗壮的健壮母株，将每株至少分成3簇，每簇有芽2~5个，带有3个以上的小块根。切口要小，并抹上石灰以防感染，摊晾1天后即可种植。

（三）田间管理

1. 中耕除草

一般在4—5月进行第一次中耕，以后根据杂草的生长情况和土壤的板结程度决定中耕与否中耕要求达到土壤疏松，彻底铲除杂草。中耕宜浅，以免伤根，影响块根生长。

2. 追肥

天门冬是一种耐肥植物，需施足基肥，多次追肥。第一次追肥在种植后40天左右，苗长至40cm以上时进行。过早施肥容易导致根头切口感染病菌，影响成活。一般每亩施人畜粪水1 000kg。以后每长出一批新苗追肥3次，即初长芽尖时施第一次，促进早发芽，每亩施人畜粪水1 000kg；苗出土而未长叶时施第二次，促进块根生长；叶长出以后施第三次，以促进第二批新芽早长出后两次施厩肥、草木灰或草皮灰加钙镁磷肥，结合培土。施肥时不要让肥料接触根部，应在畦边或行间开穴开沟施下后覆土。

3. 设支柱

移栽当年，蔓茎尚不甚长，可以不设支柱，但在第二年以后，生长较迅速，当蔓茎长50cm左右时，即应以小树枝或小竹竿作为支柱，使其缠绕，以利生长。并可将相邻支柱的顶端，每3~4根扎在一起，以防倾倒，便于管理与间作。

4. 灌溉排水

一般在栽后15天，如遇干旱，则需抗旱保苗1~2次，其余时间一般不需灌水，雨季要注意排水防涝。

5. 调光

林间种植，入秋后至初冬进行疏枝，使内透光达50%以上；夏季光照强，天门冬所需光照少，适当加大阴蔽度。在空旷地种植，应插树枝遮阴，春秋季宜稀，地内透光度50%~60%；夏季宜密，地内透光30%~40%。

四、病虫害防治

（一）病害

根腐病：先从1条根块的尾端烂起，逐渐向根头部发展，最后整条根块内成浆糊状，发病1个多月后，整条根块变成黑色空泡状。此病多是由于土质过于潮湿或被地下虫害咬伤，或培土施肥碰伤所致。

防治方法：做好排水工作，在病株周围撒些生石灰粉。

（二）虫害

1. 红蜘蛛

5—6月为害叶部。

防治方法：冬季注意清园，将枯枝落叶深理或烧毁；喷0.2～0.3波美度石硫合剂或用25%杀虫脒水剂500～1 000倍液喷雾，每周1次，连续2～3次。

2. 蚜虫

为害嫩藤及芽芯，使整株藤蔓萎缩。

防治方法：发病初期，可用40%乐果1 000倍～1 500倍稀释液或灭蚜灵1 000～1 500倍稀释液喷杀。对于虫害严重的植株，可割除其全部藤蔓并施下肥料，20天左右便可发出新芽藤。

五、采收加工

（一）采收

—般种植需3年才能采收。年数越低，根嫩折干率越低，产量也低。据试验，栽4年比栽3年的根产量要增加1倍以上，因而以栽4年收获为宜。在10月至第二年3月萌芽前，选择晴天，先把插杆拔除，割除茎蔓，然后挖开根四周土壤，小心地把块根取出，抖去泥土，摘下大个的加工作药用，小个的块根带根头留下作种用。

（二）加工

摘下块根，剪去须根，用清水洗去泥沙，放入沸水锅内煮10～15分钟，取出剥皮，剥皮时要用手和利刀一次内外两层将皮剥除干净。用清水漂洗外层粘胶质，稍晾干表面水，放入硫黄柜（炉）内熏12小时，使其色泽明亮，然后取出晒干或烘干。最好日晒夜熏磺，中午太阳光照强，晒时宜用竹帘盖上，防止变色。晒干的天门冬宜装入竹筐内，置通风阴凉干燥处。

【知识链接】

天门冬是一味常用的中药。其根有养阴清热、润肺滋肾的功效，可入药治疗阴虚发热、咳嗽吐血、咽喉肿痛、便秘等症状，此外还具有抗菌、抗肿瘤等作用。其枝叶遇火星或明火后，其针叶表面的微型包状气孔可喷射出一种类似于二氧化碳的气体将火星吹灭。当用明火逐渐的靠近针叶部位时，会有气体从针叶的气孔中喷出，并将火源吹开一定的距离。同时，还会伴随着气体的喷出，形成类似于高压静电场放电时的噼啪声响。由此看来，天门冬还是一种具有天然灭火功能的植物种类。

第三节　山药

一、植物学特性及品种

山药［*Dioscorea opposita* Thunb］（薯蓣科薯蓣属），别名薯蓣、土薯、山薯蓣、怀山药、淮山、白山药（图 2-5、图 2-6）。多年生缠绕性草质藤本，茎细长，通常带紫色，具棱，多旋扭，光滑无毛；叶腋间常生有珠芽，俗称山药蛋，实即零余子，为球形黑褐色瘤状物。单叶对生，叶片形状变化甚多，三角状卵形至三角状广卵形，长 4~10cm，宽 3~8cm，三裂，中裂片先端渐尖，侧裂片较圆，扩大呈耳状，基部戟状心形，两面均光滑无毛；叶脉 7~9 条；叶柄细长，约 4cm。花序穗状，雌雄异株；雄花序直立，2~4 个聚生于叶腋；雌花序下垂；7—8 月开花，花淡绿色，直径约 2mm；花被 6 片，淡绿色，裂片圆形，雄蕊 6 枚；雌花序的花朵稀疏，子房圆柱形。蒴果 3 棱，呈翅状，表面常有白粉。块茎长而粗壮，肉质肥厚，略呈圆柱形，长可达 1m，直径 3~7cm，外皮灰褐色，生有须根。挖块茎入药，以在 11—12 月间采挖质量最佳。

品种主要有铁棍山药、水山药、牛腿山药、棒山药。

图 2-5　山药植株

图 2-6　山药根

二、生物学特性

（一）生态习性

对环境适应能力较强，喜温暖，较耐寒，不耐旱，最怕涝。山药系深根性植物，在排水良好、土层深厚、疏松肥沃的沙壤土上（尤其以河流两岸冲击土、山坡下部沙壤土）生长最好，土壤以微酸到中性为宜。较黏重的土壤不宜种植山药，山区、丘陵、平原地区均可生长。

（二）生长发育特性

山药整个生长期 230~240 天。从种栽种植到根茎收获，可分为发芽期、发棵期、根茎生长盛期、枯萎采收期 4 个时期。当地温达到 18℃以上，并有足够的土壤湿度时才能出苗。种栽萌芽后，在下端长出多条粗根，着生在芦头处，开始横向辐射生长，而后大多集中在地下 5～10cm 处，每条根长约 20cm，最深可达 60～80cm。7 月上旬至 8 月上旬，叶腋间先后着生小块茎（零余子）。8 月中旬至 9 月下旬，地下茎生长发育迅速。

三、栽培技术

（一）选地整地

选择疏松肥沃的、排水良好的沙质壤土和无有积水黏土，而且疏松紧密品质好，但产量低，背风向阳的地栽培为宜，然后冬翻 66cm 左右，施足基肥5 000kg，深翻 50～60cm，春季浅耕 15～20cm。播前浇透底水，整地作畦，多数采用垄作，垄宽 120cm，两垄间的沟作排水、灌溉。

（二）繁殖方法

主要是用芦头和珠芽繁殖。

芦头是山药收获时根茎的上端部分，是山药大田生产上唯一的繁殖材料，芦头多年连续使用容易引起退化，一般 2～3 年更新 1 次。

1. 芦头繁殖

10 月挖出根，选颈短、芽头饱满，粗壮无病虫害的山药芦头，16～20cm 长折下，于日光下略晒 2～3 天使伤口愈合，放在室内或室外挖坑，坑的深度及盖上厚度以使芦头不受冻为度。温度 5℃左右为好。化冻后施足基肥，深翻 26～33cm，耕细整平，做成平畦或高垄，行距 33～50cm，株距 16～20cm，沟深 16cm，施腐熟的粪土和覆土，稍加镇压，栽后浇水。未出苗前用齿耙破除地表板结，保持畦面湿润，15～20 天出苗。

2. 珠芽繁殖

10 月地上部黄了摘下珠芽（山药豆）放在室外用干沙贮藏，春天 3 月中、下旬取出，稍晒即可进行播种。行距 20～26cm，株距 10cm，沟深 6cm，栽 2～3 粒山药豆，覆土 6cm。半月后出苗，秋天挖出作种栽。

（三）田间管理

1. 中耕除草

山药出苗后，天气渐暖，杂草生长很快，每次浇水或雨后应及时中耕除草、松土，一般进行 3 次。初期松土浅锄，以后逐渐深锄，生长后期也应浅锄，避免损伤植株。一般第一次中耕除草与架设支柱同时进行，入土深度 3cm 左右；第 2 次在 6 月中下旬；第 3 次在 7 月底 8 月初。此外中耕锄草时，切勿将蔓弄断。

2. 追肥

山药喜肥，要施足基肥，早施追肥，施晚了幼苗生长迟缓，追肥一般不少于2~3次。第一次在6月中下旬进行条施，每亩用人粪尿1 500~2 000kg，或施饼肥50~75kg；第2次在7月底至8月初，每亩施人粪尿2 000~2 500kg或施厩肥撒播于根旁。

3. 设立支架

当幼苗长到17~20cm时，用竹竿、树条等物在每株旁插一条，搭成人字形支架，让植株蔓茎绕上支柱，以利通风透光；不设支架的，蔓茎伏地丛生，遇阴雨易枯黄或发生病虫害。

4. 灌溉排水

山药为肉质块根作物，怕积水，雨季一定要及时排水，严防雨水漫过畦面，以免造成烂根。山药耐旱，但为了增加产量，干旱季节也要适当浇水并追肥。

四、病虫害防治

（一）病害

1. 炭疽病

雨季严重，危害茎叶，在茎叶上产生褐色略下陷的小斑，有不规则轮纹，有小黑点。

防治方法：收后打扫田间卫生，把残枝落叶烧毁，栽时用1∶1∶150波水多液浸根10分钟，发生或喷65%代森锌500倍或50%退菌特800~100倍液，7天喷1次，连打2~3次。

2. 褐斑病

雨季有积水时发生，主要危害叶子。使叶子上长有不规则的褐色小黑点，而后叶穿孔。

防治方法：轮作、清洁田园。发病初期喷65%代森锌500倍液或50%二硝散200倍液，7天喷1次，连打2~3次。

（二）虫害

1. 蛴螬

在山药块根生长期中，常咬块根，被害后块根生长不大，加工刮皮后变成黄褐色。煮不烂，味变苦，干燥后坚硬，品质变劣。

防治方法：整地时每亩可用茶籽饼30kg撒施，生长期中如有蛴螬为害，可用90%精制敌百虫1 000倍液浇注毒杀。

2. 红蜘蛛

成螨常群集于叶背吮吸汁液，使叶片由绿变黄，最后脱落，造成植株早期萎缩。

防治方法：发病初期用25%中科美铃1 500~2 000倍液喷杀，5天后再喷35%杀螨特1 200倍液1次，既可杀卵又可杀成螨。

五、采收加工

（一）采收

芦头栽后当年采收，珠芽第二年收。11月叶黄后，采珠芽，每亩收珠芽100kg左右。山药于9—10月零余子成熟即可采收。先将支架连藤一起拔起，未设支架可用耙子将藤捞去，拾起零余子。零余子没有脱落的可运回堆积，闲时再抖落。每亩可产零余子250kg左右，既可作种用，也可作饲料。挖山药要特别小心，不要挖断或挖烂，同时注意保护芦头，不要把芽嘴弄伤。挖回后将山药的先端（芦头）长16~23cm处折断，藏于湿沙中供种用，其余的及早加工，不要久放。

（二）加工

采回的根茎要及时加工，否则加工难度大，折干率下降。把根茎洗净，刮去外皮，使成白色，如有小黑点，根节斑点残留，则可用小刀刮去，刮后即用硫黄熏，每50kg鲜山药约用硫黄0.25kg，熏8~10小时。水分外出，山药发软，即可拿出暴晒或放入烤房烘烤。但须注意，如山药过大，亦可纵剖成2~4块，这样容易干燥，不会霉变。等山药外皮稍见干硬，即应停止日晒或烘烤，再将其用硫黄熏24小时后，熏至全株发软，即再拿出日晒或烘烤，到外皮见干，再行堆放，如此反复3~4次，真正干燥为止。

【知识链接】

山药是一种比较常见的中草药，同时也是一种比较特殊的中草药，因为它既可以当作药物使用，还可以当作食物来食用。山药这一名称是在中药历史上几经修改之后才确定的，在这个过程中它曾经有以下几个名字：薯蓣、玉延、修脆、佛掌薯等。关于为何不用“薯蓣”一称，还有一个传说，那就是为了避宋英宗之讳（曙）、唐代宗之讳（豫），至于是否属实，还有待于历史学家的进一步考证。山药的营养价值十分高，里面含有丰富的淀粉酶、脂肪、蛋白质、多种维生素、糖类和矿物质等。有补脾肺肾、益气养阴的功效。可以治疗肺虚喘咳、脾虚气弱、食少便溏或泄泻、消渴、肾虚遗精、尿频和妇女白带过多等症状。

第四节　附子

一、植物学特征及品种

附子［*Aconitum carmichaeli* Debx.］（毛茛科乌头属），别名草乌、盐乌头、鹅儿花、铁花、五毒（图 2-7、图 2-8）。多年生草本，块根倒圆锥形，长 2~4cm，粗 1~1.6cm。茎高 60~150cm，中部之上疏被反曲的短柔毛，等距离生叶，分枝。茎下部叶在开花时枯萎。茎中部叶有长柄；叶片薄革质或纸质，五角形，长 6~11cm，宽 9~15cm，基部浅心形三裂达或近基部，中央全裂片宽菱形，有时倒卵状菱形或菱形，急尖，有时短渐尖近羽状分裂，二回裂片约 2 对，斜三角形，生 1~3 枚牙齿，间或全缘，侧全裂片不等二深裂，表面疏被短伏毛，背面通常只沿脉疏被短柔毛；叶柄长 1~2.5cm，疏被短柔毛。顶生总状花序长 6~10cm；轴及花梗多少密被反曲而紧贴的短柔毛；下部苞片三裂，其他的狭卵形至披针形；花梗长 1.5~3cm；小苞片生花梗中部或下部，长 3~5mm，宽 0.5~0.8mm；萼片蓝紫色，外面被短柔毛，上萼片高盔形，高 2~2.6cm，自基部至喙长 1.7~2.2cm，下缘稍凹，喙不明显，侧萼片长 1.5~2cm；花瓣无毛，瓣片长约 1.1cm，唇长约 6mm，微凹，距长 2~2.5mm，通常拳卷；雄蕊无毛或疏被短毛，花丝有 2 小齿或全缘；心皮 3~5，子房疏或密被短柔毛，稀无毛。蓇葖长 1.5~1.8cm，种子长 3~3.2mm，三棱形，只在二面密生横膜翅。花期 6—8 月，果期 8—10 月。

图 2-7　附子花

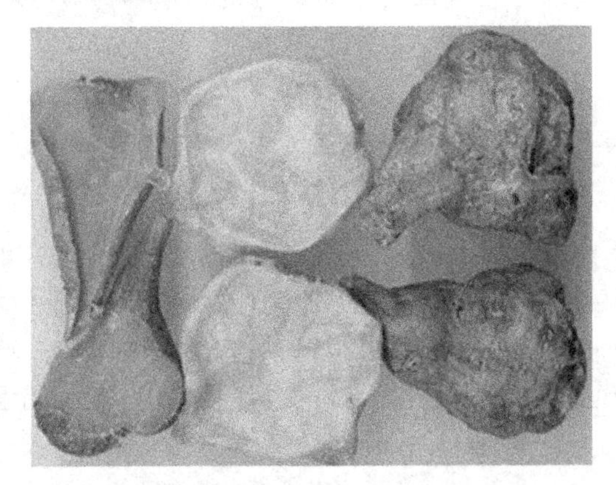

图 2-8　附子根

品种主要有盐附子、黑顺片、白附片、熟片、黄片和卦片。

二、生物学特性

（一）生态习性

适应性强，对气候条件虽要求不严，但喜欢生长在凉爽的环境条件下，怕高温，有一定的耐寒性。在年降水量800～1 400mm，年平均气温13.7～16.3℃，日照时数在900～1 500小时的平原或山区均可栽培。怕高温，有一定的耐寒性。在地温9℃以上时萌发出苗，气温13～14℃时植株生长最快，地温27℃左右时块根生长最快。宿存块根在-10℃以下能安全越冬。生育期喜温润环境，干旱时块根的生长发育缓慢，湿度过大或积水而引起烂根或诱发病害，特别是高温多湿，烂根及根腐病为害严重。要求充足的光照，应选向阳地块栽培，阳光充足，光合作用旺盛，病害少，产量高。但在生长后期高温强光，不能正常生长，甚至枯萎死亡。对土壤有比较严格的要求，适宜土层深厚，肥沃，土质疏松，排灌水方便的沙壤土栽培。黏性土、低洼浸水地、保水保肥性能差的粗粒沙地不宜种植。忌连作。

（二）生长发育特性

从种子播种到形成新的种子需要两个生育周期。一般采用块根繁殖，多在12月上旬栽种较好，先发根，后出苗，翌年长势壮。北方以“秋分”前后栽种为宜。一般于翌年2月中、下旬幼苗出土，先生出5～7片基生叶，3月上、中旬抽茎，3月中、下旬开始长出侧生块根（小子根），5—6月块根膨大较快，7月下旬即可收刨加工，而北方的附子需经8—9月进一步充实后，于10月初收获。

三、栽培技术

（一）选地与整地

选土层深厚、疏松、肥沃的土壤，一般以水稻田为前茬最好。在水稻收后，放干田水，使土壤充分熟化，增加肥力。从大雪开始，犁深20～30cm，三犁三耙，务必使土块细碎、松软，10月下旬（霜降）每亩地施厩肥或堆肥4 000～5 000kg作底肥，按宽1.2m（包括排灌沟）作畦，畦面宽1m，将过磷酸钙50kg、菜饼50kg，碎细混合撒入畦面，搅拌均匀，拉耙定距，以备下种。

（二）繁殖方式

用块根繁殖。先要选种根，块根按大小可分三级，一级每100个块根重2kg，二级重0.75～1.75kg，三级重0.25～0.5kg，一级和三级多用作乌头种根，二级块根用作附子种根，每亩用块根11 000～12 000个，为130～150kg。凡是块根皮上带黑疤，水旋病及有伤口和病虫害的块根，不可作种。种根挖出后，放在背风阴凉的地方摊开（厚约6cm）晾7～15天，使皮层水分稍干一些就可栽种。11月上、中旬

（立冬后）在畦中按顺序以株行距 15cm×18cm、窝深 12cm 稳苗入坑栽成 3 行，后覆土 9cm 厚，成鱼背形以利于排水。在栽种时每隔 10 株间可多栽 1 块根，以利补苗，确保丰产。可在两侧套种胡萝卜，翌年 2 月收获萝卜，并修根后套种玉米，收了玉米又可栽结球甘蓝（包心白菜）。

（三）田间管理

1. 中耕除草

在 11 月中旬前后浅锄草 1 次，保持田间无杂草。第二年早春苗出齐后及时进行补苗，取健苗带土补栽，压实，浇清水以利成活。

2. 补苗

第二年早春苗出齐后，及时进行补苗，取健苗带土补栽，压实，浇清水以利成活。

3. 追肥培土

一般追肥 3 次。2 月上旬出现 5~6 片叶子时，每亩用尿水肥3 000~3 500kg，在行间挖小沟顺沟灌 1 次；第二次在 5 月修病根后，施入人粪尿3 000~3 500kg，或饼肥 250kg，每 3 株间挖 1 穴施入肥料盖土，第一、第二次追肥窝要离开；第三次在 8 月上旬进行，每亩用人畜粪水1 000kg，尿素 10kg，兑1 000kg 水淋灌。在追肥的同时进行培土，厚 6~15cm，作成鱼背形。

4. 灌溉排水

北方，封冻前如地干需浇一次水，以利根系生长。春季苗高 10cm 时及麦收时节干旱，应及时浇水，保持土壤湿润。高温多雨季节，需要特别注意排水，防止地中积水烂根，降低产量。

5. 摘尖修根

苗高 30~36cm 时进行。第一次摘高尖，7 天后摘二类苗的尖，再过 7 天摘三类苗的尖。摘尖后腑芽生长快，应及时摘掉。在 4 月上旬谷雨以前、立夏后修根 1 次：轻轻刨开根部土，均匀地保留 2~3 个健壮的新生附子，其余小附子全部切掉取出，注意勿伤根和茎秆。

四、病虫害防治

（一）病害

1. 白绢病

危害根茎部，多发于夏季高温多雨季节。发病初期叶片萎蔫下垂，严重时地上部分倒伏，叶子青枯，但茎不打断，母根仍与茎连在一起。

防治方法：选无菌乌头作种；轮作；修根时，每亩用五氯硝基苯粉剂 2kg 与 50kg 干细土拌匀，施在根茎周围再覆土；发病初期，深埋病株和病土，并用 5%石灰或50%多菌灵可湿性粉剂1 000倍液淋灌病株附近的健壮植株。

2. 霜霉病

危害叶片，3—5月发生。幼苗期，染病株须根不发达，叶片直立向上伸长，且狭小卷曲，呈灰白浅绿色，叶背产生紫褐色霉层，严重的，全株逐渐枯死。成株受害顶部叶变白，叶片卷缩，呈暗红色或黑色焦枯，茎秆破裂而死。

防治方法：及时拔除病苗，并用1∶1∶200的波尔多液或65%代森铵可湿性粉剂800倍液喷洒。

3. 根腐病

危害根部，4—7月发生。病株上部枯萎，叶片下垂，严重时死亡。

防治方法：修根时勿伤根茎；不过多施用碱性肥料；用50%多菌灵可湿性粉剂1 000倍液淋灌。

4. 萎蔫病

发生于4月中旬，病株茎秆上有黑褐色条纹，麻叶，叶脉呈油状条纹，叶片变黄死亡，横切块根亦可见黑色一圈，为土壤传染病害，病害块根伤口侵入维管束，进一步侵入下一代种根上。

防治方法：采种、运输、栽种、修根均须注意勿伤种根，发现病株立即拔除。

5. 白粉病

5—9月发生，发病后叶片先卷曲向上，叶背产生褐色斑块、椭圆形，逐渐焦枯。病菌在残植株上越冬，翌年病菌萌发产生白粉，随风蔓延，天旱时特别严重。

防治方法：发病初期用60%～80%庆丰霉素或80%甲基托布津可湿性粉剂800～1 000倍液喷射，亦可用0.3波美度的石硫合剂、福美硫黄等药剂喷射，每7～10天喷1次，连续5次。

6. 根结线虫病

危害根部，受害病株纤弱，种根个小，须根上结成瘤状物。

防治方法：忌连作，选无病地栽种或进行土壤消毒，并选用无病种根作种。

（二）虫害

1. 蛀心虫

为害茎秆，咬坏组织，致使植株上部逐渐萎蔫下垂，严重时植株枯死。

防治方法：收挖乌头时，集中茎秆烧毁；及时摘除勾头；集中沤肥；用90%晶体敌百虫1 000倍液喷杀，用黑色灯诱杀成虫。

2. 红蚜虫

3月下旬或4月上旬始发，5—6月为盛，为害植株顶部嫩茎。

防治方法：40%乐果乳油800～1 500倍液喷杀。

3. 银纹夜蛾

4月上旬发生。幼虫咬食叶片成为孔洞或缺刻。

防治方法：用90%晶体敌百虫600~800倍液喷杀。

4. 叶蝉

为害叶片。从4月上旬起到6月下旬为止，4月中旬至5月上旬为为害盛期。受害叶片，先变红色，逐渐变紫红色，最后腐烂成黑色、焦斑而枯死，严重时全株枯死。

防治方法：用40%乐果乳油1 000~2 000倍液喷杀。

五、采收加工

（一）采收

栽种后的第2年芒种后即可开始收获，夏至小暑间应抓紧时间挖取，用长约20cm的双齿钉耙挖出附子全株（注意勿伤附子），然后切去地上部分的茎叶，沤作绿肥。把附子和母根掰开，抖去泥沙称为泥附子或生附子，即可加工，每亩收鲜泥附子350kg左右。母根晒干后，称为乌头入药。

（二）加工

附子有剧毒。采收后24小时内，应放入胆水（制食盐的副产品，主要成分为氯化镁）内浸渍，以防腐烂，并消除毒性。不同制品，采用不同的加工方法。

1. 白附片

选用较大或中等大的泥附子加工而成。

2. 洗泥

将泥附子置清水中洗净，并去掉残留须根。

3. 泡胆

按每100kg附子，用胆巴45kg，加清水（河水、井水等淡水）25kg的比例，制成“花水”盛缸内，将洗好的附子放入浸泡7天以上，并每天上下翻动1次。附子外表皮色黄亮，体呈松软状为度。若浸泡时间过长则附子变硬；若附子露出水面，则应增加“老水”（泡过附子的胆水），没有“老水”可增加胆水。泡后的附子称为胆附子。

4. 煮附子

先将“老水”倒锅内煮沸，然后将胆附子倒锅内，以“老水”淹没附子为度，一般煮15~20分钟，上下翻动1次，以煮过心为止。捞起倒入缸内，再用清水和“老水”各半，浸泡1天，称冰附子。

5. 剥皮

捞起冰附子，剥去外皮，用清水和白水（漂过附片的水）各半混合，浸泡1夜，中间搅动1次。

6. 切片

捞起剥皮后浸泡过的附子，纵切成2~3mm厚的薄片，复入清水缸内浸泡48

小时，换水后再浸泡 12 小时，捞起即可蒸片。如遇雨天，可以不换水，延长浸泡时间。

7. 蒸片

捞起浸泡好的附片，放竹制或木制大蒸笼内，待蒸气上顶后，再蒸 1 小时即可。

8. 晒片

将蒸好的附片摊放竹片上暴晒。晒时片张应铺均匀，不能重叠，晒至附片表面水分消失，片张卷角时为度。

9. 熏片

附片晒干后密闭，用硫黄熏，直至附片发白为止，然后晒至全干。每制 100kg 白附子，需 370kg 泥附子。

10. 黑顺片

选用较小的泥附子加工而成。其洗泥、泡胆、煮附子均同白附片加工方法。将煮后浸泡好的附子捞起，用刀连皮顺切成 2~5mm 厚的薄片，放入清水中漂 48 小时，捞起。将红糖（每 100kg 附片用红糖 0.5kg）炒汁后倒入缸内，溶于清水中，然后将漂好的附片倒入缸内浸染 1 夜（冬天可适当延长浸染时间），染成茶色。捞起浸染附片，装蒸笼内连续蒸 11~12 小时。以片张表面起油面，有光泽为度。蒸片火力要均匀不停歇。将蒸后附片摊放烤片箦子上，用木炭或焦炭火烤，并不停地翻动附片，半干时，按大小摆好，再烤至八成干。然后将烤片折叠放在炕上，用文火围闭烘烤至全干（晴天可晒干），即成黑顺片。烘炕建造在室内呈长条形炕，高 60cm，宽 1m，长 3.4m（炕的长短、宽窄应与烤片箦子相适应），炕内烧木炭火。每制 100kg 成品，约需 350kg 泥附子。

11. 盐附子

选用较大均匀的泥附子加工而成。

加工方法：每 100kg 附子用胆巴 40kg，清水 30kg，食盐 20~30kg（第 1 次加工用盐 30kg，第 2 次用原有盐胆水加盐 20kg），混合溶解于水中，将洗好的附子倒入缸内浸泡 3 天以上。

12. 吊水

又叫澄水。捞起泡胆附子，装竹筐内，将水吊干，再倒入原缸内浸泡，如此每天 1 次，连续 3 次。每次都必须把缸内盐水搅匀后再倒入附子。

13. 晒短水

捞起吊水后的附子，摊在竹箦上暴晒，待附子表皮稍干，再倒入原缸，每天 1 次，连续 3 次。

14. 晒半水

捞起晒过短水的附子，摊放竹箦上暴晒 4~5 小时，再倒入原缸内浸泡，每次另加 5kg 胆水。每天 1 次，连续 3 次。

15. 晒长水

捞起晒过半水的附子，铺在竹簧上暴晒 1 天，待附子表面出现食盐结晶时，趁热倒入饱和的盐水缸内，使吸收盐分，至表面有盐粒为止。

16. 烧水

捞起晒过长水的附子，并将缸内盐水舀入锅内，每锅另加胆巴 20kg，煮沸。然后将附子倒入缸内，再将未溶食盐盖在面上，将煮沸的盐胆水倒入缸内，浸泡 2 天 2 夜（冬季 1 天 1 夜），使盐水结晶，捞起滴干水分，即成盐附子。每 100kg 泥附子，可制作 120kg 盐附子。

【温馨小提示】

附子是中医临床重要品种，与人参、熟地、大黄一起，被誉为“中药四维”。《伤寒论》113 首处方，用到附子的有 20 余首，现代扶阳派的医生，更是对附子推崇有加。附子是有毒中药的典型代表，用好了可以拯救患者，使用不当会造成严重毒副反应甚至危及生命。附子中毒绝非只和剂量大小有关，引起附子中毒的原因很多，炮制方法包括药材质量不好、不当、长期过量使用、配伍不合理和煎煮方法不恰当等。

第五节　郁金

一、植物学特征及品种

郁金［*Curcumawenyujin* Y. H. chen etc. Ling.］（姜科姜属），别名黑郁金（图 2-9，图 2-10）。多年生草本，株高约 1m，根茎肉质，肥大，椭圆形或长椭圆形，黄色，芳香，根端膨大呈纺锤状。叶基生，叶片长圆形，长 30～60cm，宽 10～20cm，顶端具细尾尖，基部渐狭，叶面无毛，叶背被短柔毛；叶柄约与叶片等长。花葶单独由根茎抽出，与叶同时发出或先叶而出，穗状花序圆柱形，长约 15cm，直径约 8cm，有花的苞片淡绿色，卵形，长 4～5cm，上部无花的苞片较狭，长圆形，白色而染淡红，顶端常具小尖头，被毛；花葶被疏柔毛，长 0.8～1.5cm，顶端 3 裂；花冠管漏斗形，长 2.3～2.5cm，喉部被毛，裂片长圆形，长 1.5cm，白色而带粉红，后方的一片较大，顶端具小尖头，被毛；侧生退化雄蕊淡黄色，倒卵状长圆形，长约 1.5cm；唇瓣黄色，倒卵形，长 2.5cm，顶微 2 裂；子房被长柔毛。花期 4—6 月。

图 2-9　郁金花

图 2-10　郁金根茎

品种主要有川郁金、温郁金、桂郁金。

二、生物学特性

（一）生态习性

郁金为亚热带植物，原产于亚洲南部热带和亚热带地区。喜温暖湿润气候，阳光充足，雨量充沛的环境，怕严寒霜冻，怕干旱积水。宜在土层深厚、上层疏松、下层较紧密的沙质壤土栽培，忌连作，栽培多与高秆作物套种。在长江流域及其以南地区均可种植。

（二）生长发育特性

开花很少，种子多不充实。种姜栽种下去后，在 4 月底至 5 月中旬就会出苗，但是块根到 8—9 月才会大量形成，10 月后是块根充实肥大阶段。郁金没有明显的发育阶段，根据各器官生长的主次，将郁金的个体发育分为 4 个时期，即苗期、叶丛期、块根膨大期和干物质积累期。栽种早，萌芽出苗早，生长期长，植株发育旺，但须根长，致使块根入土很深，难采挖。栽种期迟者，生长期短，株矮，块根入土浅，易采挖。

三、栽培技术

（一）选地与整地

块根入土很深，须栽种在土层深厚的地方，最好是上层疏松、下层较紧密的土壤。宜选择土壤肥沃、含腐殖质多、排水良好的土壤。前作可以是小麦、油菜、胡萝卜或马铃薯等作物。通常前作收获后距栽种根茎还有一段时间，为了充分利用土地，提高复种指数，多以玉米间作。间作时先种玉米，栽根茎时一般不再耕地，只在行间除草后，按穴栽种。以休闲地种植每亩宜施腐熟有机肥3 000kg 做基肥，翻地 1 次，深 25cm 左右，耙细整平，可不作畦。

（二）繁殖方法

郁金采用无性和有性两种方式进行繁殖，为节约生产时间，生产上通常采用无性繁殖。

无性繁殖：冬季采收时，选择肥大、体实、无病虫害的根茎作种，堆储于室内干燥通风且避光处，并翻动 1~2 次，避免发芽；或抖去附土稍晾干后立即下窖，也可用沙藏于室内。春季栽种前取出，除去须根，将母姜与子姜分开，以便分期栽种。母姜可纵切成小块，较大的子姜横切为小块，每块种姜须有壮芽 1~2 个。

（二）田间管理

1. 中耕除草

常年松土除草 3~4 次，与施肥结合进行。齐苗后全面松土除草 1 次，隔半月再松土 1 次，植株封行后停止进行。一般中耕除草 3 次。第一次在立秋前后，这时间种的玉米已收获，郁金苗高 10~15cm。如土壤疏松，可以扯草而不松土；如表土板结，则应浅锄。此后，每隔半月，即处暑前后，各中耕除草 1 次。如不间种玉米，在 7 月上、中旬郁金出苗之后，还应当扯草 1~2 次，以利幼苗生长，由于郁金栽种不深，而且根茎横走，故中耕宜浅，只浅锄表土 3~4cm。

2. 灌水

生长期一般宜湿润，特别在 7—9 月生长盛期，需要水分较多，在干旱时，要灌水抗旱。灌溉宜在早晨或傍晚灌跑马水。干旱有利郁金膨大，10 月后一般不再灌水，保持田间干燥，利于收获。

3. 施肥

栽种前施足底肥，每亩可施入腐熟肥 2 000kg 左右。苗出齐后追施苗肥，每亩施用腐熟 1 500kg、硫酸铵 10kg。7 月下旬进行第 1 次追肥，每亩施入复合肥 50kg；8 月下旬进行第 2 次追肥，每亩施入复合肥 50kg；9 月中下旬进行第 3 次追肥，每亩施腐熟肥 1 500kg。

四、病虫害防治

（一）病害

1. 根腐病

多发生在 6—7 月或 12 月至翌年 1 月。发病初期侧根呈水渍状，后黑褐腐烂，并向上蔓延导致地上部分茎叶发黄，最后全株萎死。

防治方法：雨季注意加强田间排水，保持地内无积水；将病株挖起烧毁，病穴撒上生石灰粉消毒；植株在 11—12 月自然枯萎时及时采挖，防止块根腐烂造成损失；发病期灌浇 50%退菌特可湿性粉剂 1 000 倍液。

2. 黑斑病

病害初发在 5 月下旬，6—8 月较重，受病叶产生椭圆形向背面稍凹陷的淡灰色的病斑，有时产生同心轮纹，大小直径为 3~10mm，引起叶子枯焦。

防治方法：在冬季清除病残叶烧毁；50%托布津 500 倍液防治；喷 1∶1∶100 的波尔多液防治。

3. 根结线虫病

7—11 月发生，为害须根，形成根结，药农称为“猫爪爪”，严重者地下块根无收。被害初期，心叶退绿失色，中期叶片由下而上逐渐变黄，边缘焦枯，后期严重者则提前倒苗，药农称为“地火”。

防治方法：实行 1~2 年轮作，不与茄子、辣椒等蔬菜间作；选择健壮无病虫根茎作种，加强管理，增施磷钾肥。

（二）虫害

1. 姜弄蝶

危害叶片，先将叶片作成卷筒状的叶苞，后在叶苞中取食，使叶片呈缺刻或孔洞状。

防治方法：收获后及时清理假茎和叶片，烧毁或沤制肥料，以减少虫源；人工摘除虫苞。

2. 玉米螟

7 月下旬至 8 月上旬为害茎，造成顶部萎蔫干枯。

防治方法：每亩用 200~300g Bt 乳剂喷幼苗和心叶；80%的敌百虫 200 倍液灌心叶；用 50%杀螟松乳油1 000倍液喷雾淋心；种植玉米诱集带，降低植株受害率。在 6 月下旬至 7 月上旬在田间周围或田边每亩种上 100 株玉米，诱成虫产卵，集中消灭。

3. 地老虎、蛴螬

幼苗期咬食植物须根，使块根不能形成，减低产量。

防治方法：每亩用 25%敌百虫粉剂 2kg，拌细土 15kg，撒于植株周围，结合中耕，使毒土混入土内；或每亩用 90%晶体敌百虫 100g 与炒香的菜籽饼 5kg 做成毒饵，撒在田间诱杀；清晨用人工捕捉幼虫。

五、采收加工

（一）采收

郁金地上叶枯萎后，地下块根内部的营养物质继续发生转化，促使块根继续膨大，经济产量积累增多。如收获过早，块根不充实，折干率低，影响产量质量。收获过迟，郁金水分增多，挖时须根易断，费工大，同时挖后干燥也较困难，加工容易起泡。温郁金一般在12月中、下旬为采收适期。川郁金12月下旬可以收获，2月上旬最好，2月以后产量逐渐减少，同时大田生产期延长，因此，收获期不宜过分延长。

采收方法：选晴天干燥时，将地上苗叶割去，用镐或齿耙挖至50~60cm，将地下部全部挖起，抖去泥土，摘下块根，摘时略带须根，否则加工时容易腐烂。因块根入土较深，并系散布在土层内，故收挖工作要细致，尽量不挖断须根，并勤加翻检，不使块根遗留土中，以免浪费。根状茎除作种姜外，郁金的黄姜或绿姜以及温郁金的根状茎等，干燥后均可药用。只有郁金的黄白姜根状茎不作药用。

（二）加工

块根取下后，装入竹筐内，放于流水或水塘中洗去泥土，蒸或煮至透心。蒸煮时须盖好，用旺火把水烧沸，直至蒸汽弥漫四周，约15分钟，用指甲试切块根，不出水，无响声，闻之无生气后，表示块根已熟，即可拿出，摊放于篾席（晒垫）上晾晒，直至全干（一般约需40天），再用竹制撞笼撞去须根，即成干郁金。因郁金加工时天气转冷，不易干燥，且常遇阴雨，使块根发粘，出水，起霉烂等。为此，遇到此种天气时，可用草木灰混拌，每50kg块根加草木灰约5kg，使其粘在块根上，可防止发黏、出水和霉烂，并能加速块根的干燥。如数量大而又有腐烂征象时，可用火烘烤，避免损失；但烤干的外皮皱缩较大，香气较淡，品质较低。每6~8kg鲜块根，可加工成1kg干郁金。以身干，似卵圆形或条圆形，皮有细皱纹，呈灰黄色或呈黄色，内黄褐色或灰白色，无须根、杂质、虫蛀、霉变为合格；以质坚实，外皮皱纹细，断面色黄的为佳。

第六节　太子参

一、植物学特征及品种

太子参［*Pseudostellaria heterophylla*（Miq.）Pax ex Pax et Hoffm.］（石竹科孩儿参属），别名孩儿参、童参、异叶假繁缕等（图2-11、图2-12）。多年生草本，高15~20cm。块根长纺锤形。茎下部紫色，近四方形，上部近圆形，绿色，有2列细毛，节略膨大。叶对生，略带内质，下部叶匙形或倒披针形。先端尖，基部渐狭，上部叶卵状披针形至长卵形，茎端的叶常4枚相集较大，成十字形排列，边缘略呈波状。花腋生，二型：闭锁花生茎下部叶腋，小形，花梗细，被柔毛；萼片4；无花瓣。普通花1~3朵顶生，白色；花梗长1~4cm，紫色；萼片5，披针形，背面有毛；花瓣5，倒卵形，顶端2齿裂；雄蕊10，花药紫色；雌蕊1，花柱3，柱头头状。蒴果近球形，熟时5瓣裂。种子扁圆形，有疣状突起。花期4—5月，果期5—6月。

品种主要有柘参1号、柘参2号、柘参3号、贵州太子参。

图2-11 太子参植株

图2-12 太子参根

二、生物学特性

（一）生态习性

生长在温暖湿润的环境，怕高温，30℃以上生长发育停止。怕强光暴晒，烈日下容易枯死，比较耐寒。在-17℃能安全越冬。低温条件下也能发芽、生根。在阴湿的条件下生长良好，喜肥沃疏松、含有丰富腐殖质土壤，沙质土壤中生长良好。低涝地、黏壤、土质坚实、排水不良、土壤含腐殖质少，瘠薄的土壤中生长不好。

（二）生长发育特性

太子参全生育期为4个月左右。种子属于低温打破休眠的类型，在-55℃温度下贮存150天发芽。栽种后34天，年平均气温14.5℃、土温10℃时，顶芽开始发芽，长出细根。1月下旬至2月上旬出苗，6月上旬茎叶生长量达高峰，夏至以后超过30℃，由于气温过高，茎叶停止生长而逐渐枯萎，进入休眠阶段。

三、栽培技术

（一）选地与整地

选丘陵坡地，新垦的“二荒地”或地势较高、肥沃、疏松的平地种植。排水不良的积水地、盐碱地和沙土、黄土不宜于种植。前茬作物以甘薯（山芋）、蔬菜等为好，忌连作。坡地以向阳、向东最为适宜。一般在秋作物收获后施入基肥，可用充分腐熟的猪厩粪肥、垃圾堆肥、人粪肥、草木灰或家禽粪等均匀撒于地表，结合耕地翻入水中，然后耙细耙匀，作1.3m宽，15~20cm高的畦，畦长按地形而定，可做成弓背形。

（二）繁殖方法

1. 块根繁殖

于采收时边收边选种，以芽实完整、参体肥大、无伤及病虫害的根为好。栽种期间在霜降前后，过迟顶芽已膨大，须根长出，栽时易受损伤。在已整好的畦面上，沿畦纵向开沟，深12cm，将种参斜摆在沟的一侧边，芽头位置一致，距地表6cm，俗称“上齐下不齐”；按行距12~15cm再开新沟，将挖出的土覆在已摆好种根的沟内，新沟内再行摆种，依次栽种，最后将畦面整成弓背形。每亩用种根80~100kg。此法称作斜栽或竖栽。也可将种根平放在沟内，使之头尾相连，行距同前，覆土6cm，称作平栽或睡栽。种根繁殖覆土厚度相当重要，过深参根大，数量少，产量低；过浅参根小，质量差。以5~6cm为宜，此法产量高，生产上多采用。

2. 种子繁殖

蒴果易开裂，种子不易收集，因此往往利用自然散落的种子，原地育苗。在原栽培地收参后，用耙耧平，施上1次肥，种一茬萝卜、白菜，收获后再耧平。第2年春已落地的种子发芽出苗，长出3~4片叶子时即可移栽或到秋季作种根之用。种子繁殖，当年仅形成一个圆锥根。

3. 扦插繁殖

于生长旺盛时，剪取地上枝条长5~6cm，每条具有2~3个节，将节间全部插入地里，顶端叶片露出地面；扦后7~10天生根。

（三）田间管理

1. 中耕除草

太子参的幼苗细弱，生长缓慢，应及时除草，用人工小锄浅锄2~3cm，避免伤根、叶，封行（4月下旬）前应见草就拔，促进参苗快速生长。若面积大，杂草多，采用化学除草较省工。具体做法是栽后选晴天（注意避开中午强光高温时期），用丁草胺20~50g兑水50kg对地面杂草进行喷雾，或用6%的草甘膦稀释200倍液喷洒，均可消灭多种杂草。

2. 排灌

太子参喜湿润、怕涝。干旱浇水，雨后排水，保持湿润，一般自然来水即可满足需水要求，积水易腐烂死亡。栽植后若土壤干燥，可浇水1~2次，以保持土壤湿润，促使根部尽快生长。

3. 追肥

根据其长势而定，如果参田基肥施量充足，植株生长较旺盛，可不作根部追肥或少施追肥；若株苗生长瘦弱可追施少量稀淡人粪尿或硫酸铵（每亩10kg），也可用稀释的人畜粪400kg加磷酸二胺5kg混合浇灌。施肥时间一般在2月上旬，即太子参开花前后，结合中耕和人工除草进行根部追肥或根外施肥，均有较好的增产效果。根外追肥每亩施用浓度为5%的尿素水溶液和磷酸二氢钾水溶液，用量各为12.5kg和10kg，进行叶面喷施。

4. 培土

次年2月出苗后，结合整理畦、沟，将沟土及畦边不滑土刮至畦面，培土厚度2cm为适。

四、病虫害防治

（一）病害

1. 叶斑病

4—5月发生，危害叶片，先侵害下部叶片，后逐渐向上蔓延，叶片上产生枯死的斑点，严重时植株枯死。

防治方法：收获后彻底清理枯枝残体，集中烧毁；严格实行轮作，不宜重茬；发病初期喷1∶1∶100波尔多液，每10天喷1次，连续2~3次；发病严重时，喷50%地多菌灵500~1 000倍液，或用70%托布津800倍液，7~10天喷1次，连喷2~3次。

2. 根腐病

发病初期，先由须根变褐腐烂，逐渐向主根蔓延。主根发病后，严重时全根腐烂。7—8月高温高湿天气，发病严重。此外，田间积水，烂根死亡严重。

防治方法：雨后及时疏沟排水；栽种前，块根用25%多菌灵200倍液浸种10分钟，晾干后下种；发病期用50%多菌灵800~1 000倍液，或用50%甲基托市津1 000倍液浇灌病株。

3. 病毒病

感病植株叶片呈花叶状，植株萎缩，叶片卷曲，严重影响生长发育。

防治方法：选择无病植株留种；增施磷、钾肥，增强植株抗病力；注意防治传毒害虫。

4. 花叶病毒

由一种病毒引起，受害病株叶片呈花叶状，植株萎缩，块根变小，产量下降。

防治方法：注意防治传播病毒的蚜虫等害虫，选无病植株作种，轮作换茬。

（二）虫害

在生长过程中有蛴螬、地老虎、蝼蛄、金针虫为害根部，一般在块根膨大、地上部分即将枯萎时为害严重。

防治方法：用氯丹乳油25g拌炒香的麦麸5kg，加适量水配成毒饵，于傍晚撒在田间或畦诱杀，或用杀虫脒制成毒土毒杀，也可人工捕杀。

五、采收加工

（一）采收

当6—7月初大部分植株枯黄倒苗后，除留种地外，应立即采挖，若延迟不收，遇雨水多时，易造成腐烂。收获时，先除去茎叶，后挖取块根，注意不要碰伤参头，保持参体完整。起挖深度一般13cm左右，按行距细心依次采收。产量为200~300kg/亩。

（二）加工

将挖起的鲜参，放在通风处摊放1~2天，使根部失水发软，用清水洗净装入箩筐内，稍经滤水，放入开水锅中，浸烫3~5分钟，随即摊放在晒席上暴晒至全干。浸烫以能顺利插入参身为标准。再将干燥后的参根装入箩筐，轻轻振摇，撞去参须即成。这样加工的参，习称"烫参"，参面光，色泽好，呈淡黄白色，质地较柔软。还有自然晒干的，即将收获的鲜参，用清水洗净后，薄摊于晒席上，在日光下暴晒至六七成干。堆起稍回潮，在木板上搓，再晒，至参根光滑无毛再晒干。此法加工的光泽较烫参差，质稍硬，惟味较烫参浓厚。

【知识链接】

春秋时期郑国国王的儿子，年5岁，天资聪慧，能辨忠识奸，深得国王厚爱。但这位王子却体质娇弱，时不时生病，宫中太医屡治不效。后国王张榜遍求补益之药，并悬以重赏。一时间，各地献宝荐医者络绎不绝，但所用皆为参类补药，却并未奏效。一天，一位白发老者揭榜献药，声称非为悬赏，而实为王子贵体、国家大计着想。国王对老者说："尔诚心可鉴，然若药不灵验，怕有欺上之罪吧。"老者呵呵笑道："王子贵体稚嫩，难受峻补之药，需渐进徐图之。吾有一药，服百日必能见效。"于是，王子如法服用老者所献的这种细长条状、黄白色的草根。三个月后，果见形体丰满，病恙不染。此时，国王始信老者所言，大喜之余，晋封王子为太子，又急寻老者以封赏，但老者已行踪难觅。国王问老者所献之药何名，众皆摇头不知。近臣谏曰：药有参类之性，拯挽太子之身，就叫太子参吧。于是，"太子参"的美名就由此传开了。

第七节　玄参

一、植物学特征及品种

玄参［*Scrophularia ningpoensis* Hemsl.］（玄参科玄参属），别名元参、浙玄参、黑参（图2-13，图2-14）。多年生草本，株高可达1m多。根数条，呈纺锤形或胡萝卜状，膨大，粗可达3cm以上。茎直立，四棱形，有浅槽，无翅或有极狭的翅，无毛或多少有白色卷毛，常分枝。叶在茎下部对生具柄，上部的有时互生柄极短，柄长者达4.5cm，叶片多变化，多为卵形，有时上部的为卵状披针形至披针形，基部楔形、圆形或近心形，边缘具细锯齿，稀为不规则的细重锯齿，大者长达30cm，宽达19cm，上部最狭者长约8cm，宽仅1cm。花序为疏散的大圆锥花序，由顶生和腋生的聚伞圆锥花序合成，长可达50cm，但在较小的植株中，仅有顶生聚伞圆锥花序，长不及10cm，聚伞花序常2~4回复出，花梗长3~30mm，有腺毛；花褐紫色，花萼长2~3mm，裂片圆形，边缘稍膜质；花冠长8~9mm，花冠筒多少球形，上唇长于下唇约2.5mm，裂片圆形，相邻边缘相互重叠，下唇裂片多少卵形，中裂片稍短；雄蕊稍短于下唇，花丝肥厚，退化雄蕊大而近于圆形；花柱长约3mm，稍长于子房。蒴果卵圆形，连同短喙长8~9mm。花期6—10月，果期9—11月。

品种有毛玄参、米玄参、北玄参、湖南玄参。

图2-13　玄参根

图2-14　玄参植株

二、生物学特性

（一）生态习性

玄参自然分布于中亚热带季风湿润山地气候，在海拔400~1 700m处均有分布，以海拔1 000~1 200m 生长发育最佳。年平均气温 10.4~17.0℃，年降水量1 046.2~1 740.0mm，无霜期 238~333 天。玄参喜温暖湿润气候，多栽培于低山、丘陵地带。对土壤适应性较强，一般排水良好的地块均能生长，但以土层深厚，肥沃，疏松的沙土为好。过黏、易板结、排水不良的盐碱性土壤不宜种植。

（二）生长发育特性

玄参春分左右播种，3 月初出苗，至苗齐需 27 天，茎基叶发育完全。随气温升高，植株生长速度逐渐加快。6 月底气温达到 26℃后，茎叶迅速增长。玄参地上部分分枝能力很强，从地上第二节以上各节均有侧枝，且生长旺盛，7 月上旬开始抽薹，8—9 月开花、结果，根茎迅速膨大，10 月根茎充实，11 月地上部分逐渐枯萎。

三、栽培技术

（一）选地与整地

玄参不宜连作，可选前茬作物为禾本科或豆科，排水良好，土层深厚，腐殖质多的沙质壤土种植。地势以向阳、背风、低坡地为宜。土质黏重、易积水地不宜栽种。深翻平地时要清除残株落叶，拣去石块，使土壤疏松。每亩施厩肥或堆肥1 500~2 500kg 做底肥。细耙整平后作畦，畦宽 1.3m 左右，高 20~25cm，沟宽40cm。山坡地要横山作畦，以防水土流失，同时注意开好四周排水沟。

（二）繁殖方法

一般用不定芽进行无性繁殖。亦可进行有性或分株繁殖。

1. 子芽繁殖

选种：秋末冬初玄参收获时，选择无病害，粗壮，侧芽少，长 3~4cm 的白色不定芽，从芦头上掰下留作繁殖材料。芽头呈红紫色、青色，或开花芽（芽鳞开裂）、细芽及带病子芽，均不宜留作种用。

贮藏：收后的种芽在室内摊放 1~2 天，以免入坑后发热腐烂。选择高燥、排水良好的地方挖土坑储藏，坑深 30~40cm，长宽不宜过大，将种芽放入坑中，厚约 33cm，堆成馒头形，盖土 7~10cm，以后视气温下降情况，逐步加土或覆盖稻草，防止种芽受冻。一般每坑放种芽 100kg 左右。坑的四周要开好排水沟。在种芽贮藏期间要及时检查，发现霉烂、发芽、发根及时翻坑。开春前，随天气变暖需逐渐去掉盖土，以防种芽伸长。也可用室内地窖贮藏，在储藏期中，保持温度在 5℃以下，并注意勿使发热烧堆引起种芽伸长或干枯。

栽种：一般在 12 月至翌年 3 月以早种为好。在准备好的畦面上，按行株距35cm×35cm 开穴，每穴放种芽 1~2 个，芽头向上，盖焦泥灰一把，覆土厚约 5cm左右。每亩用种 40~80kg。下种后要浇水以保持土壤湿润。

2. 种子繁殖

8—9月，待蒴果干枯，种子呈黑褐色时连枝剪下，晒干脱粒，筛去杂质，置于阴凉干燥处保存。北方在早春3月用阳畦育苗，先在做好的苗床上浇透水，待水渗下后，将种子均匀撒播或条播，筛些细土，将种子盖严，畦面覆盖一层稻草，保温保湿，出苗时撤掉覆草。7~10天便可出苗，待苗高20~25cm时，透行移栽。

3. 分株繁殖

玄参种植后的第二年春季，每兜根茎处萌生很多幼苗，到5月苗高30cm时，每壳除留壮苗2~3株外，其余的均进行分株栽种。

（三）定植

繁殖材料在畦上按行株距40cm×30cm开穴种植，种植密度约为5 500株/亩。子芽繁殖于冬季收获时，随挖随栽或翌春3—4月栽种，每穴栽子芽1~2个，芽头向上，并施拌有人畜粪水的火灰一把，盖土与畦齐平。

（四）田间管理

1. 间苗

玄参定植后第二年的时候会从根部长出许多幼苗，使根部膨大，增加产量，及时拔除多余的菌株，只留2~3株即可。

2. 中耕除草

玄参出苗后，应适时中耕除草。一般进行2~3次。第一年在4月中旬齐苗后，第二次在5月中旬，第三次在6月中旬。中耕不宜过深，以锄松表土、除去杂草面不伤及块根为度。

3. 追肥

生长期一般追肥3次。齐苗后施第1次肥，每亩施入粪尿500~1 000kg，促使幼苗生长。当苗高35cm左右，玄参生长即将转入旺盛时期时进行第2次追肥，每亩施入粪尿1 000~1 500kg，厩肥1 500kg，促使地上植株旺长。此时气温较高，在行间应铺一层树叶或嫩草，以降低地温，保持土壤湿度。7月上中旬玄参开花初期，进行第3次追肥，以施磷钾肥为主，每亩沟施过磷酸钙50kg，草木灰300kg，施后盖土，以促使玄参块根膨大。

4. 培土

一般在第3次施肥后进行，将畦沟底部泥土培在株旁，以保护根茎部生长，使白色种芽增多。

5. 灌溉排水

玄参比较耐旱，不耐涝，干旱特别严重时适当浇点水，使土壤湿润，但不易浇大水，雨季多雨积水时应当及时排水。

6. 摘蕾打顶

植株上部形成花蕾至初花期，及时将花梗摘除，减少养分的消耗，以促进地下块根膨大，提高产量和质量。

四、病虫害防治

（一）病害

1. 斑枯病

4月中旬始发，高温多湿季节发病严重，先由植株下部叶片发病，出现褐色病斑，严重时叶片枯死。

防治方法：可清洁田地，实行轮作，增施磷钾肥。发病初期用1∶1∶100波尔多液喷洒3~4次，进行防治。

2. 白绢病

危害根及根状茎，南方易得此病，6—9月发病，雨水多时严重，根部腐烂。

防治方法：可实行轮作，拔除病株，并用石灰水消毒，选用抗病和无病子芽。

（二）虫害

1. 棉红蜘蛛

6月始发，危害叶片。

防治方法：在发病初期喷0.2~0.3波美度的石硫合剂防治。

2. 蜗牛

翌年3月中下旬开始危害玄参幼苗，4—5月危害最重。

防治方法：可人工捕杀，或喷洒1%石灰水。

五、采收加工

（一）采收

栽种当年10—11月地上部枯萎时采挖。掘出根部，剪去茎叶残枝，除去杂质、须根，掰下子芽作种用，切下块根加工药用。

（二）加工

将参根暴晒6~7天待表皮皱缩后，堆积并盖上麻袋或草，使其“发汗”，4~6天后再暴晒，如此反复堆、晒，直至干燥，内部色黑为止。如遇雨天，可烘干，但温度应控制在40~50℃，且需将根晒至四五成干时方可采用人工烘干。产品以肥大、皮细、外表灰白色、内部黑色、无油、无芦头者为佳。

【知识链接】

玄参之名始于东汉，最早记载于《神农本草经》，因《本经》非一人一时所作，故玄参之名的由来已无确切考证。玄参别名中的重台是针对其花叶的摹状，鬼藏是针对其根茎变色的比喻；馥草，是针对其气味的描述。

第八节　紫菀

一、植物学特征及品种

紫菀［*Aster tataricus* L. f.］（菊科紫菀属），别名青菀、紫倩、小辫、返魂草、山白菜（图2-15、图2-16）。多年生草本，根状茎斜升。茎直立，高40~50cm，粗壮，基部有纤维状枯叶残片且常有不定根，有棱形沟，被疏粗毛，有疏生的叶。基部叶在花期枯落，长圆状或椭圆状匙形，下半部渐狭成长柄，连柄长20~50cm，宽3~13cm，顶端尖或渐尖，边缘有具小尖头的圆齿或浅齿。下部叶匙状长圆形，常较小，下部渐狭或急狭成具宽翅的柄，渐尖，边缘除顶部外有密锯齿；中部叶长

图2-15　紫菀花

图2-16　紫菀药材

圆形或长圆披针形，无柄，全缘或有浅齿，上部叶狭小；全部叶厚纸质，上面被短糙毛，下面被稍疏的但沿脉被较密的短粗毛；中脉粗壮，与5~10对侧。脉在下面突起，网脉明显。头状花序多数，径2.5~4.5cm，在茎和枝端排列成复伞房状；花序梗长，有线形苞叶。总苞半球形，长7~9mm，径10~25mm；总苞片3层，线形或线状披针形，顶端尖或圆形，外层长3~4mm，宽1mm，全部或上部草质，被密短毛，内层长达8mm，边缘宽膜质且带紫红色，有草质中脉。舌状花约20余个；管部长3mm，舌片蓝紫色，长15~17mm，宽2.5~3.5mm，有4至多脉；管状花长6~7mm且稍有毛，裂片长1.5mm；花柱附片披针形，长0.5mm。瘦果倒卵状

长圆形，紫褐色，长 2.5~3mm，两面各有 1 或少有 3 脉，上部被疏粗毛。冠毛污白色或带红色，长 6mm，有多数不等长的糙毛。花期 7—9 月，果期 8—10 月。

品种主要有黄色紫菀、缘毛紫菀、紫色紫菀、阿尔泰紫菀。

二、生物学特性

紫菀喜温暖、湿润环境。野生于我国温带及暖温带地区，多见于阴坡、草地、河边。耐严寒，冬季气温达到-20℃时根可以安全越冬。较耐涝，怕旱，喜肥，喜湿润，在地势平坦、补给水的土地上栽培紫菀长势好。与其他根类药材相比，紫菀比较耐涝，短时间浸水后仍能正常生长。在地势较高、没有灌溉条件的地方生长较差。紫菀对土壤条件要求不严，除盐碱地和干旱沙土外均能生长，但以富含腐殖质的壤土及沙壤土为最佳。

三、栽培技术

（一）选地与整地

选择地势平坦、土层深厚、疏松肥沃、排水良好的地块作为栽植地块，种植前深翻土壤 30cm 以上，结合耕翻，每亩施入腐熟厩肥3 000kg、过磷酸钙 50kg，翻入土中作基肥，于播前再浅耕 20cm，整平耢细后做宽 1.3m 的高畦，畦沟宽 40cm，四周开好排水沟。

（二）繁殖方法

多采用根茎繁殖。春秋均可栽种。春栽于 3 月底至 4 月下旬，秋栽于 10 月下旬。南方多秋栽，北方宜春栽。结合收获栽种，刨出根茎，选粗壮、节密、带有紫红色、无病虫害、具芽的根茎作种秧。芦头部的根茎不宜作种秧，因易抽薹开花。栽前将选好的根茎剪成 5~7cm 小段，每段有芽眼 2~3 个。按行距 30cm，开 6~8cm 深的沟，按株距 15~20cm，把剪好的根状茎放 2~3 段，覆土后压实，浇水。一般在气温 18~20℃时，约 15 天出苗，冬前栽的翌春出苗。每亩用根状茎 20~30kg。

（三）田间管理

1. 中耕除草

苗出齐后应及时中耕除草，初期宜浅锄，夏季封行后，只宜用手拔草。

2. 灌溉

苗期需适量水，生长期间应经常保持土壤湿润，尤其在北方干旱地区栽种应注意灌水，无论秋栽或春栽，在苗期均应适当地灌水，但地面不能过于潮湿，以免影响根系生根。6 月是叶片生长茂盛时期，需要大量水分，也是北方的旱季，应注意多灌水勤松土保持水分。7—8 月间北方雨季，紫菀虽然喜湿但不能积水，应加强排水，9 月间雨季过后，正值根系发育期需适当的灌水，总之灌排水应根据生长发育期和地区不同而异。

3. 追肥

一般要进行 2 次，第一次在 6 月间，第二次在 7 月上、中旬，每次每亩沟施人畜粪水2 000kg，并配施 10～15kg 过磷酸钙。此外，6—7 月开花前应将花薹打掉，以促进地下部生长。

4. 抽薹

紫菀开花后，影响根部生长，6—7 月开花前应将花薹打掉，勿用手扯，以免带动根部影响生长，以促进地下部生长。

四、病虫害防治

（一）病害

1. 根腐病

主要危害植株茎基部与芦头部分。发病初期，根及根茎部分变褐腐烂，叶柄基部产生褐色梭形病斑，逐渐叶片枯死、根茎腐烂。

防治方法：发病初期用 50%的多菌灵可湿性粉剂1 000倍液或 50%的甲基硫菌灵可湿性粉剂1 000倍液喷雾防治。

2. 黑斑病

发病初期叶片出现紫黑色斑点，后扩大为近圆形暗褐色大斑。

防治方法：发病初期用 65%的代森锌可湿性粉剂 500 倍液或 50%的甲基硫菌灵可湿性粉剂1 000倍液喷雾防治，每隔 7 天喷 1 次，连喷 3 次。

（二）虫害

1. 银纹夜蛾

幼虫咬食叶片，造成空洞或缺刻。

防治方法：用 90%的敌百虫晶体1 000倍液喷雾杀除。

2. 地老虎、蛴螬

多在苗期危害幼苗。

防治方法：用 50%辛硫磷1 000倍液或用 90%敌百虫1 000倍液浇灌防治，也可用灯光诱杀成虫。

五、采收加工

（一）采收

春季栽种当年秋后采收，秋季栽种第 2 年霜降前后、叶片开始枯萎时采挖。北方应在 11 月中旬至 12 月初与药用部分同时收获，不能过早翻挖。因为根状茎是当年生长的，老熟期比较晚，根茎呈紫红色为成熟。收获时先割去茎叶，挖掘要深，以免损伤根茎，要将根茎连同根丝整个翻起，不要挖断。

（二）加工

采收后，要及时选择紫菀根丝中带有 1 条或数条芽根状的具腋芽的紫红色、无虫伤斑痕、接近地根状茎作种栽，用这种根状茎作繁殖材料，紫菀不会抽花茎，不会开花。春栽的种茎，需放地窖越冬。将选出分类后的根状茎，去净泥土与残留的枯叶，晒干或切成段后晒干，放阴凉干燥处储藏，以防虫蛀。

第九节　细辛

一、植物学特征及品种

东北细辛［*Asarum heterotropoides* Fr. Schmidt var. *Mandshuricum* Kitag.］（马兜铃科细辛属），别名北细辛、辽细辛，多年生草本。根状茎横走，茎粗约 3cm，下面着生黄白色须根，有辛香。叶通常 1~2 枚，基生，叶柄长 5~18cm，常无毛；叶片卵状心形或近肾形，长 4~9cm，宽 5~12cm，先端圆钝或短尖，基部心形或深心形，两侧圆耳状，全缘，两面疏生短柔毛或近无毛。花单生，从两叶间抽出，花梗长 2~5cm；花被筒部壶形，紫褐色，顶端 3 裂，裂片向外反卷，宽卵形，长 7~9mm，宽 10mm；雄蕊 12，花药与花丝近等长；子房半下位，近球形，花柱 6，顶端 2 裂。蒴果浆果状，半球形，长约 10mm，直径 12mm。种子多数，种皮坚硬，被黑色肉质的附属物。花期 5 月，果期 6 月。

汉城细辛（*Asarum sieboldii* Miq. Var. *Seoulense* Nakai）（马兜铃科细辛属），别名辽细辛，毛柄细辛。与东北细辛相近，其不同之点是叶片均为卵状心形，先端急尖，叶柄基部有糙毛；花被筒缢缩成圆形，不向外翻卷，斜向上伸展。

华细辛（*Asarum sieboldii* Miq.）根状茎较长，节间密。叶片卵状心形，先端渐尖，花被筒裂片与汉城细辛相似。花丝略长于花药，其他性状与东北细辛相近。

品种主要有东北细辛、汉城细辛和华细辛（图 2-17、图 2-18）。

图 2-17　细辛根

图 2-18　细辛植株

二、生物学特性

细辛喜冷凉气候和阴湿环境，多生于林下荫湿处山沟腐殖质厚的湿润土壤中，喜土质疏松、肥沃的壤土或沙质壤土。在无遮阴、干燥、黏重的土壤和低洼积水的地块不宜种植细辛。该植物耐寒怕高温，畏强光，在遮阴条件下生长良好，气温高于35℃时，叶片枯萎。冬季能耐-40℃以下低温。

三、栽培技术

（一）选地整地

细辛喜含腐殖质丰富、排水良好的壤土或沙壤土，以山地棕壤和森林腐殖质土为更好。栽培细辛应选择地势平坦的阔叶林的林缘、林间空地、山脚下溪流两岸新垦地、老参地或农田。土层要深厚，土壤要疏松、肥沃、湿润。山地坡度应在15°以下，以利于水土保持，pH值以5.5~7.5为宜。农田前作以豆类和玉米较好。林地或林缘栽培细辛，可在春季伐掉小灌木或过密枝，保持透光率50%左右。选地后翻耕，翻地深度20cm左右，碎土后拣出树根、杂草、石块，床面要求平整。结合耕翻施入基肥，一般每平米施入腐熟的猪粪或枯枝落叶8~10kg、过磷酸钙0.25kg。顺山斜向做畦，畦宽120cm，畦高15~20cm，畦长视地形而定，一般长10~15cm，作业道宽50~80cm，走向尽可能呈正南正北。

（二）繁殖方法

主要用种子繁殖，也可分根繁殖。

1. 种子繁殖

种子处理的方法是在林下背阴处挖一浅坑，深约15cm，大小依种子多少而定，将1份种子与5份以上的沙子拌匀放火坑内，上盖约5cm沙子，上面再盖树叶或稻草。常检查，注意保温不积水，经45天左右应及时播种以免发芽。

播种方法撒播、条播、穴播均可。撒播可将种子与10倍细沙或土拌匀撒于畦面，每平米播种子20g左右。条播在畦上按行距10cm，播幅4cm，每行播130粒左右。穴播行距13cm，穴距7cm，每穴播7~10粒。播后用腐殖土或过筛的细土覆盖，厚约2.5cm，其上再盖草或树叶3cm左右。保持土壤湿润。

细辛可直播，在原地生长3~4年收挖产品，在种子充足的情况下可以采用。目前产区为充分利用种子扩大种植面积，多采用育苗移栽。以移栽2~3年苗为好，在每年的秋末春初地上部枯萎后或幼苗苗动前进行。栽植方法是在施足基肥的畦上横向开沟，行距17~20cm，株距7~10cm，将种根在沟内摆好，让根舒展。覆土厚度以芽苞离土表5cm左右为宜，上面盖草或树叶。还可按行距15cm挖穴栽植，每行栽7~10穴。

2. 分根养殖

利用收获的植株，将根状茎上部4~5cm长的一段剪下，每段必须有1~2个芽苞并保留根条，然后按20cm×20cm的株行距挖穴，每穴种2~3段根茎。

（三）田间管理

1. 松土除草

移栽地块每年5月出苗后，要进行3~4次松土除草，提高床土温度，保蓄水分，对防止菌核病、促进生长有益。在行间松土要深些，3cm左右，根际要浅些，约2cm，对露出根不用进行培土。细辛怕乙草胺、丁草胺。

2. 施肥灌水

生长期间一般每年施肥2次，第1次在5月上、中旬进行，第2次在9月中、下旬进行，用硫酸铵或过石各5~7.5kg/亩，多于行间开沟追施。秋季多数地区认为床面施用猪粪（5kg/m^2）混拌过磷酸钙（0.1kg/m^2）最好；有的药农秋季在床面上追施1~2cm厚的腐熟落叶，既追肥又保土保水，有保护越冬的效果。每年春季干旱时，应于行间灌水，保持湿润。

3. 清林调光

林下或林缘种植要定期清林，防止枝条过密。对于农田栽培，应搭设遮阴棚调节光照，郁闭度与种子直播相同。

4. 覆盖越冬

不论是直播还是育种移栽，在解冻前均需用1cm厚的落叶或不带草籽的茅草覆盖床面，待来年春季萌动前撤去。

四、病虫害防治

（一）病害

1. 菌核病

危害全株，5月多发。发病初期，叶基柄部呈褐色条形病斑，地上部倒伏枯死；同时，病菌向根部蔓延，使根茎布满黑色菌核，以致全根腐烂，仅剩根皮。

防治方法：加强田间管理，适当加强通风透光；及时松土，保持土壤通气良好；多施磷钾肥，使植株生长健壮，增强抗病力；发现病株应彻底清除，病区用5%石灰乳等处理。可用50%多菌灵200倍液加50%代森锌800倍液灌根效果好，最好在秋季枯萎前或春季萌发前进行。严重病区可用1%硫酸铜溶液消毒杀菌。

2. 叶枯病

主要危害叶片、叶柄、花果及芽苞。

防治方法：用150倍多抗菌素效果好。

（二）虫害

1. 地老虎

为害最重，咬食幼芽，截断叶柄和根茎。

防治方法：每亩用 1~1.5kg 2.5%敌百虫粉撒施，也可用1 000倍敌百虫液喷雾。

2. 黑毛虫、蝗虫、细辛凤蝶

咬食叶片，严重时大部分叶片被吃掉。

防治方法：同地老虎。

五、采收加工

（一）采收

种子直播的细辛，如果密度大，生长 3~4 年即可采收。用二年生苗移栽的，栽后 3~4 年收获；用三年生苗的，栽后 2~3 年收获。有时为了多采种子也可延迟到 5~6 年收获，但超过 7 年植株老化容易生病，加之根系密集，扭结成板，不便采收。采收时期以每年 9 月中旬为佳。

（二）加工

收获后去净泥沙，每 1~2kg 捆成 1 把，放阴凉处阴干，避免水洗、日晒，水洗后叶片发黑，根条发白；日晒后叶片发黄，均降低气味，影响质量。每亩可产干品 400~700kg。

第十节　条叶龙胆

一、植物学特征及品种

条叶龙胆［*Gentiana manshurica* Kitag.］（龙胆科龙胆属），别名东北龙胆、龙胆草、草龙胆、胆草、东胆草（图 2-19、图 2-20）。多年生草本，高 20~30cm。根茎平卧或直立，短缩或长达 4cm，具多数粗壮、略肉质的须根。花枝单生，直立，黄绿色或带紫红色，中空，近圆形，具条棱，光滑。茎下部叶膜质；淡紫红色，鳞片形，长 5~8mm，上部分离，中部以下连合成鞘状抱茎；中、上部叶近革质，无柄，线状披针形至线形，长 3~10cm，宽 0.3~0.9（1.4）cm，愈向茎上部叶愈小，先端急尖或近急尖，基部钝，边缘微外卷，平滑，上面具极细乳突，下面光滑，叶脉 1~3 条，仅中脉明显，并在下面突起，光滑。花 1~2 朵，顶生或腋生；无花梗或具短梗；每朵花下具 2 个苞片，苞片线状披针形与花萼近等长，长 1.5~2cm；花萼筒钟状，长 8~10mm，裂片稍不整齐，线形或线状披针形，长 8~15mm，

先端急尖，边缘微外卷，平滑，中脉在背面突起，弯缺截形；花冠蓝紫色或紫色，筒状钟形，长4~5cm，裂片卵状三角形，长7~9mm，先端渐尖，全缘，褶偏斜，卵形，长3.5~4mm，先端钝，边缘有不整齐细齿；雄蕊着生于冠筒下部，整齐，花丝钻形，长9~12mm，花药狭矩圆形，长3.5~4mm；子房狭椭圆形或椭圆状披针形，长6~7mm，两端渐狭，柄长7~9mm，花柱短，连柱头长2~3mm，柱头2裂。蒴果内藏，宽椭圆形，两端钝，柄长至2cm；种子褐色，有光泽，线形或纺锤形，长1.8~2.2mm，表面具增粗的网纹，两端具翅。花果期8—11月。

图2-19　条叶龙胆花

图2-20　条叶龙胆根

二、生物学特性

（一）生态习性

龙胆野生于草甸、山坡及灌木丛中。喜凉爽气候、阳光充足、较湿润地方。耐寒，可耐-30℃的低温，最适温度20~25℃；怕炎热、干旱和烈日暴晒。干旱高温季节，叶片常出现灼伤现象。适宜在水分充足、土壤腐殖质丰富的沙质壤土生长。

（二）生长发育特性

龙胆每年5月上旬返青，10月中旬枯萎，8月上旬至9月上旬开花，9月上旬至10月上旬种子陆续成熟。龙胆种子萌发要求较高的温湿度和适当的光照，属光敏性种子。如湿度合适，温度达25℃左右，约1周即可发芽，低于20℃时需半月左右才能发芽。种子发芽率为60%左右。种子细小，两端延伸成翅状。种子不耐贮藏寿命短，在室内一般条件下沙藏可延长寿命。种子有明显休眠习性，需经低温沙藏打破休眠才能发芽。

三、栽培技术

（一）选地与整地

龙胆种子细小，又是光萌发种子，直播于田间出苗率低，也不便于生产管理，因此生产上多采用育苗移栽方式进行。育苗地多选择地势平坦、背风向阳、气候温暖湿润的地块，土质以富含腐殖质的壤土或沙质壤土为好。移栽地块多选平岗地、山脚下平地或缓坡地，也可利用参地种植龙胆。

育苗地必须精耕细作，通常深翻 20cm，每平米施有机肥 10kg、磷酸二氢铵 1kg，耙细整平，作床长 200~300cm，宽 40~50cm，高 5cm 左右，或在床四周做起高于床面 6~7cm 的土梗。移栽地块要深翻 20cm，清除杂物，施入足量有机肥、耙细整平，最后做成宽 100~130cm 的床待移栽。

（二）繁殖方法

主要用种子繁殖、育苗移栽，也可以用分根繁殖和扦插繁殖。

1. 种子繁殖

（1）育苗　因龙胆种子小，萌发时要求较高的温度和较大的湿度，又为需光萌发的种子，所以直播不宜成功，必须采用育苗移栽的方法。

室内苗床：用育苗盆（直径 33~40cm，高 10cm）或育苗箱（60cm×30cm×10cm）、装满培养土（腐殖土 2∶田 2∶沙 1），刮平后用压板压实待播。育苗箱内也可用连续薄膜每隔 2cm 隔开，其间装入培养土待播。用薄膜隔育苗，移栽时成活率高。

室外苗床：用木板或秫秸把、条帘、砖等，做成长方形的床框，长 2~3m，宽 40~50cm，镶入土内，上沿稍高出地面。床框内的土要深翻 20cm 以上，施入适量的腐熟厩肥，耙细铺平，用压板压实，使床面低于床框上沿 3~5cm。紧贴床框外侧挖一条宽 15~20cm、深 20cm 左右的润水沟。如育苗量大，可挖并排床，床间隔 20cm（即润水沟）。播种后上面必须用条帘遮阴保湿。

（2）播种　4—5 月均可播种，但以早播为好，使幼苗有足够的生长时间，才能形成粗壮的越冬芽和根。无论是育苗盆、箱或是苗床，都要浇透底水。待水分渗下后即播种。根据育苗面积计算出用种量，把已称好的经过精选的种子轻轻放入 40 目分样筛内，一手扶筛，一手不断轻敲筛壁，同时移动筛位，使种子均匀地散落在床面上。播种量为 3~4g/m^2，播后用细箩筛土覆盖，以稍盖上种子为度，厚约 1mm，然后在床框上盖玻璃，以提高和保持湿度。

2. 分根繁殖

龙胆生长 3~4 年后，随着各组芽的形成，根茎也有分离现象，形成既相连亦分离的根群。挖起后容易掰开，分成几组根苗，再分别移栽。

3. 扦插繁殖

于6月剪取枝条，每3~4节为一插条，将下部1~2节叶剪掉，将插条浸入GA、BAP、NAA各1mg/L复合激素溶液内2~3cm，经24小时取出，扦插于苗床内，深2~3cm，保持土壤湿润并适当遮阴。经3~4周生根，于7月下旬定植。

（三）移栽

种子播后，在湿度适宜的条件下，约10天左右出苗，一年生小苗除一对子叶长3~6对基生叶，无明显地上茎。到10月上旬叶枯萎，越冬芽外露，此时苗根上端1~3mm，根长达10~20cm，可以进行秋栽，也可以第二年春季或秋季移栽，用二年生苗栽，根较粗大，根条较多，营养充分，抵抗力强，容易成活。但由于根较长，起挖时根端易断，影响缓苗。起挖时可根据栽子大小分级，分别栽植。

移栽方法：一年生苗移栽在事先准备好的畦上，按行距10cm横畦开沟，沟深10~12cm，按株距5~6cm摆苗，须根展开，覆土深度为芽苞似露非露为止。栽后浇透水，覆上1~2cm稻草保温（每平米约栽150株）。二年生苗移栽在准备好的床上，按行距10cm横畦开沟，沟深10~15cm，按株距7~8cm摆苗，须根展开，把土覆到芽苞。栽后浇透水，覆上1~2cm稻草即可（每平米约栽120株）。

（四）田间管理

1. 除草

返青后苗高5cm左右时进行第一次拔草，以后每月一次，一年拔草4~5次。

2. 灌溉排水

春季干旱时要灌溉，雨季水大时要注意排水。

3. 追肥

花期合理追肥，在花蕾期喷施药材根大灵，可促使叶面光合作用产物（营养）向根系输送，提高营养转换率和松土能力，使根茎快速膨大，有效物质含量大大提高。

4. 摘蕾

如不留种，在8月花蕾形成时摘蕾，以增加根的重量。

四、病虫害防治

（一）病害

1. 褐斑病

危害叶片，严重时常造成叶片枯萎。一般温度较高，湿度较大时发病，6月开始发生，7—8月严重。

防治方法：从5月下旬开始，喷3%井冈霉素水剂50mg/L液，每10天喷1次，连喷3~5次；冬季清园，处理病残体，减少越冬菌源。

2. 斑枯病

危害叶片，每年6月末到10月发病。

防治方法：6月初至6月中旬用具65%代森锰锌400~500倍液每5~7天喷1次，从6月中旬至于10月用代森锰锌300倍液体，3~5天喷1次。也可用50%多菌灵400倍液体，3~5天喷1次，与代森锰锌交替使用。

3. 猝倒病

5月下旬至6月上旬为发病盛期。感病植株在叶片上出现水渍状，植株成片倒伏。

防治方法：用65%代森锰锌500倍液或多菌灵等杀菌剂进行防治。

4. 叶腐病

叶腐病发生在两对真叶后到8月。感病叶片萎蔫，逐渐变黑腐烂，重者边根烂掉。

防治方法：发病后暂停浇水，用甲基托布津800倍液或50%多菌灵1 500倍液浇灌病区。发病前用700~800倍液多菌灵或500倍液代森锰锌叶面喷雾进行预防。

（二）虫害

花蕾蝇：危害花蕾，被害花不能结实。

防治方法：成虫产卵期喷40%乐果乳油1 000倍液防治。在播种后畦面的覆盖物下有蝼蛄为害，将麦麸炒香，用90%敌百虫或乐果15倍液将麦麸拌潮，一堆一堆放在畦边，进行诱杀，每亩毒饵4~5kg。

五、采收加工

（一）采收

定植后2~3年即可采收。由于根中总有效成分含量在枯萎至萌动前为最高，所以每年应在此期采收，一般采用刨翻或挖取方式起收。

（二）加工

挖出的根部，先去掉茎叶，洗净泥土，阴干或弱光下晒干，晒至七八成干时，捆成小把，再晒干入库。

【知识链接】

古时的方术之家，经常会故弄玄虚，为了表示某种药物有多名贵，往往称龙道凤，例如“龙须”“凤尾”之类的，“龙胆”之名想必也是如此，其实是因为它的根很苦如同胆汁，而叶子和龙葵很像，两者各取其一而来“龙胆”这个名字。

第三章　根状茎类中药材

第一节　黄连

一、植物学特征及品种

黄连［*Coptis chinensis* Franch.］（毛茛科黄连属），别名味连、川连、鸡爪连（图3-1、图3-2）。多年生草本，根状茎黄色，常分枝，密生多数须根。叶有长柄；叶片稍带革质，卵状三角形，宽达10cm，三全裂，中央全裂片卵状菱形，长3~8cm，宽2~4cm，顶端极尖，具长0.8~1.8cm的细柄，3或5对羽状深裂，在下面分裂最深，深裂片彼此相距2~6mm，边缘生具细刺尖的锐锯齿，侧全裂片具长1.5~5mm的柄，斜卵形，比中央全裂片短，不等二深裂，两面的叶脉隆起，除表面沿脉被短柔毛外，其余无毛；叶柄长5~12cm，无毛。花葶1~2条，高12~25cm；二歧或多歧聚伞花序有3~8朵花；苞片披针形，三或五羽状深裂；萼片黄绿色，长椭圆状卵形，长9~12.5mm，宽2~3mm；花瓣线形或线状披针形，长5~6.5mm，顶端渐尖，中央有蜜槽；雄蕊约20，花药长约1mm，花丝长2~5mm；心皮8~12，花柱微外弯。蓇葖长6~8mm，柄约与之等长；种子7~8粒，长椭圆形，长约2mm，宽约0.8mm，褐色。2—3月开花，4—6月结果。

图3-1　黄连根

图3-2　黄连植株

品种主要有味连、雅连、云连。

二、生物学特性

（一）生态习性

栽培味连多选择海拔1 200~1 800m 的山区，雅连多栽培在1 500~2 200m 的山区。黄连喜冷凉、湿润、荫蔽的环境，忌高温、干旱及强光。黄连喜欢湿润环境，既不耐旱也不耐涝，雨水充沛、空气湿度大、土壤经常保持湿润有利于植株的发育。主产区年降水量多在1 300~1 700mm，空气相对湿度 70%~90%，土壤含水量经常保持在 30%以上。黄连又怕低洼积水，土壤通气不良，根系发育不良甚至导致植株死亡。黄连是喜阴植物，怕强光，喜弱光和散射光，在强光直射下易萎蔫，叶片枯焦，发生灼伤，尤其是苗期。但过于荫蔽，植株光合能力差，叶片柔弱，抗逆力差，根茎不充实，产量和品质均低。在生产上多采用搭棚遮阴或林下栽培，透光度为 40%左右。透光度随着株龄的增长而增强，到收获当年可揭去全部遮阴物，促进光合作用，促使根茎发育更加充实。黄连在气温 8~34℃都能生长，以 15~25℃生长迅速，低于 6℃或高于 35℃时发育慢，超过 38℃时植株受高温伤害迅速死亡，-8℃时，植株不会受冻害。在高温的 7—8 月白天植株多呈休眠或半休眠状态，夜晚气温下降，恢复正常生长。黄连对土壤选择较严格，以土层深厚、肥沃疏松，排水、透气良好，尤其是表层腐殖质含量高的土壤较好。质地以壤土为佳，沙壤土次之，粗沙土和黏重的土壤都不适宜栽连。土壤酸碱度以微酸性至中性为宜。黄连对肥料反应敏感，氮肥对催苗作用很大，并可增加生物碱含量，磷、钾肥对根茎的充实有很好的作用，故应三者配合使用。

（二）生长发育特性

种子具有胚后熟休眠习性，需要经过一定的低温阶段，才能萌动。一般播种后第二年出苗，实生苗在人工栽培条件下，一般四年开始开花结实。黄连幼苗生长缓慢，从出苗到长出 1~2 片真叶时，需 30~60 天，生长一年后多数有 3~4 片真叶，株高 3cm 左右。二年生黄连，多为 4~5 片叶，叶片较大，株高 6cm 左右。三至四年生味连叶片数目进一步增多，叶片面积增大，光合产物积累能力增强。味连的叶芽一般在头年 8—10 月形成，从第二年抽薹开始萌生新叶，老叶逐渐枯萎，到 5 月新旧叶片更新完毕。黄连除花薹外无直立茎秆，只有丛生分枝的地下根茎，有节结，节间较短。1~2 年生根茎生长缓慢，少见分枝，3 年生后根茎基部产生侧芽并萌发形成分枝，随着生长年限的增加分枝逐渐增多，至 6~7 年收获龄时少则 10 余个多则 20~30 个。分枝的多少和长短与栽培条件有关，覆土培土过深则分枝形成细长的“过桥秆”，影响其产量和质量。每年 3—7 月地上部生长发育较旺盛，地下根茎生长相对缓慢，8 月后地上部生长减缓，根茎生长速度加快。味连的根系为须根系，密集于 0~10cm 土层内。

黄连的花芽一般在头年8—10月分化形成，第二年1—2月抽薹，2—3月开花，4—5月为果期。留种以6年所结的种子为好，其次为7年生的，种子千粒重为1.1~1.4g。由于黄连开花结实期较长，种子成熟不一致，成熟后的果实易开裂，种子落地，因此生产上应分期分批采种。

三、栽培技术

（一）选地与整地

一定要选荫蔽度较大的林地，自然林树种以终年不落叶的四季青最理想，以树高3.3m左右的矮生乔木为宜；人造杉林地，以树冠接连、树高3.3m左右为度。坡度在20°~25°。荫蔽度要保持在70%~80%。以选腐殖质深厚、富含有机质、上松下实的土壤为佳，不宜选黏重的死黄泥、白鳝泥土。

先把地表的残渣及石头等杂物清除出棚外，堆成堆，熏烧成黑土，再翻挖2次，整细耙平。然后顺着坡向整成宽130~150cm、高10cm的高畦（厢），沟宽16~26cm，畦面呈瓦背形，并在棚的周围开好排水沟。畦整好后，每亩施腐熟牛马粪4 000~5 000kg，捣碎均匀铺于畦面，然后浅挖，与表土拌匀，再覆盖6cm左右的熏土。

（二）繁殖方法

主要采用种子繁殖和分株繁殖的方式。

1. 种子繁殖

（1）选种采种　黄连2~3年生植株所结的种子发育不良，发芽率很低，不宜作种用。应采集4~5年生植株所结的种子。于5月上旬立夏前后，当蓇葖果变为黄绿色并出现裂痕、尚未完全开裂时，及时采收充实饱满的果实。

（2）种子处理　黄连种子属低温型，且休眠期较长，达9个月以上。需要经过一个低温阶段才能打破其休眠而发芽。同时种子一经干燥，就丧失发芽能力。因此，必须进行湿沙层积处理，置于低温条件下贮藏，才能完成胚后熟阶段。如先将即将开裂的果实连果柄一同剪下，置室内通风阴凉处摊放后熟2~3天。待蓇葖果开裂后拍打出种子，簸去杂质及扬去瘪籽。然后，将种子与3份湿润的细沙土混拌均匀，装入木箱，可置山洞内贮藏。若少量种子，可趁鲜放入冰箱内，在0~6℃低温下，贮藏180天，其发芽率可达90%以上。

（3）播种方法　于秋季10—11月进行为宜。撒播，将保鲜籽与20倍的过筛细腐殖质土，充分混拌均匀撒于畦面上。要播得均匀，播后用木板稍加压实，使种子与土壤密接，再撒一层厚0.5~0.7cm的细碎粪土，以不见种子为度。最后，畦面薄盖1层稻草，保温保湿，以利出苗，于翌年早春气温回升后即揭去。每亩用种量3~4kg，可育苗50多万株。

2. 分株繁殖

选择3~4年生黄连，雅连每株有分枝3~4根，味连每株有10~20根，可将这些分枝从根茎处分开，选留根茎长0.5~1cm的连苗作分株苗，按行株距15cm×15cm挖穴，穴深6cm，每穴栽入1株。栽后覆盖细肥土或腐殖质土，压紧、栽直、栽稳，浇透定根水，以利成活。栽后当年就有70%植株开花结籽，第2年全部开花。分株繁殖具有生长快、种子和根茎产量高、质量好的优点，值得推广。

（三）移栽

一般育苗2年后移栽，春、夏、秋季均可移栽。

1. 栽种时间

每年有3个时期可以栽种：第一时期在2—3月雪化后，黄连新叶未长出前，栽后成活率高，移栽后不久即发新叶，长新根，生长良好，入伏后，死苗少，是比较好的栽种时间，群众称为“栽老叶子”。第二个时期是在5—6月，此时新叶已经长成，秧苗较大，栽后成活率高，生长亦好，群众称为“栽登苗”。但不宜迟过7月，因7月气温高，栽后死苗多，脱窝严重，生长亦差。第三个时期在9—10月，栽后不久即进入霜期，扎根未稳，就遇冬春冰冻，易受冰冻拔苗，成活率低，在低暖无冰冻地区，才在此时栽种。

2. 准备秧苗

栽前从苗床中拔取粗壮的秧苗。拔苗时用右手的食指和大拇指捏住苗子的小根茎拔起，抖去泥土，放入左手中，根茎放在拇指一面，秧头放整齐，须根理顺，不可弯曲，100株捆成一把。拔苗时须根多已受损，失去生机，栽后须重生新根，故栽前在距头部1cm处，剪去过长的须根。如果采用“通杆法”移栽，须根应留长一些，为1.2~2cm。剪须根后，用水把秧苗根上的泥土淘洗干净，栽时操作方便，根茎易与土壤接触诱发新根，同时秧苗吸收了水分，栽时秧苗新鲜，栽后容易成活。通常上午扯秧子，下午栽种，最好当天栽完；如未栽完，应摊放在阴湿处，第二天栽前仍须用水浸湿后再栽。用钼酸铵1.5：500kg的水溶液浸根2小时，能促进幼苗发根，加速长势；用高锰酸钾0.8：500kg水溶液浸根2小时，也有加速发根和生长的作用。

3. 栽种方法

秧苗须在阴天或晴天栽种，不可在雨天进行，因为雨天会踩紧畦面，使秧苗糊上泥浆，不易成活。栽种方法有3种：一是栽背刀，用具为专用木柄心形小铁铲。栽时右手握铲，并用大、食、中指兼拿秧苗一把，左手从右手中取1株秧苗，用大、食、中指拿住苗子的上部，随即将铁铲垂直插入土中，深4~6cm，并向胸前平拉2~3cm，使成一小穴，把秧苗端正地插入穴中，立刻取出小铲，推土向前掩好穴口，用铲背压紧秧苗。由上至下，边栽边退，并随之弄松畦土，弄平脚印。栽苗不宜过浅，一般适龄苗应使叶片以下完全入土，最深不超过6cm，方易成活，行株距通常为 10cm，正方形栽植，每亩可栽 5.5 万~6 万株。二是栽杀刀，即用铁铲压住秧苗须根直插入土。这种栽法栽得快，但成活率不及栽背刀高，一般少采用。三是栽通杆，栽时一手拿秧苗，另一手食指压住根茎，插入土中，食指稍加旋转，抽出手指，随即推土掩盖指孔。此法栽苗较快，成活率也高。

（四）田间管理

1. 补苗

黄连栽种后要及时查苗补苗，5—6 月栽的秋季补苗，9 月移栽的翌春补苗。

2. 中耕除草

黄连生长慢，杂草多，应及时防除。尤其是栽后 1~2 年的连地，做到有草即除，除早、除小、除尽。后两年封行后杂草不易滋生，除草次数可适当减少。如土壤板结，除草时结合中耕，保持土壤疏松。除草和中耕均应小心，勿伤连苗。

3. 追肥培土

黄连喜肥，除施足底肥外，每年都要追肥，前期以施氮肥为主，以利提苗，后期以磷、钾肥为主，并结合农家肥，以促进根茎生长。黄连根茎每年有向上生长特点，为保证根茎膨大部位的适宜深度，必须年年培土，覆土厚 1~1.5cm，不能太厚，以免根茎细长，影响品质。

黄连栽后 2—3 日施一次稀薄猪粪水和饼肥水，栽种当年 9—10 月以及以后每年的 3—4 月和 9—10 月各施一次肥。春季多施速效肥，每亩用粪水1 000kg 或饼肥 50~100kg 加水1 000kg，也可用尿素 10kg 和过磷酸钙 20kg 与细土或细堆肥拌匀撒施，施后用竹耙把附在叶片上的肥料扫落。秋季以施溉肥为主，适当配合饼肥、钙、钾、磷肥等，让其充分腐熟，撒于畦面，每次每亩施2 000~3 000kg。施肥量应逐年增加。

四、病虫害防治

（一）病害

1. 白粉病

5 月下旬始发，7—8 月为害严重，主要危害叶部。

防治方法：适当增加光照，并注意排水；发病初期，将病叶集中烧毁；用庆丰霉素 80 国际单位或 70%甲基托布津 500 倍液喷施。

2. 炭疽病

5 月初始发，危害叶片，严重时致使全株枯死。

防治方法：冬季注意清洁田园；用 1：1：（100~150）倍波尔多液，或用代森锰锌 800~1 000倍液喷雾。

3. 白绢病

6 月始发，7—8 月为害严重，危害全株。

防治方法：拔除并烧毁病株，用石灰粉处理病穴，或用多菌灵800倍液淋灌。

（二）虫害

蛞蝓：3—11月发生，咬食嫩叶，雨天为害严重。

防治方法：用蔬菜毒饵诱杀；清晨撒石灰粉。

五、采收加工

（一）采收

黄连一般在移栽后5年收获，宜在11月上旬至降雪前采挖。选晴天挖连，使用两齿铁抓子，把黄连植株抓扯出地面，抖掉基部泥土，再用剪刀剪去叶柄，须根一起剪掉，只剩下根茎部分。其剪法为“一左二右，三梗子（细化）”。剪时注意切勿剪伤根茎，以免影响产量。

（二）加工

鲜根茎不用水洗，应直接干燥，干燥方法多采作炕干，注意火力不能过大，要勤翻动。干到易折断时，趁热放到槽笼里撞去泥沙、须根及残余叶柄，即得干燥根茎。须根、叶片经干燥去泥沙杂质后，亦可入药。残留叶柄及细渣筛净后可作兽药。

【知识链接】

传说古时候，有一位老中医经常出诊，无法照看药园。于是，他便请了个叫黄连的青年当药工，照看药园。

一年冬天，黄连发现后山坡上有一些叶似甘菊，在凛冽寒风中开着淡黄色小花的草，十分可爱，他便将它们连根挖出，栽于药园中。老中医有个聪明漂亮的爱女，有一天她突然全身燥热，上吐下泄，还带有脓血。老中医给她切脉诊治，也不见好转，不知如何是好。黄连内心焦急万分，忽然他想起前几天自己喉咙痛得很厉害，就摘下自己种下的那不知名的小草叶片，清水洗净后含于口中，清凉凉的好舒服，喉痛很快就好了。于是，他急忙到药园中挖了一株，用水煎汁给小姐服用。到了下午，小姐的病有了好转，又连服两次，小姐的病竟好了。老中医喜在心中，认为这种草药有清热、燥湿、解毒止泻的功效。便问黄连这叫什么药？黄连说明了该药的来历，但不知叫何名。由于该药是黄连发现的，于是老中医决定把它定名为“黄连”，并把自己的爱女许配给黄连为妻。这正是“良药苦口数黄连，绿花争艳正月间。清热解毒除沉疴，苦尽甜来结良缘。”

第二节　川芎

一、植物学特征及品种

川芎［*Ligusticum chuanxiong hort*］（伞形科藁本属），别名山鞠穷、芎藭、香果、胡藭、雀脑芎、京芎、贯芎、生川军（图 3-3、图 3-4）。多年生草本，高 40~60cm。根茎发达，形成不规则的结节状拳形团块，具浓烈香气。茎直立，圆柱形，具纵条纹，上部多分枝，下部茎节膨大呈盘状（苓子）。茎下部叶具柄，柄长 3~10cm，基部扩大成鞘；叶片轮廓卵状三角形，长 12~15cm，宽 10~15cm，3~4 回三出式羽状全裂，羽片 4~5 对，卵状披针形，长 6~7cm，宽 5~6cm，末回裂片线状披针形至长卵形，长 2~5mm，宽 1~2mm，具小尖头；茎上部叶渐简化。复伞形花序顶生或侧生；总苞片 3~6，线形，长 0.5~2.5cm；伞辐 7~24，不等长，长 2~4cm，内侧粗糙；小总苞片 4~8，线形，长 3~5mm，粗糙；萼齿不发育；花瓣白色，倒卵形至心形，长 1.5~2mm，先端具内折小尖头；花柱基圆锥状，花柱 2，长 2~3mm，向下反曲。幼果两侧扁压，长 2~3mm，宽约 1mm；背棱槽内油管 1~5，侧棱槽内油管 2~3，合生面油管 6~8。花期 7—8 月，幼果期 9—10 月。

图 3-3　川芎植株

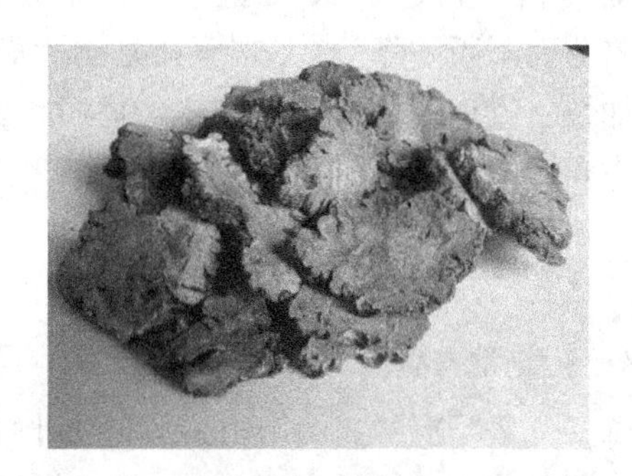

图 3-4　川芎药材

品种主要有坝芎、山芎、芎苓子。

二、生物学特性

（一）生态习性

川芎多栽于平坝，海拔 700m 左右，土壤为水稻土；川芎苓种多栽种于山地，海拔1 000~1 500m，土地为山地黄壤，自然植被为常绿阔叶林和竹林。川芎喜温和湿润气候，要求阳光充足，宜生长于土质疏松肥沃、排水良好、腐殖质丰富的沙质壤土，忌涝洼地及连作。

（二）生长发育特性

川芎很少开花结实，主要以地上茎的节盘（俗称川芎苓子）进行扦插繁殖。在主产地四川都江堰市，川芎的生长期为280~290天，以“薅冬药”为界（1月上、中旬中耕培土时，扯除植株地上部分，称“薅冬药”），可将生长发育过程分为前期和后期。

1. 前期

8月中旬栽种后，茎节上的腋芽随即萌动，2天后可长出数条纤细白色的不定根，4~5天后抽出1~2枚幼叶。栽后1个月新的根茎形成，原栽茎节全部或大部分烂掉。地上部分开始生长较慢，新叶发出后，生长速度逐渐加快。9月中旬至11月中旬地上部旺盛生长，12月中旬地上部干物质积累量达最大，以后随茎叶枯萎和干物质转移、转化，干物质有所减少。根茎的生长晚于茎叶生长，在10中旬后开始加快，直至“薅冬药”时达最大。

2. 后期

“薅冬药”1~2周后开始萌生新叶，2月中旬后开始大量抽茎，此后茎叶生长随气温增高而日益迅速，3月下旬茎叶数基本稳定。在整个后期，地上部干物质一直在增长，3月中旬至5月上旬是干物质积累速度最快时期，近收获时渐缓。

根茎中干物质在“薅冬药”后一个月略微增加，随后因抽茎和长叶消耗了贮存的养分而不断下降，3月末至4月初达最低，此后根茎迅速生长充实，物质积累日益加快，直至收获。因此根茎干物质积累主要是“薅冬药”前大约两个月（积累约占40%）和收获前大约一个半月（积累约占50%）两个时期。

三、栽培技术

（一）选地与整地

选择气候阴凉的高山阳山，或低山半阴半阳山的生荒地或黏壤土。栽前，除净杂草，开垦炼山，挖松土壤30cm后，作成宽1.5m的畦。选地整地山区培育繁殖材料，选地后除净杂草，就地烧灰作基肥，耕地深25cm左右，耙细整平，依据地势和排水条件，作成宽1.7~1.8m的畦。平坝地区栽培，前作多是早稻（早稻前茬最好是苕子、紫云英等绿肥），收割后铲去稻桩，开沟作畦，畦宽约1.6m，沟宽33cm、深约25cm，表土挖松整成鱼背形。最好先用堆肥或厩肥撒施畦面，挖土时使之与表土混匀。

（二）繁殖方法

12月下旬至翌年1月上、中旬，将坝区未成熟、健壮的川芎（俗称“抚芎或奶芎”）挖起，除去茎叶、须根及泥土，运到山上穴栽。抚芎最好是正山系培育的，忌用土苓子和细山系培育的。行株距24~27cm，穴深6~7cm，每穴1个，小抚芎可种 2 个，芽口向上，以利萌芽生长。每亩用抚芎 150~250kg。用腐熟堆肥或灰肥 400~500kg，油枯粉 75kg 混合穴，施最后覆土平穴。

苓种的收获与贮藏：小暑后，当茎节盘显著突出，略带紫褐色，茎秆呈紫红色时选阴天或晴天早晨及时收获。一般连株拔起，剔除病株或茎秆腐烂的植株，去掉叶子，割下根茎，捆成小捆。置阴凉的山洞或室内，温度不超过 30℃，地上铺一层茅草，把苓秆交错堆放上面，再用茅草盖好，每周上下翻动 1 次。立秋前后取出作种。

苓种的切割、分级与处理：苓种按节割成 3~4cm 长的段，每段中间有突出的节盘 1 个，即"苓子"。每根茎秆可割 6~9 个苓子。每 100kg 抚芎产苓种 200~250kg。

苓子按茎秆大小和部位分级：最大的叫"大当当"，较大的叫"大山系"，较细的叫"细山系"，大小适中的叫"正山系"，靠近地面的叫"土苓子"。各种苓子要分别栽种，以保证出苗和生长整齐。实践证明，正山系最好，土苓子次之。细山系和大山系再次之，大当当和纤子最次。

苓子分级后需进行挑选，选择健壮饱满、无病虫害、大小一致、芽咀全的苓子作种。

（三）栽种

于立秋前后进行，不得迟于 8 月底。过早，在高温影响下幼苗容易枯萎；过迟，气温已下降，对根茎生长不利。栽种应选晴天进行，当天栽完为好。栽前，将无芽或芽已损坏的、茎节被虫咬过的、节盘带虫或芽已萌发的川芎，一律剔除。然后，按川芎大小分级栽种。栽时，在畦面上横向开浅沟，行距 30~40cm，深 3cm 左右。然后，按株距 17~20cm，将川芎斜放入沟内，芽头向上侧轻轻按紧，栽入不宜过深或过浅，外露一半在土表即可。同时，还要在行与行之间的两头各栽川芎两个，每隔 10 行的行间再栽 1 行苓子，以作补苗之用。栽后，用细土粪或火土灰混合堆肥覆盖川芎的节盘。最后，在畦面上盖 1 层稻草，以避免阳光直射和雨水冲刷。每亩用川芎 30~40kg。

（四）田间管理

1. 补苗

绵虫咬伤芎苓子的芽不能出苗，或因土蚕咬伤根茎下端的须根及绵虫吸食茎中的养料，也会使苗子变黄枯死。因此，必须及时拔除被害的苗，补栽新苗，时间愈早愈好，当年内均可补栽，不能迟至第 2 年。

2. 中耕除草

一般进行 4 次。第 1 次在 8 月下旬齐苗后，浅锄 1 次；间隔 20 天后进行第 2 次中耕除草，宜浅松土，切勿伤根；再隔 20 天行第 3 次除草，此时正值地下根茎发育盛期，只拔除杂草，不宜中耕；第 4 次于翌年 1 月中、下旬，当地上茎叶开始枯黄时进行，先清理田间枯萎茎叶，进行中耕除草，并在根标周围培土，以利根茎安全越冬。

3. 施肥

川芎栽种后的当年和第2年，当地上茎叶生长旺盛，形成一定的营养面积，制造大量的干物质时，才能将养分输送到地下根茎，促其生长发育健壮。因此，在栽后的2个月内需集中追肥3次，可结合中耕除草进行。第1次每亩施用人畜粪水1 000~1 500kg、腐熟饼肥25~50kg，加3倍水稀释，混合均匀穴施；第2次每亩用人畜粪水1 500~2 000kg、腐熟饼肥30~50kg，对2倍水稀释施入；第3次每亩先施入人畜粪水2 000~2 500kg，对1倍水稀释施入，过后用饼肥、火土灰、堆肥、土粪等500kg混合成干肥，于植旁穴施，施后覆土盖肥。时间在霜降以前为宜，过迟，有机肥不易分解，肥效不高。翌年元月“薅冬药”时，结合培土，再施1次干粪，2—3月返青后，再增施1次稀薄人畜粪水，以促进生长发育，可提高产量。

四、病虫害防治

（一）病害

1. 叶枯病

多在5—7月发生。发病时，叶部产生褐色、不规则的斑点，随后蔓延至全叶，致使全株叶片枯死。

防治方法：发病初期喷65%代森锌500倍液，或50%退菌特1 000倍液，或1：1：100波尔多液防治。每10天1次，连续3~4次。

2. 白粉病

6月下旬开始至7月高温高湿时发病严重，先从下部叶发病，叶片和茎秆上出现灰白色的白粉，后逐渐向上蔓延，后期病部出现黑色小点，严重时使茎叶变黄枯死。

防治方法：收获后清理田园，将残株病叶集中烧毁；发病初期，用25%粉锈宁1 500倍液，或用50%托布津1 000倍液喷洒，每10天1次，连喷2~3次。

3. 根茎腐烂病

在生长期和收获时发生，发病根茎内部腐烂成黄褐色，呈水游状，有特殊的臭味，成软腐状。生长期受害后，地上部分叶片逐渐变黄脱落。

防治方法：发生后立即拔除病株，集中烧毁，以防蔓延；注意排水，尤其是雨季，雨水过多，排水不良，发病严重；在收获和选种时，剔除有病的“抚芎”和已腐烂的“苓子”。

（二）虫害

1. 川芎茎节蛾

每年发生4代，幼虫从心叶或叶鞘处侵入茎秆，咬食节盘，为害很大，尤其育苓种期间更加严重。坝区为害造成缺苗。

防治方法：山区育苓期间，随时掌握虫情，及时用40%乐果乳油1 000倍液防治。喷药时，着重喷射叶心和叶梢，以消灭第1代和2龄前幼虫。坝区栽种前，除严格选择苓子外，应采取烟筋、麻柳叶、敌百虫、乐果乳油等水溶液浸种消毒。

2. 种蝇

幼虫为害根茎，致使全株枯死。

防治方法：施用充分腐熟的肥料，发生时用90%敌百虫800倍液浇灌根部，每10天1次。

3. 地老虎

又名地蚕、乌地蚕等。以幼虫为害，咬断根茎。

防治方法：施用充分腐熟的肥料，灯光诱杀成虫，用75%锌硫磷乳油按种子量0.1%拌种，发生期用90%敌百虫1 000倍液浇灌，人工捕捉或毒饵诱杀。

五、采收加工

（一）采收

以栽后第2年的小满节气后4~5天收获为最适期。一般在小满至芒种收获。过早采收，地下根茎尚未充实，产量低，影响种植户的收入；过迟采收，根茎已熟透，在地下易腐烂，也导致了产量减少，直接影响种植户的收入。收时选晴天将全株挖起，摘去茎叶，除去泥土，将根茎在田间稍晒后运回。

（二）加工

根茎运回后应及时干燥，一般用柴火烘炕，受热要均匀。2~3天后，根茎逐渐干燥变硬，散发出浓郁香气，即取出放入竹制撞蔸来回抖撞，除净泥土和须根，选出全干的即为成品。续炕时下层放鲜根茎，上层放半干的，逐日翻炕，直至全部炕干。每亩产干根茎100~150kg，高产的可达250kg。

【知识链接】

川芎辛散温通，既能活血，又能行气，为“血中气药”，能“下调经水，中开郁结”。治妇女月经不调、经闭、痛经、产后瘀滞腹痛等，临床上常用于血瘀气滞的痛证；同时，川芎辛温升散，能“上行头目”，祛风止痛。治头痛，无论风寒、风热、风湿、血虚、血瘀，均可随证配伍用之。但凡阴虚火旺、多汗及月经过多者，应慎用。

第三节　知母

一、植物学特征及品种

知母［*Anemarrhena asphodeloides* Bunge］（百合科知母属），别名蚳母、连母、野蓼、地参（图 3-5、图 3-6）。多年生草本，根状茎粗 0.5～1.5cm，为残存的叶鞘所覆盖。叶长 15～60cm，宽 1.5～11mm，向先端渐尖而成近丝状，基部渐宽而成鞘状，具多条平行脉，没有明显的中脉。花葶比叶长得多；总状花序通常较长，可达 20～50cm；苞片小，卵形或卵圆形，先端长渐尖；花粉红色、淡紫色至白色；花被片条形，长 5～10mm，中央具 3 脉，宿存。蒴果狭椭圆形，长 8～13mm，宽 5～6mm，顶端有短喙。种子长 7～10mm。花果期 6—9 月。

品种主要有家种知母和野生毛知母。

图 3-5　知母植株

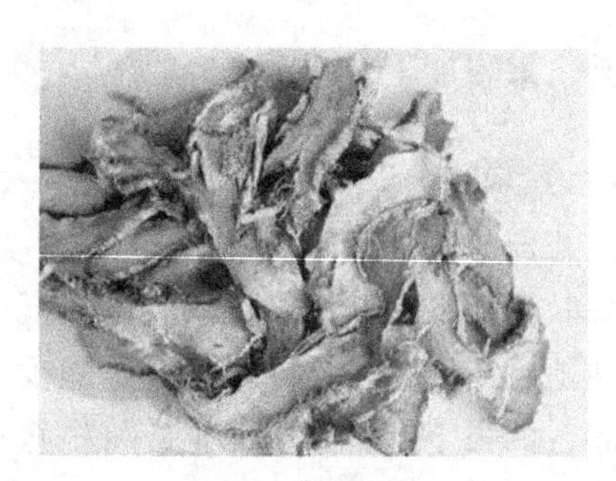

图 3-6　知母药材

二、生物学特性

（一）生态习性

适应性很强，野生于海拔 1 450m 以下的山坡、草地或路旁较干燥或向阳的地方。土壤多为黄土及腐殖质壤土。性耐寒，北方可在田间越冬，喜温暖，耐干旱，除幼苗期须适当浇水外，生长期间不宜过多浇水，特别在高温期间，如土壤水分过多，生长不良，且根状茎容易腐烂。土壤以疏松的腐殖质壤土为宜，低洼积水和过劲的土壤均不宜栽种。

（二）生长发育特性

每年春季日均气温在 10℃以上时萌发出土，4—6 月为生长旺盛期，8—9 月为地下根茎膨大充实期，11 月植株枯萎，生育期 230 天。

三、栽培技术

（一）选地整地

宜选土壤疏松、排水良好、阳光充足的地块种植，土层深厚的山坡荒地也能种植。地选好后，可施圈肥、复合肥15~20kg，撒入地内，翻入土中作基肥。深翻25cm，整细整平后作成宽1.3m的畦，搂平畦面。若土壤干旱，先在畦内灌水，待水渗后，表土稍干时播种。

（二）繁殖方法

用种子和分根繁殖。

1. 种子繁殖

播种分直播和育苗移栽，分春播和秋播，以秋播（10—11月）为好，翌年4月出苗，出苗整齐。用于种子直接播种，行距20cm，育苗移栽行距10cm，开沟1.5~2cm，把种子均匀撒沟内，覆土盖平、浇水。出苗前保持湿润，10~20天出苗，每亩播种量0.5~1kg，春季或秋季移栽。春播在4月初，春播需要种子处理，作种子的知母必须是3年以上知母结的种子，8—9月种子成熟后摘下，在3月中旬前进行种子处理。把种子放在60℃温水浸种8~12小时，捞出晾干外皮，再用湿沙：种子=2：1拌匀。在温暖向阳处挖坑，把种子放进去，盖土5~6cm，上盖薄膜，四周压住。温度越高发芽越快。当多数种子芽伸出时即可播入大田。按行距26cm开2cm浅沟，将种子均匀撒入沟内，覆土盖平，稍加镇压后浇水，出苗前畦内保持潮湿。约20天出苗，种子发芽率40%，寿命2年。

2. 分根繁殖

秋季植株枯萎时或次春解冻后返青前，刨出两年生根茎，分段切开，每段长3~6cm，每段带有2个芽，作为种栽。按行距26cm开6cm深的沟，按株距10cm平放一段种栽，覆土后压紧。栽后浇水，土壤干湿适宜时松土一次，以利保墒。每亩用种栽100~200kg。为了节省繁殖材料，在收获时，把根状茎的芽头切下来作繁殖材料，方法同上。根茎加工药用。

分根繁殖者2年，直接播种者3年收获。于10月上旬到地冻前，或早春出苗前均可。

（三）田间管理

1. 间苗定苗

春季萌发后，当苗高2~3cm时进行间苗，去弱留强。苗高6cm左右时按株距10cm左右定苗。合理密植是知母增产的关键。

2. 中耕除草

间苗后进行1次松土除草。宜浅松土，搂松土表即可，但杂草要除尽。定苗后再松土除草1次，保持畦面疏松无杂草。

3. 追肥

合理施肥是知母增产的重要措施。除施足基肥外，苗期以追施氮肥为主，每亩施入稀薄人畜粪水1 500~2 000kg；生长的中后期以追施氮、钾肥为好，每亩施入腐熟厩肥和草木灰各1 000kg，或用硝酸钾50kg。在每年的7—8月生长旺盛期，每亩喷施0.3%磷酸二氢钾溶液100kg，每隔半月喷施叶面1次，连续2次。时间以晴天的下午4时以后喷施效果最好。喷洒后若遇雨天，应重喷1次。

4. 排灌水

封冻前灌1次越冬水，以防冬季干旱；春季萌发出苗后，若土壤干旱，及时浇水，以促进根部生长。雨后要及时疏沟排水。

5. 打薹

知母抽薹开花后，消耗很多养分，影响地下茎的生长。因此，除留种地之外，及时剪去花薹，促进地下茎增粗生长，是知母增产的重要措施之一。

6. 盖草

1~3年生知母幼苗，于每年春季松土除草和追肥后，于畦面覆盖杂草，可有保温保湿、抑制杂草滋生的效果。

四、病虫害防治

（一）病害

1. 叶斑病

危害茎、叶，严重时腐茎倒苗而死。高温天气多时发病严重。

防治方法：选无病根状茎作种；及时疏沟排水，增强植株抗病力；发病前后，喷1∶1波尔多液，或用65%代森锰锌500倍液，每7天喷1次，连喷3~4次。

2. 病毒病

为全株性病害，植株生长矮小，严重时全株枯死。

防治方法：选用抗病品种；及时喷药，消灭传毒昆虫；增施磷、钾肥，增强抗病力。

3. 立枯病

叶片甚至整株发黄枯萎，根状茎腐烂。

防治方法：实行轮作；选择排水良好、土壤疏松的地块种植；增施磷、钾肥料，增强抗病能力；出苗前喷1∶1∶200波尔多液1次，出苗后，喷50%多菌灵1 000倍液2~3次，保护幼苗。发病后，及时拔除病株，病区用50%石灰乳消毒处理。

4. 软腐病

为害根茎，被害根茎变黑，逐渐软化而腐烂。

防治方法：选择健壮无病的种球繁殖；雨季注意清沟排渍，降低水位；播前用50%多菌灵500~600倍液浸种20~30分钟。

（二）虫害

虫害主要有蛴螬，以幼虫为害，咬断知母苗或咬食根茎，造成断苗或根茎部空洞。

防治方法：浇施50%马拉松乳剂800~1 000倍液防治。

五、采收加工

（一）采收

种子繁殖的于第3年，分株繁殖的于第2年的春、秋季采挖。据试验，知母有效成分含量最高时期为花前的4—5月，其次是果后的11月，在此期间采收质量最佳。

（二）加工

1. 知母肉

于4月下旬抽薹前挖取根茎，趁鲜剥去外皮，不能沾水。然后，用硫黄熏3~4小时，切片、干燥即成商品。知母肉又称光知母。

2. 毛知母

于11月挖取根茎，去掉芦头，洗净泥土，晒干或烘干，再用细沙放入锅中。用文火炒热，不断翻动，炒至能用手擦去须毛时，再把根茎捞起置于竹匾内，趁热搓去须毛，但要保留黄绒毛，然后洗净、闷润，切片后即成毛知母。

【知识链接】

知母是一味常用的清热药。中医认为，知母性甘寒味甘、苦，故有清热泻火与滋阴润燥并举的特点，可治疗肺胃实热、阴虚燥咳、骨蒸潮热、阴虚消渴、肠燥便秘等病证。《本草备要》云：知母“泻火补水，润燥滑肠。辛苦寒滑。上清肺金而泻火，下润肾燥而滋阴，入二经气分。消痰定嗽，止渴安胎。治伤寒烦热，蓐劳骨蒸，燥渴虚烦，久疟下痢，利二便，消浮肿。”在临床，知母常与石膏、贝母、黄柏、花粉、首乌等同用，影响较大的代表方药有白虎汤、知柏地黄丸、二母散等。需要指出的是，《本草备要》说，知母“忌铁”，所以不能用铁质容器煎药。

第四节 大黄

一、植物学特征及品种

主要分为掌叶大黄、唐古特大黄和药用大黄（图 3-7、图 3-8）。

图 3-7 大黄药材

图 3-8 大黄植株

掌叶大黄［*Rheum palmatum* L.］（蓼科大黄属）又名葵叶大黄、北大黄。多年生高大草本。根茎粗壮，茎直立，高 2m 左右，中空，光滑无毛。基生叶大，有粗壮的肉质长柄，约与叶片等长；叶片宽心形或近圆形，径达 40cm 以上，3~7 掌状深裂，每裂片常再羽状分裂，上面流生乳头状小突起，下面有柔毛；茎生叶较小，有短柄；托叶鞘尖状，密生短柔毛。花序大圆锥状，顶生；花梗纤细，中下部有关节。花紫红色或带红紫色；花被片 6，长约 1.5mm，成 2 轮；雄蕊 9；花柱 3。瘦果有 3 棱，沿棱生翅，顶端微凹陷，基部近心形，暗褐色。花期 6—7 月，果期 7—8 月。

唐古特大黄［*Rheum palmatum* L. *var. tanguticum* Maxim. ex Regel］（蓼科大黄属）又名鸡爪大黄、番大黄、香大黄。多年生高大草本，高 2m 左右。茎无毛或有毛。根生叶略呈圆形或宽心形，直径 40~70cm，3~7 掌状深裂，裂片狭长，常再作羽状浅裂，先端锐尖，基部心形；茎生叶较小，柄亦较短。圆锥花序大形，幼时多呈浓紫色，亦有绿白色者，分枝紧密，小枝挺直向上；花小，具较长花梗；花被 6，2 轮；雄蕊一般 9 枚；子房三角形，花柱 3。瘦果三角形，有翅，顶端圆或微凹，基部心形。花期 6—7 月，果期 7—9 月。

药用大黄［*Rheum officinale* Baill.］（蓼科大黄属）又名川大黄、川军、南大黄、雅黄、南川大黄。多年生高大草本，高 1.5m 左右。茎直立，疏被短柔毛，节处较密。根生叶有长柄，叶片圆形至卵圆形，直径 40~70cm，掌状浅裂，或仅有缺刻及粗锯齿，前端锐尖，基部心形，主脉通常 5 条，基出，上面无毛，下面被毛，多分布于叶脉及叶缘；茎生叶较小，柄亦短；叶鞘筒状，疏被短毛，分裂至基部。圆锥花序，大形，分枝开展，花小，径3~4mm，4~10朵成簇；花被6，淡绿色或黄白色，2轮，内轮者长圆形，长约2mm，先端圆，边缘不甚整齐，外轮者稍短小；雄蕊9，不外露；子房三角形，花柱3，瘦果三角形，有翅，长8~10mm，宽6~9mm，顶端下凹，红色，花果期6—7月。

二、生物学特性

（一）生态习性

喜冷凉气候，耐寒，忌高温。野生于我国西北及西南海拔2 000m左右的高山区；家种多在1 400m以上的地区。冬季最低气温为-10℃以下，夏季气温不超过30℃，无霜期150~180天，年降水量为500~1 000mm。对土壤要求较严，一般以土层深厚、富含腐殖质、排水良好的壤土或沙质壤土最好，黏重酸性土和低洼积水地区不宜栽种。忌连作，需经4~5年后再种。

（二）生长发育特性

种子的寿命仅1年，以鲜种子的发芽率高，陈种子的发芽率低。种子繁殖的植株，第一年只形成根生叶族，叶片较小，第二年或第三年起，才开始抽茎开花，叶片亦增大。植株在4—5月生长最迅速，7月中旬至8月中旬生长缓慢，部分老叶枯萎，8月底再次抽生新叶；5—6月开花，一般在7月中下旬果实成熟；每年11月后地上部分开始枯萎，根茎形成冬芽，次年春季解冻后，又重新萌发，全年生长期240天左右。大黄品种之间易杂交，种子繁殖的个体变异较大。因此，要注意培育优良品种。植株根系发达，主根入土深，不宜连作，否则会发生严重的病害，最好实行4年以上的轮作。

三、栽培技术

（一）选地与整地

栽培大黄宜选择气候冷凉、雨量较少的环境条件，以地下水位低，排水良好、土层深厚、疏松、肥沃的沙壤土为最好。

选好地后要适时深翻，深度25cm。结合翻地施足基肥，每亩施3~4t厩肥，为降低土壤酸度，一些地方还加入1 000~3 000kg石灰。翻后耙细整平，作高畦或平栽。一般产区直播地、子芽栽植地或育苗后移栽地块多不做畦。种子育苗地，要做成120cm宽的高畦。

（二）繁殖方法

主要以种子繁殖为主，也可用子芽（母株根茎上的芽）繁殖。种子繁殖又分直播法和育苗移栽两种。

1. 种子繁殖

（1）采种　选择3年生、无病虫害的健壮植株，6—7月抽出花茎时，应在花茎旁设立支柱，以免花茎被风折断，以及所结的种子被风摇落。种子宜储于通气的布袋中，挂于通风干燥处，勿使受潮，影响发芽率，但不可储于密闭器中。

（2）种子处理　种子在20~30℃的温水中浸泡4~8小时后，以2~3倍于种子重量的细沙拌匀，放在向阳的地下坑内催芽，或用湿布将将要催芽的种子覆盖起来，每天翻动2次。有少量种子萌发时，揭去覆盖物稍晾后，即可播种。

（3）直播　在整好的地内，按行距60cm，株距45cm，挖深度为3cm的穴点种，每穴点籽5~6粒，覆土厚度1~2cm，稍做镇压，使种子与土壤密接，然后在地面撒施敌百虫粉剂，防止害虫危害刚出的土幼芽及幼叶，每亩种量2~2.5kg。

（4）育苗移栽　分春播和秋播，一般以秋播为好，育苗可条播或撒播。条播者横向开沟，沟距25~30cm，播幅10cm，深3~5cm，每亩用量2~5kg；撒播是将种子均匀撒在畦面，薄覆细土，盖草，每亩用种量5~7kg。发芽后于阴天或晴天午后将盖草揭去。苗出齐后及时除草、浇水。如幼苗太密，可结合第1次除草间苗。施稀薄人畜粪尿2~3次。初冬回苗后用土、草或落叶覆盖，至翌年萌芽时揭去覆盖物。春播者于第2年3—4月移栽，秋播者于第2年9—10月移栽。选有中指粗的幼苗，将侧根及主根的细长部分剪去，按行距70cm、株距50cm开穴，穴深30cm左右，每穴栽苗1株。春季移栽的盖土宜浅，使苗叶露出地面，以利生长；秋季移栽盖土宜厚，应高出芽嘴5~7cm，以免冬季遭受冻害。

2. 子芽繁殖

在收获大黄时，将母株根茎上的萌生健壮而较大子芽摘下，按行株距55cm挖穴，每穴放1子芽，芽眼向上，覆土6~7cm，踏实。栽种时在切割伤口涂上草木灰，以防腐烂。

（三）田间管理

1. 间苗

秋季直播的应于第二年春出苗后间苗，秋季定苗。春季直播的于8月前后间苗，第二年春定苗。间苗株距25cm，定苗株距50cm。定苗时间出的苗可作补苗用或另选地移栽。

2. 中耕除草

春季直播或移栽的地块，当年6月、8月、9—10月各中耕除草一次，第二年春、秋各一次，第三年春一次；秋季直播或移栽的地块，当年内不进行中耕，第二年4月、6月、9—10月各中耕除草一次，第三年春、秋各一次，第四年春一次。

3. 追肥

大黄是喜肥的药用植物，需磷、钾较多，生产上多结合中耕除草追肥。第一次在6月初，每亩施硫酸铵8~10kg、过磷酸钙1kg、氯化钾5~7kg。第二次在8月下旬，每亩施菜籽饼 50~80kg，或沤好的稀薄人粪尿 15~22.5t。第一、二年秋季可施过磷酸钙 150kg，或磷矿粉 300~375kg。

4. 培土

大黄根茎肥大，又不断向上生长，为防止根头外露，要结合中耕向根部培土，最好是先施肥，然后中耕培土，效果最好。

5. 摘薹与留种

大黄栽培的第三、四年夏秋间抽薹开花结实，耗掉大量营养，影响地下器官膨大，因此要把不留种的花薹摘除。一般在花薹抽出 50cm 左右时，用刀从近基部割下。

四、病虫害防治

（一）病害

1. 根腐病

雨季发生。发病后根茎变黑，最后全株枯死。

防治方法：选地势较高、排水良好的地方种植，忌连作，经常松土，增加透气度；并进行土壤石灰消毒，拔除病株烧毁。

2. 霜霉病

发病时，叶片枯黄而死。

防治方法：同根腐病。

（二）虫害

1. 蚜虫

又名腻虫、蜜虫，属纲翅目蚜科，以成虫、若虫为害嫩叶。

防治方法：冬季清理园地，将枯株和落叶深埋或烧毁。发生期喷 50%杀螟松 1 000~2 000倍液或 40%乐果乳油1 500~2 000倍液，每 7~10 天喷 1 次，连续 4~5 次。

2. 甘蓝夜蛾

以幼虫为害叶片，造成缺刻。

防治方法：灯光诱杀，或在发生期掌握幼龄阶段，喷 90%敌百虫 800 倍液或 50%磷胺乳油1 500倍液，每 7~10 天喷 1 次，连续 2~3 次。

3. 金花虫

以成虫及幼虫为害叶片，造成孔洞。

防治方法：用 9%敌百虫 800 倍液或鱼藤精 800 倍液喷雾，每隔 7~10 天 1 次，连续 2~3 次。

4. 蛴螬

又名白地蚕。以幼虫为害，咬断幼苗或幼根，造成断苗或根部空洞；白天常可在被害株根部或附近土下10~20cm处找到害虫。多用毒饵诱杀。有金龟子和蚜虫，可用化学药剂毒杀。金龟子为害亦可在早晨捕杀或夜晚点灯诱杀成虫。

五、采收加工

（一）采收

大黄多于立冬前后，采挖生长3年以上植株，挖出后不用水洗，将外皮刮去，以利水分外泄。

（二）加工

大的要纵切两半，长的横切成段，忌切片。用细绳挂起，熏于阴凉处阴干，但要防止冰冻，受冻则成糠心；有的用烟熏法，但必须不停火一直熏至七八成干，否则一冷一热，易受冻而成糠质（不能用明火烤，易使色泽变化，而且质地也变松泡）。另外，鲜大黄忌堆放、雨淋、火烤、碰撞，以免霉烂、变质。最后，干大黄再经闯光，及用刀修削，而成各种规格。

【知识链接】

大黄是我国的四大中药之一，又名火参、金木、破门、绵纹等。在我国传统医学中应用已久，始载于我国现存最早的药学专著《神农本草经》，因其色黄，故名。大黄性味苦寒，药性峻烈，素有“将军”之称。历代本草均有收载：《千金方》称大黄为锦文大黄；《吴普本草》称大黄为黄良；李当之《药录》称其为将军；而《中药材手册》则称之为川军。

第五节　白术

一、植物学特征及品种

白术［*Atractylodes macrocephala*］（菊科苍术属），别名桴蓟、于术、冬白术、淅术、杨桴、吴术、片术、苍术等（图3-9、图3-10）。多年生草本，高20~60cm，根状茎结节状；茎直立，通常自中下部长分枝，全部光滑无毛。叶互生，中部茎叶有长3~6cm的叶柄，叶片通常3~5羽状全裂；极少兼杂不裂而叶为长椭圆形的。侧裂片1~2对，倒披针形、椭圆形或长椭圆形，长4.5~7cm，宽1.5~2cm；顶裂片比侧裂片大，倒长卵形、长椭圆形或椭圆形；自中部茎叶向上向下，叶渐小，与中部茎叶等样分裂，接花序下部的叶不裂，椭圆形或长椭圆形，无柄；或大部茎叶不裂，但总兼杂有3~5羽状全裂的叶。全部叶质地薄，纸质，两面绿色，无毛，边缘或裂片边缘有长或短针刺状缘毛或细刺齿。头状花序单生茎枝顶端，植株通常有6~10个头状花序，但不形成明显的花序式排列。苞叶绿色，长3~4cm，针刺状羽状全裂。总苞大，宽钟状，直径3~4cm。总苞片9~10层，覆瓦状排列；外层及中外层长卵形或三角形，长6~8mm；中层披针形或椭圆状披针形，长11~16mm；最内层宽线形，长2cm，顶端紫红色。全部苞片顶端钝，边缘有白色蛛丝毛。小花长1.7cm，紫红色，冠檐5深裂。瘦果倒圆锥状，长7.5mm，被顺向顺伏的稠密白色的长直毛。冠毛刚毛羽毛状，污白色，长15cm，基部结合成环状。花果期8—10月。

图3-9　白术药材

图3-10　白术植株、根

二、生物学特性

（一）生态习性

白术喜温和凉爽、阳光充足的气候，怕高温多湿，较耐寒。气温在30℃以上时生长停滞，30℃以下时，植株随气温升高而生长加快。根茎生长适温为26~28℃。白术喜湿怕涝，苗期怕干旱。对土壤要求不严，微酸、微碱的黏壤土或沙壤土均可生长。但以土层深厚、疏松肥沃、排水良好、富含腐殖质的沙质壤土为宜。忌连作，前茬以禾本科作物为好，不宜与玄参、花生、白菜、油菜、甘薯等轮作。

（二）生长发育特性

白术种子在15℃左右萌芽，6—7月萌蕾，9月为开花盛期，11月果实成熟。根茎生长可分为3个阶段，自5月中旬孕蕾初期至8月上旬采蕾期间，为花蕾发育成长期，根茎发育较慢。8月下旬摘蕾后至10月中旬为根茎发育盛期，尤以8月下旬末至9月中旬增长最快。10月中旬至12月中旬根茎增长速度下降，12月以后休眠停止生长。

三、栽培技术

（一）整地施肥

种植地宜选择5年未种过白术、土层深厚、疏松肥沃、排水良好、稍有倾斜的缓坡地或新垦地种植，土壤以沙壤土为好。上年冬季深翻土壤30cm以上，使其风化。翌年春天整平耙细，作平畦或高畦，畦面宽30cm，畦高15cm～20cm，沟宽30cm。

（二）繁殖方法

用种子繁殖，生产上主要采用育苗移栽法。

1. 育苗

3月下旬至4月上旬，选择籽粒饱满、无病虫害的新种，在30℃的温水中浸泡1天后，捞出催芽播种。条播或撒播，条播者，在播种前，按行距15cm开沟，沟深4～6cm，沟内灌水，将种子播于沟内，播后覆土，稍加镇压。畦面盖草保温保湿，然后再浇1次水，每亩用种5～7kg。播后7～10天出苗，出苗后揭掉盖草，加强田间管理。至冬季移栽前，亩可培育出400～600kg鲜白术栽。

2. 移栽

当年冬季至次年春季即可移植。以当年不抽叶开花，主芽健壮，根茎小而整齐，杏核大者为佳。移栽时剪去须根，按行距25cm开深10cm的沟，按株距15cm左右将苗放入沟内，牙尖朝上，并与地面相平。栽后两侧稍加镇压，栽后浇水。一般每亩需鲜白术50～60kg。

（三）田间管理

1. 中耕除草

幼苗出土至5月，田间杂草众多，中耕除草要勤，头几次中耕可深些，以后应浅锄。5月中旬后，植株进入生长旺期，一般不再中耕，株间如有杂草，可用手拔除。

2. 施肥

现蕾前后，可追肥一次，亩于行间沟施尿素20kg和复合肥30kg，施后覆土、浇水。摘蕾后一周，可再追肥一次。

3. 灌溉排水

白术生长时期需要充足的水分，尤其是根茎膨大时期更需要水分，若遇干旱应及时浇水灌溉。如雨后积水应及时排水。

4. 摘蕾

6月中旬植株开始现蕾，一般7月上中旬在现蕾后至开花前分批将蕾摘除。摘蕾有利于提高白术根茎的产量和质量。应该注意的是，除草、施肥、摘蕾等田间操作，均应在露水干后进行。

5. 盖草

7 月高温季节可在地表撒一层树叶、麦糠等覆盖，调节地温，使白术安全越夏。

四、病虫害防治

（一）病害

1. 立枯病

低温高湿的易发，多发生于术栽地，为害根茎。

防治方法：降低田间湿度；发病初期，用普利登鱼蛋白 600 倍液+50%多菌灵 1 000倍液浇灌。

2. 铁叶病

又称叶枯病。于 4 月始发，6—8 月尤重，为害叶片。

防治方法：清除病株；发病初期用 1∶1∶100 波尔多液，后期用 50%托布津或多菌灵1 000倍液+鱼蛋白喷雾。

3. 白绢病

又称根茎腐烂病。发病期同上，为害根茎。

防治方法：与禾本科作物轮作；清除病株，并用生石灰粉消毒病穴；栽种前用哈茨木霉进行土壤消毒。

4. 根腐病

又称烂根病。发病期同上，湿度大时尤重，为害根部。

防治方法：选育抗病品种；与禾本科作物轮作，或水旱轮作；栽种前用普利登鱼蛋白 600 倍液+50%多菌灵1 000倍液浸种 5～10 分钟；发病初期用 50%多菌灵或 50%甲基托布津 1 000倍液浇灌病区。在地下害虫为害严重的地区，可用 1 000～1 500倍液乐果或 800 倍液敌百虫浇灌。

5. 锈病

5 月始发，为害叶片。

防治方法：清洁田园；发病初期用 25%粉锈宁1 000倍液+鱼蛋白 800 倍液喷雾。

（二）虫害

术籽虫：开花初期始发，为害种子。

防治方法，深翻冻垡；水旱轮作；开花初期用 80%敌敌畏 800 倍液喷雾。

此外，尚有菌核病、花叶病、蚜虫、根结线虫、南方菟丝子、小地老虎等为害。

五、采收加工

（一）采收

白术栽种当年，在10月下旬至11月中旬，白术茎叶开始枯萎时为采收适期。

（二）加工

采收时，挖出根茎，剪去茎秆，运回加工。烘干时，开初用猛火，温度可掌握在90~100℃，出现水气时降温至60~70℃，2~3小时上下翻动一次。须根干燥时取出闷堆“发汗”7~10天，再烘至全干，并将残茎和须根搓去。产品以个大肉厚、无高脚茎、无须根、坚固不空心、断面色黄白、香气浓郁者为佳。一般亩产干货200~400kg，折干率30%。

【知识链接】

中医认为，中药白术具有补气健脾、燥湿利水、止汗、安胎等功效。关于白术的功效，民间流传说，一位老汉因坚持饮用白术泡的水，头顶光环，返老还童，犹如得道高人。白术，味苦、甘，性温，归脾、胃经，具有适用于脾虚食少，腹胀泄泻，痰饮眩悸，水肿，自汗，胎动不安等病症者。

第六节　玉竹

一、植物学特征及品种

玉竹［*Polygonatum odoratum*（Mill.）Druce］（百合科黄精属），别名尾参、玉参、铃铛菜、地管子、白豆子、甜草根、靠山竹、竹根七（图3-11、图3-12）。多年生草本，根状茎圆柱形，直径5~14mm。茎高20~50cm，具7~12叶。叶互生，椭圆形至卵状矩圆形，长5~12cm，宽3~16cm，先端尖，下面带灰白色，下面脉上平滑至呈乳头状粗糙。花序具1~4花（在栽培情况下，可多至8朵），总花梗（单花时为花梗）长1~1.5cm，无苞片或有条状披针形苞片；花被黄绿色至白色，全长13~20mm，花被筒较直，裂片长3~4mm；花丝丝状，近平滑至具乳头状突起，花药长约4mm；子房长3~4mm，花柱长10~14mm。浆果蓝黑色，直径7~10mm，具7~9颗种子。花期5—6月，果期7—9月。

品种主要有湘玉竹、海门玉竹、西玉竹、关玉竹、江北玉竹。

图 3-11　玉竹植株

图 3-12　玉竹药材

二、生物学特性

（一）生态习性

玉竹分布在亚热带季风湿润气候区。在我国主要分布于湖南、广东、江西、江苏、浙江、河南等省的中低丘陵山区，在海拔 100～1 000m 处均有分布，主要分布在 500m 以下。玉竹适宜于温暖、湿润的地区生长，耐寒、耐阴，喜阴湿凉爽气候环境。生长发育地下茎的适宜温度为 19～25℃，现蕾开花适宜温度为 18～22℃。历年平均无霜期 279 天，对土壤要求不严，以土层深厚、土质肥沃疏松、排水良好的黄色沙质土或黄沙土为佳。水分对玉竹生长较为重要，月平均降水量在 150～200mm，地下根茎生长旺盛，月降水量在 25～50mm 时，生长缓慢。

（二）生长发育特性

玉竹从种苗栽培到收获一般需要 3 年。3 月萌发出土，4 月植株发育完全。6—8 月地下茎迅速生长，10 月底至 11 月初倒苗，一年内生长期 200 天左右。生长旺盛的玉竹地下茎尖端顶芽粗壮。

三、栽培技术

（一）选地与整地

宜选背风向阳、排水良好、土质肥沃疏松、土层深厚的沙质壤土。忌在土质黏重、瘠薄、地势低洼、易积水的地段栽培。忌连作，以防止病虫害发生，前茬最好是豆科植物。选地后，先施入有机肥作基肥，每亩用量为2 500～3 000kg，均匀地撒在地面上，将土深翻 30cm，细耙做畦，畦宽 1.0～1.30m，沟宽 25～30cm、深 15cm。

（二）繁殖方法

主要以根茎繁殖为主。

1. 种茎选择

于秋季收获时，选当年生长的肥大、黄白色根芽留作种用。随挖、随选、随种，若遇天气变化不能下种时，必须将根芽摊放在室内背风阴凉处。一般每亩用种茎200~300kg。

2. 种茎处理

将选好的种茎用菌毒清或瑞毒霉1 000倍或可杀得2 000倍液或托布津加代森锰锌600倍液，浸种2~3分钟。

3. 栽种

时间在8月下旬至9月中旬，最迟不超过10月上旬，过迟则产量降低。栽植种茎的株距为15cm。栽种方法有三种：一是双排并栽法，将种茎在播种沟内摆成倒“八”字形，芽头一排向右、一排向左，用土压实。二是单排单向法，将种茎在播种沟内横向摆成单行，芽头朝一个方向，各行的芽头方向一致，然后用土压实。三是单排双向法，将种茎横向摆在播种沟内，摆成单行，芽头一左一右，用土压实。栽种一行后，应立即覆土并耙平畦面。

（三）田间管理

1. 出苗前的管理

① 播种后至出苗前，要经常检查畦面覆盖物，发现缺少及时补盖，以保持畦面土壤经常湿润为度。

② 出苗时及时撤掉覆盖物，以免出苗后再撤损伤小苗，用松针覆盖可保留一薄层，长期覆盖，既能保持畦面湿润，又能防止杂草丛生，还能免去松土作业程序。

③ 防旱排涝，经常检查畦面土壤湿度状况，发现干旱及时浇水；雨季前挖好排水沟做好排水工作。

2. 间苗

根据出苗和幼苗长势情况，待苗高8~10cm时，如有过密的要进行适当间苗。

3. 中耕除草

幼苗生长期间要做好除草工作，见草就拔及时清除田间杂草，切勿用锄，以免伤根状茎，土壤干燥时用手拔除，雨后或土壤过湿不宜拔草。

4. 追肥

根据育苗年限确定追肥，如果育苗一年移栽，在施足基肥情况下，不用追肥；育苗二年移栽，于一年生地上植株枯萎后，秋末冬初上冻后每亩施一层腐熟农家肥2 000kg。第二年春天出苗后用小水勤浇，也可每亩追施尿素和磷肥15kg。

5. 灌溉排水

幼苗生长期间苗小，根系入土浅，不耐干旱，发生干旱要及时浇水。但是玉竹又最忌积水，在多雨季节到来以前，要疏通畦沟以利排水。

6. 遮阴

于畦旁种植玉米为幼苗遮阴，不种玉米，出苗后要搭设荫棚。

7. 越冬防寒

于一年生小苗枯萎后至结冻前上防寒物，覆盖树叶、草或粪土，以保证幼苗安全越冬。

四、病虫害防治

（一）病害

1. 叶斑病

为真菌性病害，主要为害叶片。多在夏秋开始发病，雨季发病较严重。

防治方法：收获后及时清洁田园卫生，将枯枝病残体集中进行烧毁，消灭田园内越冬病原；药剂防治在发病前及发病初期喷 1∶1∶120 波尔多液，或 50%退菌特 1 000倍液，每 10 天喷 1 次，连续 2~3 次。

2. 根腐病

危害根茎部，低洼地较严重，是玉竹生产中的重要病害。

防治方法：实行轮作，切忌重茬；发病初期及时用药灌根；可选用 50%多菌灵 500 倍液或 20%双效灵水剂 200 倍液或 50%退菌物 800 倍液；及时挖出重病株根土，并彻底用药剂消毒。

3. 灰斑病

危害叶片，严重时整个叶片枯死，多于 6—7 月发病。

防治方法：发病初期可喷施百菌清 500 倍液，每 5~7 天喷 1 次，连续喷 2~3 次。

4. 紫轮病

危害叶片，7—8 月为发病盛期。

防治方法：搞好田间卫生；苗出齐后用 70%甲基托布津 800~1 000倍液，50%代森锰锌 600 倍液，或用 50%退菌特 800 倍液等药剂喷雾，每隔 10 天喷 1 次，连喷 3 次；清理田园。

（二）虫害

蛴螬：5 月中旬出现。

防治方法：冬季清除杂草，深翻土地，破坏越冬场所；施用腐熟的厩肥、堆肥，减少成虫产卵；做畦时每亩施 25~30kg 石灰，撒于土面后翻入，以杀死幼虫；用 90%晶体敌百虫1 000~1 500倍浇灌注根部周围土壤；灯光诱杀金龟子。

五、采收加工

（一）采收

玉竹一般在栽种后第三年收获，于春季采挖，选雨后天晴，土壤稍干时，将茎叶割下，然后用齿耙顺行挖取，注意防止把根茎挖断、撞伤。挖起后，抖去泥沙，运回加工。

（二）加工

1. 生晒法

将鲜根茎大小分级后，放在阳光下暴晒3~4天，待外表变软，有黏液渗出后，用竹篓轻轻撞去根毛及泥沙，继续晾晒。由白变黄时，用手搓擦或两脚反复踩揉，如此反复数次，至柔软光滑、无硬心、色黄白时晒干。夜晚待凉透后加覆盖物。

2. 蒸煮法

将鲜品晒软后，蒸10分钟，用高温使其发汗，使糖汁渗出，再用不透气的塑料袋装好。约30分钟后，用手揉或整袋用脚踩踏，直到色黄半透明为止，然后取出摊晒至干透。要防治搓揉过度，否则色泽变黑，影响质量。

【知识链接】

鉴别玉竹有四个方面，一是根茎圆柱形或略扁；二是浅黄色具环节，有圆形茎痕及细根痕；三是质坚脆，断面角质，味甜有黏性；四是家种品肥壮、野生品细嫩。

第七节　地黄

一、植物学特征及品种

地黄［*Rehmannia glutinosa*（Gaetn.）Libosch. ex Fisch. et Mey.］（玄参科地黄属），别名生地、怀庆地黄、小鸡喝酒（图3-13、图3-14）。多年生草本，地黄体高10~30cm，密被灰白色多细胞长柔毛和腺毛。根茎肉质肥厚，鲜时黄色，在栽培条件下，直径可达5.5cm，茎紫红色。叶通常在茎基部集成莲座状，向上则强烈缩小成苞片，或逐渐缩小而在茎上互生；叶片卵形至长椭圆形，上面绿色，下面略带紫色或成紫红色，长2~13cm，宽1~6cm，边缘具不规则圆齿或钝锯齿以至牙齿；基部渐狭成柄，叶脉在上面凹陷，下面隆起。花具长0.5~3cm之梗，梗细弱，弯曲而后上升，在茎顶部略排列成总状花序，或几乎全部单生叶腋而分散在茎上；

花萼钟状，萼长1~1.5cm，密被多细胞长柔毛和白色长毛，具10条隆起的脉；萼齿5枚，矩圆状披针形或卵状披针形抑或三角形，长0.5~0.6cm，宽0.2~0.3cm，少有前方2枚各又开裂而使萼齿总数达7枚之多；花冠长3~4.5cm；花冠筒状而弯曲，外面紫红色，另有变种，花为黄色，叶面背面为绿色，被多细长柔毛；花冠裂片，5枚，先端钝或微凹，内面黄紫色，外面紫红色，两面均被多细长柔毛，长5~7mm，宽4~10mm；雄蕊4枚；药室矩圆形，长2.5mm，宽1.5mm，基部叉开，而使两药室常排成一直线，子房幼时2室，老时因隔膜撕裂而成一室，无毛；花柱顶部扩大成2枚片状柱头。蒴果卵形至长卵形，长1~1.5cm。花果期4—7月。

图3-13　地黄植株

图3-14　地黄药材

地黄药材主要品种有鲜地黄、生地黄和熟地黄。

二、生物学特性

（一）生态习性

常生于海拔50~1100m的荒山坡、山脚、墙边、路旁等处。喜温和气候，需要充足阳光，块根在气温25~28℃时增长迅速。对土壤要求不严，肥沃的黏土也可栽种。耐寒，耐旱，喜肥，怕积水，忌连作。前作以禾本科作物为好，豆类作物不宜为前作。

（二）生长发育特性

地黄生长发育分为4个时期：幼苗期（从栽种出苗至棵径10cm，4—6月）、盘棵期（叶片迅速生长，6—7月）、块根膨大期（叶片生长缓慢，块根迅速膨大，7—9月）、成熟收获期（地上部生长停止，10月）。当年越冬的地黄，翌年4月现蕾开花，6月果实成熟。当土温在11~13℃，出苗要30~45天，25~28℃最适宜发芽，在此温度范围内若土壤水分适合，种植后一星期发芽，15~20天出土；8℃以下根茎不能萌芽。从种植到收获需150~160天。

三、栽培技术

（一）选地与整地

宜选开阔、向阳、地下水位低的地块，以疏松肥沃、排水良好的沙质壤土为好。前茬以小麦、玉米等禾本科作物为宜。秋季前作收获后，深耕30cm左右。翌年春季每亩施厩肥4 000~5 000kg、过磷酸钙50kg、饼肥50~100kg，均匀撒施于地面（最好开沟条施），再浅耕一次，耙细整平，做宽1.2m的平畦或高畦，也可以起60cm的高垄。特别注意的是地黄不宜重茬，这也是选地上应注意的关键点。

（二）繁殖方法

因地黄的块根上芽眼多，容易生根、发芽，所以多用块根繁殖，亦可以用种子繁殖（多用于育种）。

1. 块根繁殖

秋季春地黄收获后，选无病虫害、形体好、粗1~2cm的块根，在地窖里沙藏留种。也可选生长好的留一部分当年不挖，留在地里露地越冬，翌年春季刨起作种。因各地的气候条件及品种的不同，栽种时间也不同，但一般可分为早地黄和晚地黄，早地黄于4月上中旬栽种，晚地黄于5月下旬至6月上旬栽种。栽种时，在整好的畦面上，按行距30cm开沟，按株距15~20cm放根茎，覆土厚3~4cm。每亩需栽种块根40kg左右。

2. 种子繁殖

多采用育苗移栽法，于3月下旬播种育苗。按行距10~15cm开浅沟条播，覆土厚0.3~0.5cm。要经常喷水保湿。播后15天即可出苗。当幼苗长出6~8片叶时，即可移栽到大田。按行距20cm、株距15cm移栽，秋季采挖，大的可以入药，小的选健壮、充实的作种。地黄块根经连续选择繁殖后，产量和质量要好于多年无性繁殖的，为防止退化应交替使用这两种繁殖方法。

（二）田间管理

1. 间苗补苗

在苗高3~4cm时，幼苗长出2~3片叶子，此时要及时间苗。由于根茎有2个以上的芽眼，可以长出多个幼苗，如不及时间苗，会因营养不集中而影响根茎后期的发育。间苗是要留优去劣，每穴留1~2株幼苗。如发现缺苗时可进行补苗，补苗最好选择阴雨天气进行。移苗时要尽量多带些原土，补苗后要及时浇水，这样有利于幼苗成活。

2. 中耕除草

地黄的根系分布较浅，中耕次数不宜太多，过多往往因损伤根系而减产。全生长期只需中耕（浅耕）1~2次。幼苗周围的杂草要用手拔除，封垄后停止中耕。

3. 追肥

地黄喜肥，除施足基肥外，每年还要施肥 3 次。第 1 次在齐苗后，每亩施入腐熟人畜粪水2 500kg、腐熟饼肥 50kg，以促壮苗。苗高 10cm 时追第 2 次肥，结合间苗，每亩施入充分腐熟的人畜粪水2 500~3 000kg、腐熟饼肥 30kg，过磷酸钙 100kg，促使根茎膨大。第 3 次肥在封行时追施，于行间撒施 1 次火土灰，促进植株生长健壮。

4. 排灌水

前期应勤浇水，后期控制浇水。要挖好排水沟，及时疏沟排水，以防发生根腐病。遇旱或每次追肥后，及时浇水。

5. 摘薹与去分蘖

植株抽薹，要及时剪除。对根系周围抽生的分蘖，及时从根部剪除，以促地下部生长。

6. 除串皮根

地黄除主根外，还沿地表长出细长的地下茎，这些地下茎又叫串皮根，消耗大量养分，应及时全部铲除。

四、病虫害防治

（一）病害

1. 斑枯病和轮纹病

发病部位在叶面，病斑呈黄褐色或黑褐色，有明显的同心轮纹。

防治方法：可喷洒 1∶1∶150 倍波尔多液 3~5 次，效果明显。

2. 干腐病

发病部位为叶柄，严重时叶柄腐烂，植株地上部分枯萎而死。

防治方法：播种时要选无病种栽，实行轮作；发病期间用 50%胂·锌·福美双1 000~1 500倍液，连续浇灌数次，即可防治。

3. 花叶病

发病部位为叶面，病灶呈浅黄色圆斑，在发病地块喷洒 25~50mg/kg 的土霉素溶液，效果较为明显。

（二）虫害

1. 红蜘蛛

成、若虫吸食叶片汁液，在 6 月中旬和 9—10 月出现两个高峰。

防治方法：可用 50%三硫磷乳剂1 500~2 000倍液，或用 30%三氯杀螨矾与 40%乐果1 500倍液混合进行灭杀。

2. 地老虎和蝼蛄

防治方法：可用 90%敌百虫1 000~1 500倍液浇穴防治。亦可按白砒、饴糖各

1 份，麦麸 2.5 份的比例，掺入适量水制成毒饵诱杀。

五、采收加工

（一）采收

一般秋季收获，在叶逐渐枯黄，茎发干萎缩，苗心练顶，停止生长，根开始进入休眠期，嫩的地黄根变为红黄色时即可采收。采收时用铁锹或镰刀割去地上部的茎叶，注意不要割得过深，以免损伤根部，等地上部分割去后，用耙子把割去的茎叶搂到一边，露出地表，便于根茎的采收。用锹或镐在畦的一端开挖，沟深为 33cm 左右，挖的深度以不损伤根茎为好，地黄易断，所以挖掘时一定要小心，捡拾的过程也要尽量减少根茎损伤。每亩可收鲜地黄1 000~1 500kg，高产的每亩可达2 000~2 500kg。鲜地黄不宜长时间存放，应及时加工。

（二）加工

先将鲜地黄除去须根，按大中小分级，分别置于火炕上炕干。开始用武火，使温度升到 80~90℃。8 小时后，当地黄体柔软无硬心时，取出堆闷，覆盖麻袋或稻草，使其“发汗”。5~7 天后再进行回炕，温度在 50~60℃，炕 6~8 小时，至颜色逐渐变黑、干而柔软时，即为生地黄。将生地黄浸入黄酒中，用火炖干黄酒，再将地黄晒干，即为熟地黄。一般每亩产鲜地黄3 000kg 以上，以无芦头、块大、体重、断面乌黑者为佳。

【知识链接】

传说在唐朝时，有一年黄河中下游瘟疫流行，无数百姓失去生命，县太爷来到神农山药王庙祈求神佑，得到了一株根状的草药，送药人将此药称为地皇，意思是皇天赐药，并告诉他神农山北草洼有许多这种药，县太爷就命人上山采挖，解救了百姓。瘟疫过后，百姓把它引种到自家农田里，因为它的颜色发黄，百姓便把地皇叫成地黄了。值得一提的是，不管是否和传说有关，此后一说到地黄，人们都会认为怀庆府所产的最为地道。明朝名医刘文泰在《本草品汇精要》中说生地黄今怀庆者为胜，药物学家李时珍在《本草纲目》中记载，今人惟以怀庆地黄为上。

第八节　姜

一、植物学特征及品种

姜［*Zingiber officinale* Roscoe］（姜科姜属），别名姜皮、姜、姜根、百辣云

(图3-15、图3-16)。多年生草本，株高0.5~1m。根茎肥厚，多分枝，有芳香及辛辣味。叶片披针形或线状披针形，长15~30cm，宽2~2.5cm，无毛，无柄；叶舌膜质，长2~4mm。总花梗长达25cm；穗状花序球果状，长4~5cm；苞片卵形，长约2.5cm，淡绿色或边缘淡黄色，顶端有小尖头；花萼管长约1cm；花冠黄绿色，管长2~2.5cm，裂片披针形，长不及2cm；唇瓣中央裂片长圆状倒卵形，短于花冠裂片，有紫色条纹及淡黄色斑点，侧裂片卵形，长约6mm；雄蕊暗紫色，花药长约9mm；药隔附属体钻状，长约7mm。花期在秋季。

鲜品称生姜，干品称干姜。根据姜的外皮色分为白姜、紫姜、绿姜（又名水姜）、黄姜等。

图3-15　姜植株

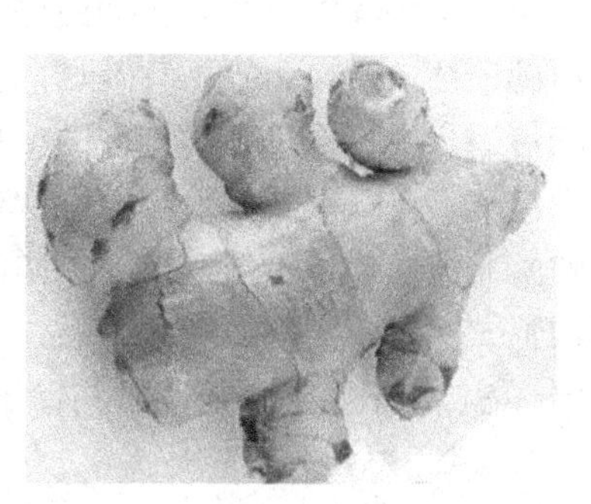

图3-16　姜块

二、生物学特性

（一）生态习性

姜原产东南亚的热带地区，喜欢温暖、湿润的气候，耐寒和抗旱能力较弱，植株只能无霜期生长，生长最适宜温度为25~28℃，温度低于20℃则发芽缓慢，遇霜植株会凋谢，受霜冻根茎就完全失去发芽能力。姜耐阴而不耐强日照，对日照长短要求不严格。姜的根系不发达，耐旱抗涝性能差，故对于水分的要求格外讲究。在生长期间土壤过干或过湿对姜块的生长膨大均不利，都容易引起发病腐烂。姜喜欢肥沃疏松的壤土或沙壤土，在黏重潮湿的低洼地栽种生长不良，在瘠薄保水性差的土地上生长也不好。

（二）生长发育特性

姜的整个生长过程基本上是营养生长的过程。按照其生长发育特性可以分发芽期、幼苗期、旺盛生长期和根茎休眠期4个时期。从种姜幼芽萌发开始，到第1片姜叶展开需40~50天，为发芽期。此期生长量很小，主要依靠种姜的养分生长发芽。从展叶开始，到具有两个较大的侧枝，即“三股杈”时期，为幼苗期，需65~75天。此期，开始依靠植株吸收和制造养分，生长较慢，生长量较少。从三股杈至收获、为茎、叶和根茎旺盛生长期，也是产品形成的主要时期，需70~75天。旺盛生长前期以茎叶为主，后期以根茎生长和充实为主。姜不耐寒，不耐霜。北方地区不能在露地生长，通常在霜期到来之前收获贮藏，迫使根茎进入休眠，安全越冬。

三、栽培技术

（一）选地与整地

姜耐旱、耐湿能力均弱，应选含有机质较多、灌溉排水两便的沙壤土、壤土或黏壤土田块栽培。其中以沙壤土为最好，种出的姜块光洁美观。对土壤酸碱度的要求为微酸到中性，碱性土壤不宜栽培。生姜不能连作，必须与其他作物合理轮作，以防土壤传病和生长不良。对选好的土地深耕20~30cm，并反复耕耙，充分晒垡，然后耙细作畦。作畦形式因地区而异。长江流域及其以南地区夏季多雨，宜作深沟高畦，畦南北向。畦长不超过15m，如田块较长，则在田中开腰沟。畦宽1.2m左右，畦沟宽35~40cm，沟深12~15cm，并要“三沟”配套，排水畅通。在畦上按行距50cm左右开东西向种植沟，沟深10~13cm，在种植沟内条施充分腐熟的厩肥或粪肥。

（二）繁殖方法

主要用根状茎繁殖。

1. 选种

种姜应在上年的留种地，选择健壮植株的姜块采收贮藏，选择肥大、皮色鲜黄光亮、不干缩、不受冻、无病虫、芽眼饱满、节间粗壮的姜块作种。姜种要选“霜降”前后收获的老熟姜，老熟的姜种出苗齐壮。注意：病田块生姜不宜留作姜种。

2. 培育壮芽

培育壮芽就是在播种前对姜种进行必要的处理，促使姜芽萌发，保持姜芽生长健壮。

（1）晒姜和困姜　播种前1个月左右，选晴天，将姜种平铺在室外地上晾晒1~2天，夜晚收进室内防霜冻。通过晒种，可提高姜块温度，打破休眠，促进发芽，并减少姜块中的水分，防止腐烂。晒种1~2天后，再把姜块置于室内堆放3~4天，姜堆上盖上草帘，进行困姜，促进种姜内养分分解。经过2~3次反复晒姜困姜后，便可催芽。姜易受姜瘟病、炭疽病等重茬病害为害，所以在晒姜、困姜的过程中，应严格淘汰干瘪、瘦弱、发软、肉质变褐色的姜种。

（2）催芽　催芽的方法有许多，如火炕催芽、温室催芽等。

① 土炕催芽：就是利用农村的土炕进行催芽，先在炕上铺一层麦秸，厚10cm

左右，麦秸上再铺 2~3 层纸，将姜种一层一层地平放在纸上，堆放厚度 60~80cm。种姜排好后，让其散散热，然后再铺一层 10cm 厚的草，最上层加盖棉被保温。催芽温度可通过土炕加热或揭盖覆盖物来调节。

② 温室催芽：先在篓筐内四周铺放 3~5 层纸，将姜种头朝上一块一块摆放于篓筐内，堆放 3~4 层，再盖上 3~4 层纸，把篓筐放入温室内，保持适温催芽。

不论采用哪种催芽方法，温度均应掌握在 22~25℃。温度超过 28℃，虽发芽迅速，但芽瘦弱、徒长；温度低于 20℃，芽虽粗壮，但发芽时间长，影响播种。一般待姜芽生长至 0.5~1cm 时，即可按姜芽大小分级、分批播种。

掰姜选芽：催芽后根据出芽情况及姜块大小把大块种姜掰成小块，每块重量 50~75g，每小块种姜只留一个壮芽，其余去掉。没有壮芽的姜块留两个较好的芽，姜芽发黑、断面有黑圈的不能用。伤口蘸草木灰。

3. 播种

露地栽培一般于 5 月初播种，播种前先将姜芽按照大小规模进行选级。播种时按照上齐下不齐的原则摆放到预先作好的姜沟内，姜芽向上，株距在 16~20cm。播种后立即覆土，厚度 4~5cm 为宜，同时荡平沟底。覆土过厚，地温低，不利于发苗出苗。覆土过薄则土壤表层易干，同样影响出苗。播种完毕，浇足底水，覆 1.1~1.2m 地膜，使沟底与上端的距离保持 15cm 左右。

（三）田间管理

1. 中耕除草

姜为浅根性作物，根系主要分布在土壤表层，因此不宜多次中耕，以免伤根。一般在出苗后结合浇水，中耕 1~2 次，并及时清除杂草。进入旺盛生长期，植株逐渐封垄，杂草发生量减少，可采用人工拔除的方法除草。无公害生姜生产，最好不用除草剂防除杂草，可采用黑色地膜覆盖或覆盖白色地膜再盖一层薄土等方法防除杂草。

2. 浇水

在浇足底水的基础上，苗期要始终保持土壤湿润，避免忽干忽湿造成植株生长不良、姜苗矮小、新生叶片不能正常伸展而呈扭曲状态。立秋前后，进入旺盛生长期，需水量大，一般每 7 天左右浇一次水，保持土壤湿润，收获前 2~3 天浇最后一水。

3. 追肥与培土

在施足基肥的基础上，6 月中下旬当姜苗高 30cm 左右，发生 1~2 个分枝时，结合撤掉地膜追施“提苗肥”，每亩施用硫酸铵或尿素 20kg 左右。立秋前后，结合除草追施“转折肥”，这次追肥要求量大，养分全面，采用肥效持久的有机肥与速效肥相结合，每亩施饼肥 75kg 或煮烂发酵的豆子 50kg，加复合肥 50kg，硫酸钾 25kg。在距姜株基部 15cm 左右开沟，将肥料施入沟中，然后覆土封沟培垄，使原来的沟变为垄，垄变沟，追肥后及时浇水。进入 9 月后，为促进姜块的快速膨大可追施“补充肥”，每亩施硫酸铵 10~15kg，硫酸钾 15~20kg，或用复合肥 25kg，肥料可沟施也可随水冲入姜田中。

4. 遮阴

姜属耐阴作物，阳光直射影响幼苗生长，播种后采用遮阳网或人工荫棚的方式遮阳，处暑后拆棚。采用遮阳网方式遮阳应在姜种植前，按蔬菜简易大拱棚的结构打好木桩（或水泥桩），中间最高处 2m 左右，两侧稍矮些（这样的高度既不影响透风，又不妨碍后期网下作业）。将几幅遮阳网按地宽缝接在一起，以 4~5 幅为宜。姜播种后，便把遮阳网固定在木桩上面。

四、病虫害防治

（一）病害

1. 姜瘟病

又称腐烂病或青枯病，危害地下茎或根部。根部发病，初期呈水渍状，后黄褐色，最终腐烂。地上茎受害呈暗褐色，内部组织腐烂，仅留纤维。叶片受害呈凋萎状，叶色淡黄，边缘卷曲，直至全株下垂死亡。

防治方法：从无病田留种或精选姜种；轮作换茬；用 72%农用链霉素可溶性粉剂4 000倍液或新植霉素4 000~5 000倍液浸种 48 小时后播种；用 72%农用链霉素可溶性粉剂4 000倍液、或用 47%加瑞农可溶性粉剂 750 倍液、或 50%代森铵1 000倍液灌根，每株用药 250mL，隔 10~15 天灌 1 次，连续 3~4 次。

2. 叶枯病

危害叶片，病叶上初生黄褐色病斑，严重时全叶变褐枯死。

防治方法：轮作；施用充分腐熟的有机肥；发病初期用 75%百菌清可湿性粉剂 600 倍液或 1∶1∶200 波乐多液喷洒姜株，隔 7~10 天喷 1 次，连续 2~3 次。

3. 斑点病

危害叶片，叶斑黄白色，严重时病斑密布，全叶似星星点点，故又名白星病。

防治方法：避免连作和偏施氮肥，注意增施磷钾肥和腐熟有机肥；发病初期及时喷洒 50%复方硫菌灵可湿性粉剂1 000倍液或 75%百菌清可湿性粉剂 600 倍液，隔 7~10 天喷 1 次，连续 2~3 次。

4. 炭疽病

危害叶片，叶片变褐干枯。

防治方法：发病初期，及时喷洒 50%复方硫菌灵可湿性粉剂1 000倍液，或用 80%的炭疽福美可湿性粉剂 800 倍液，隔 10~15 天喷 1 次，连续 2~3 次。

（二）虫害

姜螟：又叫钻心虫，其食性很杂，以幼虫为害地上嫩茎为主，还可转株为害。

防治方法：用52.3%农地乐乳油或4.5%高效氯氰菊酯乳油1 500~2 000倍液或10%天王星乳油1 000倍液喷雾，10 天喷 1 次，连续 2~3 次。

五、采收加工

（一）采收

姜的采收可分种姜采收、嫩姜采收及鲜姜采收 3 种方法。

1. 采收种姜

一般在生姜长到 5~6 片真叶，姜苗长势旺时松土取种姜，选晴朗天气，用窄形铲刀或箭头形竹片，在姜株北侧将表土松开，露出姜块，用手指按住姜苗基部，勿使基部受振动。在种姜与新姜相连处轻轻折断，随后取出种姜。注意收种姜必须选晴天，最好取种姜后 3 天不下雨，以防受伤部位感病。若土壤湿度太大也不宜取种姜，一方面操作不方便，另一方面土壤过湿，姜株侧根容易被拔起，影响生长。取出种姜后要及时封沟，取时不能振动姜苗，并防止伤根。

2. 采收嫩姜

北方地区一般不采收嫩姜，但近几年由于加工的需要也开始收嫩姜。南方地区多在立秋前后采收，在根茎旺盛生长期，趁姜块鲜嫩时提前收获，主要作为加工原料。此时根茎含水量高，组织柔嫩，纤维较少，辛辣味浓，适于腌渍、酱渍或加工成糖姜片、醋酸盐水姜芽等多种食品。

3. 采收鲜姜

一般在霜降到来之前，地上部茎叶尚未冻枯时进行。选晴朗天气，一般在收获前 3~4 天先浇一水，使土壤湿润，便于收刨；若土质疏松，可抓住茎叶整株拔出或用镢整株刨出，轻轻抖掉根茎上的泥土，然后自茎秆基部（保留 2~3cm 地上茎）将茎秆折去或削去。摘除根，随即把根茎入窖，不需晾晒。

（二）加工

1. 酱姜

原料配比：姜坯 100kg、豆豉 15kg、一级酱油 3kg、60°白酒 1kg、安息香酸钠 100g。

制作过程：将姜坯切成块瓣，再按姜形大小切成 3~4 片，置于竹席上暴晒，每 100kg 姜片晒至 60kg 左右。与此同时，将豆豉放在木甑内蒸至甑盖边，出现大汽即可；将蒸好冷却的豆豉拌入晒干的姜片内装坛，要求一层姜坯一层豆豉，入坛后压紧封口；经 10~15 天后取出，仔细筛去豆豉，再在姜片内放入酱油、白酒、安息香酸钠后拌匀、入坛压紧、密封；再经 20~30 天，即得黄褐色、味鲜、辛辣、脆嫩的酱姜制品，然后包装出售。

2. 糟姜

原料配比：新鲜姜100kg、食盐2kg、红糟13kg。

制作过程：将生姜洗净去皮，放入缸中；然后将食盐加35kg清水烧沸，冷却后加入红糟拌匀即为糟汁，倒入缸中，糟汁以淹没生姜为度；腌浸30天后，即得糟姜成品。糟姜贮于糟汁中，能经年不坏。

3. 姜片干

选肥大无嫩芽的新鲜姜切片，用沸水烫5~6分钟，使姜内的淀粉润洁。然后每100kg鲜姜用硫黄1.5kg进行5分钟左右的熏硫溜，尔后用冷水洗净，再送入烘干室内烘干，温度以65~70℃为宜。烘时温度应逐渐上升，免得淀粉糖化、变质发黏。经过烘干，即得姜片干成品。目前中药店出售的姜片干，大多用这种方法制得，它具有回阳、温肺化痰、温经止血的作用（未经加工的生姜，也是一种常用中药，有发散风寒、温中止呕、解毒的作用）。

4. 酸姜

选择幼嫩、无虫眼、无伤疤的鲜姜，洗净、晒干后切成块瓣，再按每100kg块瓣加香醋35kg、食盐10kg、花椒1kg的比例混合，一起入缸内浸腌（将缸置于低温的室内），经常搅动。经15天左右，即得别具风味的酸姜。

5. 糖姜片

原料配比：鲜姜50kg、白砂糖30kg、白糖粉4kg。

制作过程：将鲜姜斜切成薄片，加清水40kg放在锅内煮沸，捞出漂洗干净，榨去水分。再用白砂糖和清水11kg放入锅内煮沸，倒入榨去水分的姜片，上下翻动煮90分钟左右，至糖液浓厚、下滴成珠时，即可离火捞出。最后，用白糖粉抖匀摊晒1天后，筛去多余的糖粉，干燥后即为糖姜片成品。

【知识链接】

姜可分成片姜、黄姜和红爪姜3种。片姜外皮色白而光滑，肉黄色，辣味强，有香味，水分少，耐贮藏。黄姜皮色淡黄，肉质致密且呈鲜黄色，芽不带红，辣味强。红爪姜皮为淡黄色，芽为淡红色，肉呈蜡黄色，纤维少，辣味强，品质佳。良质姜——姜块完整、丰满结实，无损伤，辣味强，无姜腐病，不带枯苗和泥土，无焦皮、不皱缩、无黑心、糠心现象，不烂芽。次质姜——姜块不完整，较干瘪而不丰满，表皮皱缩，带须根和泥土。劣质姜——有姜腐病或烂芽，有黑心、糠心，芽已萌发。

第九节　黄精

一、植物学特征及品种

黄精（鸡头黄精）［*Polygonatum sibiricum* Red.］（百合科黄精属）又名黄鸡菜、鸡头参、爪子参。多年生草本，根茎横走，肉质，淡黄色，先端有时凸出似鸡头状，茎直立，高50~90cm。叶轮生，每轮4~6枚，线状披针形，长8~15cm，宽0.4~1.6cm，先端卷曲。花腋生，常2~4朵小花，下垂，总花梗长1~2cm；花被筒状，白色至淡黄色，长0.9~1.2cm，先端6浅裂，雄蕊6枚，花丝较短，长0.5~1mm；花柱长为子房的1.5~2倍，浆果球形，成熟时黑色。花期5—6月，果期7—9月。

多花黄精（姜形黄精、白及黄精）［*Polygonatum cyrtonema* Hua］（百合科黄精属）又名老虎姜、山姜、野山姜、黄精姜、山捣臼、南黄精、囊丝黄精。茎高40~100cm，叶互生，椭圆形、卵状披针形至长圆状披针形，叶脉3~5条。花梗着花2~7朵，在总花梗上排列成伞形；花被黄绿色，长1.8~2.5cm；花丝有小乳凸或微毛，顶端膨大至具囊状凸起。

滇黄精（大黄精）［*Polygonatum kingianum* Coll. et Hemsl.］（百合科黄精属）又名德保黄精、节节高、仙人饭、西南黄精。茎高1~3m，顶端常作缠绕状，叶轮生，每轮4~8枚，叶线形至线状枝针形，长6~20cm，宽0.3~3cm，先端渐尖并攀卷。花梗着生花2~3朵，不成伞形；花被粉红色，长1.8~2.5cm，浆果成熟时红色。

品种主要有黄精、多花黄精、滇黄精（图3-17、图3-18）。

图3-17　黄精植株

图3-18　黄精药材

二、生物学特性

（一）生态习性

多生于林下、灌丛或山坡地。喜阴湿，耐寒，幼苗能露地越冬。以排灌方便、土层深厚、疏松肥沃、表层水分充足、富含腐殖质的沙质壤土为佳。最好是荫蔽之地，上层为透光充足的林缘、灌丛、草丛及林下开阔地带。

（二）生长发育特性

黄精的生长发育期可以划分为 8 个时期，分别为：出苗期、伸长期、展叶期、现蕾开花期、果实期、枯死期、秋发期、越冬期等。黄精的种子具有休眠特性，千粒重约为 33g，发芽适宜温度为 25~27℃。

种植黄精一般 3 年收获，每亩产量 300kg 左右，2 年收的为 3 年收的 50%~60%，药材市场价格为 40 元/kg 左右，市场近期情形看好。

三、栽培技术

（一）整地选地

选择湿润和有充分荫蔽的地块，土壤以质地疏松、保水力好的壤土或沙壤土为宜。播种前先深翻 1 遍，结合整地每亩施农家肥2 000kg，翻入土中作基肥，然后耙细整平，作畦，畦宽 1. 2m。

（二）繁殖方式

1. 根状茎繁殖

于晚秋或早春 3 月下旬前后选 1~2 年生健壮、无病虫害的植株根茎，选取先端幼嫩部分，截成数段，每段有 3~4 节，伤口稍加晾干，按行距 22~24cm、株距 10~16cm、深 5cm 栽种。覆土后稍加镇压并浇水，以后每隔 3~5 天浇水 1 次，使土壤保持湿润。于秋末种植时，应在垧上盖一些圈肥和草以保暖。

2. 种子繁殖

8 月种子成熟后选取成熟饱满的种子立即进行沙藏处理：种子 1 份，沙土 3 份混合均匀。存于背阴处 30cm 深的坑内，保持湿润。待第二年 3 月下旬筛出种子，按行距 12~15cm 均匀撒播到畦面的浅沟内，盖土约 1. 5cm，稍压后浇水，并盖一层草保湿。出苗前去掉盖草，苗高 6~9cm 时，过密处可适当间苗，1 年后移栽。为满足黄精生长所需的荫蔽条件，可在畦埂上种植玉米。

（三）田间管理

1. 中耕除草

生长前期要经常中耕除草，每年于 4 月、6 月、9 月、11 月各进行 1 次，宜浅锄并适当培土，后期拔草即可。

2. 追肥

每年结合中耕除草进行追肥，前 3 次中耕后每亩施用土杂肥1 500kg，与过磷酸钙 50kg，饼肥 50kg，混合拌匀后于行间开沟施入，施后覆土盖肥。

3. 排灌

黄精喜湿、怕旱，田间应经常保持湿润，遇干旱天气要及时灌水，雨季要注意清沟排水，以防积水烂根。

4. 遮阴间作

由于黄精喜阴湿、怕旱、怕热，因此，应进行遮阴。可以间作，间作作物有玉米、高粱等高秆作物，最好是玉米。每 4 行黄精种植玉米 2 行，也可以 2 行玉米 2 行黄精或 1 行玉米 2 行黄精。间种玉米一定要春播、早播。玉米与黄精的行距约 50cm，太近容易争夺土壤养分，影响黄精的产量，太远不利于遮阴。

四、病虫害防治

（一）病害

1. 叶斑病

为黄精的主要病害，由真菌中半知菌属芽枝霉引起。危害叶片，从叶尖开始出现不规则的黄褐色斑，逐渐向下蔓延，雨季更为严重，直至叶片枯黄。

防治方法：收获时清园，消灭病残体；发病前和发病初期喷施 1∶1∶100 波尔多液或 50%退菌特可湿性粉剂1 000倍液，每 7~10 天喷 1 次，连续数次。

2. 黑斑病

多于春夏秋发生，为害叶片。

防治方法：收获时清园，消灭病残体；前期喷施 1∶1∶100 波尔多液，每 7 天喷 1 次，连续 3 次。

（二）虫害

1. 蛴螬

以幼虫为害，为害根部，咬断幼苗或咀食苗根，造成断苗或根部空洞，为害严重。

防治方法：可用 75%辛硫磷乳油按种子量 0.1%拌种或在田间发生期，用 90%敌百虫1 000倍液浇灌。

2. 棉铃虫

为鳞翅目夜蛾科害虫，幼虫为害蕾、花、果。

防治方法：用黑光灯诱杀成虫。在幼虫盛发期用 2.5%溴氰菊酯乳油2 000倍液，或 20%杀灭菊酯乳油2 000倍液，或 50%辛硫磷乳油1 500倍液喷雾。也可以用日本追寄蝇、螟蛉悬茧姬蜂等天敌进行生物防治。

3. 蚜虫

为害叶子及幼苗。

防治方法：用50%杀螟松乳油1 000~2 000倍液或乐果乳油1 500~2 000倍液喷雾防治。

五、采收与加工

（一）采收

种子繁殖的3~4年、根茎繁殖的1~2年即可收获。一般秋末、春初萌发前均可以收获，以秋末、冬初采收的根状茎肥壮而饱满，质量最佳。

（二）加工

采收后，去掉地上部分及须根、烂疤，洗净泥沙，太大者可酌情分为2~3段，置蒸笼中蒸10~20分钟，以透心、呈油润状时取出晒干或烘干，或置水中煮沸后捞出晒干或烘干，以蒸法为佳。晒干时要边晒边揉，直至全干。一般亩产干货350~500kg。

【知识链接】

“节间”一头粗，一头细，在粗的一端有短分枝，中药志称这种根状茎类型所制成的药对为鸡头黄精。

第十节　姜黄

一、植物学特征及品种

姜黄［*Curcuma longa* L.］（姜科姜黄属），别名郁金、宝鼎香、毫命、黄姜等（图3-19、图3-20）。多年生草本，株高1~1.5m，根茎很发达，成丛，分枝很多，椭圆形或圆柱状，橙黄色，极香；根粗壮，末端膨大呈块根。叶每株5~7片，叶片长圆形或椭圆形，长30~45（90）cm，宽15~18cm，顶端短渐尖，基部渐狭，绿色，两面均无毛；叶柄长20~45cm。花葶由叶鞘内抽出，总花梗长12~20cm；穗状花序圆柱状，长12~18cm，直径4~9cm；苞片卵形或长圆形，长3~5cm，淡绿色，顶端钝，上部无花的较狭，顶端尖，开展，白色，边缘染淡红晕；花萼长8~12mm，白色，具不等的钝3齿，被微柔毛；花冠淡黄色，管长达3cm，上部膨大，裂片三角形，长1~1.5cm，后方的1片稍较大，具细尖头；侧生退化雄蕊比唇瓣短，与花丝及唇瓣的基部相连成管状；唇瓣倒卵形，长 1.2～2cm，淡黄色，中部深黄，花药无毛，药室基部具 2 角状的距；子房被微毛。花期为 8 月。

图 3-19　姜黄花

图 3-20　姜黄药材

姜黄商品常分为圆形姜黄和长形姜黄。

二、生物学特性

（一）生态习性

姜黄原产于热带亚热带地区，海拔 200～800m 的丘陵山间草地或灌木丛中。喜温暖，怕严寒霜冻，-3℃以下，根、茎会冻死，地上部分耐寒能力更差。整个生长期内适宜的温度为 15～30℃，种子萌芽的适宜温度为 20～25℃，根状茎萌芽的适宜温度为 10～18℃，茎叶生长的适宜温度为 18～28℃，根状茎膨大的适宜温度为 20～28℃。根状茎贮藏的适宜温度为 5～7℃。主产区为年平均气温 17.9℃，无霜期 341 天。喜湿润的气候，应选择雨量充沛且分布较均匀的地区栽培。虽有耐阴习性，但从近年人工栽培情况看，整个生长期内需有充足的阳光，才有利于光合作用，提高产量和品质，一般适宜的年日照数为 1 750～2 000小时。姜黄对土壤的适应性较强，在一些较差的土壤上种植也能获得一定收益。但以排水良好、富含有机质、土层深厚、土质疏松、通透性能好的土壤为好。过于黏重的土壤排水通气性差，不利于根状茎的伸长与膨大，过沙的土壤，蓄水保肥能力差。对土壤酸碱度的要求一般 pH 值在 6～8 为好。

（二）生长发育特性

人工栽培姜黄生长期长，播种期弹性大，采用当年种，当年收。最佳播期一般在 2—3 月，4 月以后播种，对产量有影响。4 月中旬出苗，5 月中下旬开花，6 月上旬块茎开始膨大，8、9 月为快速膨大期，11 月下旬霜后藤叶枯萎，12 月收获。根系发达，最长根有 35cm，抗干旱能力强。

三、栽培技术

（一）选地与整地

选择土质疏松、肥沃、土层深厚、有机质含量较高、排水良好、坡度在30°以内，pH值在6~8的沙质壤土或小黄土为宜，坪地、坡地均可种植，过于黏重的土壤不宜栽培。生荒地要深翻30cm以上，经雨雪淋溶、风化后，并施入一定量有机肥，不能边翻边种。一般在冬季12月至翌年2月进行，采用一犁两耙，深翻土25cm左右。种前再犁耙1次，使土层松碎，地面平整，然后起畦，畦高0.25m，宽1.2m，长10m，并挖好防洪沟和排水沟。

（二）繁殖方法

主要采用根茎繁殖。

1. 选种

务必剔除发霉、受冻、腐烂变软、严重失水和有病虫害的姜块。用具有两个以上健壮芽、须根多、直径2cm左右的黄姜作种用，可用整块黄姜，也可掰成4~5cm的茎段作种，每亩备种160~200kg。

2. 播种

对翻耕整好的地块，按东西向作成1.8m宽的畦，畦面上按宽窄行挖穴，宽行35~38cm，窄行15~18cm，挖穴两行。共挖6行，穴距20cm左右，穴深10~12cm，先将剩余的40%肥料施入穴内，再放种，然后覆土5cm。一般每亩需种根6 000~8 000个。

（三）田间管理

1. 除草培土

在种姜植后25天左右长芽，待姜苗长到10~15cm时，必须要人工除草（不得使用除草剂），此次除草最为关键。每年的7月中下旬到8月初是姜黄植株地下和地上生长最活跃的时候，要及时进行培土，一般培土的高度为8~12cm，可有效防止植株倒伏。培土后，姜黄的生长旺盛，草少，只需用刀割草即可。

2. 施肥

促苗肥：以N肥为主，一般在雨后直接撒施，每亩用量30~40kg，在种苗出齐后，在5月中旬，结合第1次中耕除草进行。操作时避免肥料直接与植株接触，一旦接触用水淋，避免灼烧植株，造成死苗。

壮苗肥：5月底到6月初，这段时间植株的生长量在加快，而且与上次施肥间隔有15~20天，要及时追施富含N、P、K的复合肥，每亩用量70~90kg。边施肥边盖土，防止肥料流失，提高利用率。

壮姜肥：这次肥至关重要，可有效提高姜黄产量和延长植株生命，也是抗倒伏的一次有效措施。施肥时间是每年的7月中下旬，这时候是植株地下块茎和地上植株快速生长的时期，需要大量的水分和各种营养物质，应以富含多种营养成分的高效、长效腐熟农家肥为主，结合增施K肥或复合肥，并结合中耕培土一起进行。每株施用腐熟农家肥1.5kg，K肥或复合肥0.1kg/株（复合肥与农家肥一起沤熟后施用，K肥直接施用）。

3. 灌溉排水

姜黄喜湿润，怕积水，在7—8月的雨水季节，要挖好防水（洪）沟，及时排水防涝，避免烂根和死苗。每次施肥前后，如遇干旱少雨，就要及时淋水保湿，提高植株吸收水肥能力，保证植株正常生长。

四、病虫害防治

（一）病害

1. 根腐病

多发生在6—7月或12月至次年1月。发病初期侧根呈水渍状，后黑褐腐烂，并向上蔓延导致地上部分茎叶发黄，最后全株萎死。

防治方法：雨季注意加强田间排水，保持地下无积水；将病株挖起烧毁，病穴撒上生石灰粉消毒；植株在11—12月自然枯萎时及时采挖，防止块根腐烂造成损失；发病期灌浇50%退菌特可湿性粉剂1 000倍液。

2. 叶斑病

危害叶片，发病初期呈现大型水浸状斑，中部色较浅，后渐干枯，四周具浅绿色水渍状晕环，后期病斑中间呈薄纸状，浅黄色，易破碎，病斑上可见数量不多、不大明显的小黑粒点。

防治方法：选用抗病品种；发病地收获后进行深耕和实行轮作；注意苗床通风透光，降低湿度；多施磷钾肥，增强抗病力；发病初期喷洒30%碱式硫酸铜悬浮剂400倍液；1：1：（120~200）倍波尔多液或代森氨水1 000倍液，每周1次，连续3~4次。

（二）虫害

1. 地老虎、蛴螬

于幼苗期咬食植株须根，使块根不能形成，造成减产。

防治方法：每亩用25%敌百虫粉剂拌细土15kg，撒于植株周围，结合中耕，使毒土混入土内；或每亩用90%晶体敌百虫100g与炒香的菜籽饼5kg做成毒饵，撒在田间诱杀；清晨人工捕捉幼虫。

2. 钻心虫

一般在8月以后钻蛀植株心叶，造成植株提早干枯，块茎不充实，从而影响质量和产量。防治方法：可用40%乐果乳油1 000倍液或90%敌百虫原粉800倍液喷洒。

五、采收加工

（一）采收

一般从当年的12月下旬到次年的2月上中旬均可进行采挖，每年1月开挖为最佳。姜黄在12月下旬以后，叶片逐步干枯，整个植株也逐渐枯萎，直至死亡，这时地下块茎已充实，姜黄素和一些内含物也达到最高值，是采收的好时机。12月下旬至次年2月上旬是姜黄块茎的休眠期，也可以在这段时间采收。过早，块根含水量高，不充实，干燥率低，影响产量；过迟，姜黄块茎发芽或是雨水季节，块根水分增加，不易晒干或晒干时易起泡，降低产品质量。收获时可用牛犁或人工采挖块茎，除去根须、泥土和烂姜等，放置在通风处。

（二）加工

将根茎挖出后，洗净泥沙，煮或蒸至透心，捞起略晒干水分，可土炕烘干。烘干后置撞筐或特制竹笼内，撞去毛须及外皮，即得外表深黄色的干姜黄；摇撞时喷些清水，同时，撒些姜黄细末，再摇撞，可使姜黄变为金黄色，色泽更鲜艳。也可将根茎切成0.7cm厚的薄片，晒干即可。

【温馨小提示】

姜黄，是我们常吃的姜吗？非也。姜黄虽然是姜科植物的一种，但并不是我们一般吃的姜母鸭或姜丝炒大肠所使用的姜。姜黄是数千年来在印度医书《阿育吠陀》（*Ayurveda*）和中药里常见的一种药材，也是好吃又便宜的辛香料，我们常见的咖哩带着极其鲜艳的黄色，就是因为姜黄的成分。咖哩在印度饮食中扮演相当重要的角色，近年来西方人对印度老年人罹患阿兹海默症的比率远比其他国家低而感到有趣，从饮食文化的研究分析中发现，其主要原因可能是食用了大量的咖哩，有这么神奇吗？进一步的研究竟然发现，咖哩中主要的成分姜黄，可以抑制β类淀粉蛋白的聚合颗粒沉积在脑神经突触的间隙，因此推论姜黄能预防阿兹海默症所造成的老人痴呆症状。

第十一节　千年健

一、植物学特征及品种

千年健［*Homalomena occulta*（Lour.）Schott］（天南星科平丝芋属），别名一

包针、千颗针、千年见、丝棱线（图 3-21、图 3-22）。多年生草本，根茎匍匐，粗 1.5cm，肉质根圆柱形，粗 3～4mm，密被淡褐色短绒毛，须根稀少，纤维状。常具高 30～50cm 的直立的地上茎。鳞叶线状披针形，长 15～16cm，基部宽 2.5cm，向上渐狭，锐尖。叶柄长 25～40cm，下部具宽 3～5mm 的鞘；叶片膜质至纸质，箭状心形至心形，长 15～30cm，宽 15～28cm，有时更大，先端骤狭渐尖；1 级侧脉 7 对，其中 3～4 对基出，向后裂片下倾而后弧曲上升，上部的斜伸，2、3 级侧脉极多数，近平行，细弱。花序 1～3，生鳞叶之腋，序柄短于叶柄，长 10～15cm。佛焰苞绿白色，长圆形至椭圆形，长 5～6.5cm，花前席卷成纺锤形，粗 3～3.2cm，盛花时上部略展开成短舟状，人为展平宽 5～6cm，具长约 1cm 的喙。肉穗花序具短梗或无，长 3～5cm；雌花序长 1～1.5cm，粗 4～5mm；雄花序长 2～3cm，粗 3～4mm。子房长圆形，基部一侧具假雄蕊 1 枚，柱头盘状；子房 3 室，胚珠多数，着生于中轴胎座上。种子褐色，长圆形。花期 7—9 月。

图 3-21　千年健药材

图 3-22　千年健植株

二、生物学特性

（一）生态习性

野生于海拔 80～1 100m 的沟谷密林下、竹林和山坡灌丛中。喜温暖、湿润、郁闭，怕寒冷、干旱和强光直射，是比较典型的喜阴植物。一般在年平均气温 22℃左右、年降水量1 000mm 以上、空气相对湿度 80%以上、郁闭度在 70%～90%、土壤含水量 30%～40%的肥沃沙壤上生长良好。能耐 0℃左右短时低温。过于干旱，植株易枯萎死亡。在强光下植物生长缓慢，叶子变黄，甚至发生灼伤现象。

（二）生长发育特性

千年健生长缓慢，在生长期间随地上茎的增高，根茎也增长和增粗，并不断从根茎节上抽出新芽，长出新的分株，形成植株丛。一年四季都可抽芽形成新的分株，营养生长期抽芽成株多，花期抽芽成株少。

三、栽培技术

（一）选地与整地

育苗地和种植地均宜选择树木生长繁茂的阔叶林下，土质疏松肥沃的坡地、河谷或溪边阴湿地。林下栽培应选择地势不超过30°的坡地，山地栽培以选择质地疏松的沙壤土为宜。忌在干旱、地势低洼、黏重、瘠薄的土壤中栽培。林下栽培，于冬末春初整地，清除林下杂物，保持郁闭度70%~90%；山地栽培应先翻地，一般深25~30cm，作成高或平畦，畦宽、畦高可因地制宜。

（二）繁殖方法

采用无性繁殖，即育苗移栽和直接扦插定植。

1. 育苗移栽

分扦插育苗和压条育苗两种。

扦插育苗：每年3—5月，选健壮的根茎，截成长15cm，具3或4个节的插条，在育苗地的畦面上按行距20cm，开8~10cm深的浅沟，在沟内每隔10~12cm，斜置一插条于苗床上，而后覆土压实。覆土时应露出1/3的插条，然后在苗床上再覆一层稻草。苗床要经常淋水，保持土壤湿润，以利新苗生长。经2~3个月，插条长出数条根，当苗高10cm时可移植。

压条育苗：在原地选择健壮的匍匐根茎，每隔15cm覆盖一小堆土于根茎上，待被压的根茎长出新苗后，用小刀截取，作种苗移植。

2. 直接扦插定植

即不经育苗阶段，将插条直接插于大田种植。一般按株距20cm，在畦面开穴，每穴插条1或2段，斜置于穴边，再覆土压实。盖土时应露出1/3的插条，最后在畦面上盖一层稻草，以保持土壤湿润。此法因幼苗期管理费工，在生产上多不采用。

（三）移植

分春植和秋植两种，以春植为宜。春植一般在4—5月，秋植一般在8—9月，最好在雨季进行。在施足基肥的畦面上，按株行距30cm×3cm开穴，穴的深宽以5cm×15cm为度，每穴放一苗，最后覆土压实并淋足定根水。

（四）田间管理

1. 遮阴

千年健需要荫蔽度较大的生态环境，生长周期的最适宜环境要相对稳定。其生活条件必不可少的荫蔽度应在70%~90%。林下栽培，以搭盖遮阴的办法为好。总之，千年健的生长既怕强光直射，又需要一定的光照。在生产过程中，要创造有活动光斑的照射条件，以满足千年健的生长需要。

2. 补苗

定植后应及时进行查苗，发现缺苗要及时补种，保证全苗。

3. 松土

种植苗长出新根、新叶后，及时进行中耕松土、除草。移植苗生长缓慢，而春、夏及初秋杂草生长较快，常有草荒欺苗的现象，因而要求勤拔草、细松土，做到拔草和松土相结合。

4. 追肥

定苗后，在松土除草后及时进行追肥，每亩追施稀畜粪水1 000kg，以后每中耕除草 1 次或 2 次，追肥 1 次。春、夏季，每亩施人畜粪水1 000kg；秋、冬季每亩施厩肥、草木灰等混合肥5 000kg 左右，以促进根茎和茎的生长。冬季施肥应结合培土，用腐殖碎土撒盖根茎，以保护根茎安全过冬。每年采收后，应进行培土施肥，促进植株分蘖和根茎长大增粗。

5. 浇水

千年健喜阴湿，苗期应淋足定根水；生长期遇干旱时应及时浇水，保持土壤湿润。

四、病虫害防治

目前，病虫害发现的还不多，有时可见叶斑病，7—8 月高温多雨季易发生，为害叶片。可用退菌特1 000倍液喷洒叶面防治。

千年健易发生生理性病害。土壤缺氮时会引起植株失绿、黄化；缺钾时常使根茎枯死；水分不足，常引起植株枯萎，甚至死亡。光照过强，抑制植株生长或出现灼伤；光照过弱，植株生长缓慢。气温干热，植株干枯或死亡；气温过低，茎或根茎腐烂。因此，必须注意生态环境，以防止生理性病害的发生。

五、采收加工

（一）采收

种植 3~5 年后，根茎长至 40cm 以上即可采收，一般以秋冬采收为宜。

（二）加工

挖出鲜根后，除去茎叶、不定根、外皮及杂质。将鲜根切成 15~40cm 长段，晒干或低温干燥。但切忌将千年健切成饮片或细条后晒干，否则损失挥发油成分太多，降低药效。

【历史典故】

关于千年健，曾流传过这样一个凄美的爱情故事。相传曾经有个妖精，心地非常善良，经常帮助人们，因此触犯了妖规，而被其他妖精排斥。于是他化作了人形，来到了人间。一次偶然的机会，妖精与来到凡间偷玩的仙女相识了，并且很快坠入爱河。后来，玉帝知道了这件事，勃然大怒，就把仙女囚禁起来。随着时光的推移，妖精对仙女的思念与日俱增。他不断地钻研妖道，想尽千方百计要见到仙女。功夫不负有心人，过了一千年，妖精终于找到了一个可以见到仙女的禁术。他对一种用于治疗风湿的植物施法，这种植物的叶子就会出现仙女的身影，他们之间就能看到对方，还能够对话。但是妖精这样做就会消耗一千年的修行，并且这个法术只能维持半天。即使是这样，妖精也很满足了，至少一千年还能见一面。于是，每一千年，妖精和仙女都会见上一面。所以，人们就给这种植物取了个名字叫“千年健”。

第十二节　射干

一、植物学特征及品种

射干［*Belamcanda chinensis*（L.）Redouté］（鸢尾科射干属），别名蝴蝶花、凤翼、野萱花等（图3-23、图3-24）。多年生草本，株高50~100cm。根茎横走，略呈结节状，外皮鲜黄色。叶互生，嵌迭状排列，剑形，长20~60cm，宽2~4cm，基部鞘状抱茎，顶端渐尖，无中脉。花序顶生，叉状分枝，每分枝的顶端聚生有数朵花；花梗细，长约1.5cm；花梗及花序的分枝处均包有膜质的苞片，苞片披针形或卵圆形；花橙红色，散生紫褐色的斑点，直径4~5cm；花被裂片6，2轮排列，外轮花被裂片倒卵形或长椭圆形，长约2.5cm，宽约1cm，顶端钝圆或微凹，基部楔形，内轮较外轮花被裂片略短而狭；雄蕊3，长1.8~2cm，着生于外花被裂片的基部，花药条形，外向开裂，花丝近圆柱形，基部稍扁而宽；花柱上部稍扁，顶端3裂，裂片边缘略向外卷，有细而短的毛，子房下位，倒卵形，3室，中轴胎座，胚珠多数。蒴果倒卵形或长椭圆形，黄绿色，长2.5~3cm，直径1.5~2.5cm，顶端无喙，常残存有凋萎的花被，成熟时室背开裂，果瓣外翻，中央有直立的果轴；种子圆球形，黑紫色，有光泽，直径约5mm，着生在果轴上。花期6—8月，果期7—9月。

图 3-23　射干花

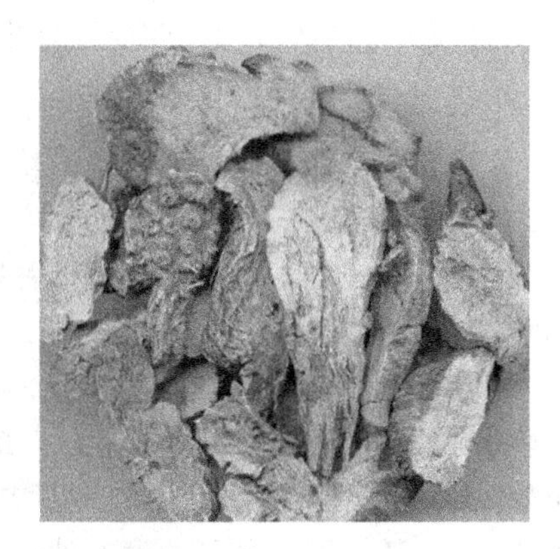
图 3-24　射干药材

二、生物学特性

（一）生态习性

射干生于林缘或山坡草地，大部分生于海拔较低的地方，但在西南山区，海拔 2 000~2200m 处也可生长。主产于湖北、河南、江苏、安徽等省，浙江、福建、陕西、贵州、广西、广东等省区也有分布。射干喜温暖，气温在 20~25℃，土壤湿度为 50%时，种子开始萌动；当气温在 25~35℃、光照时间长、土温高、雨量充足时，射干生长旺盛；射干耐旱、耐寒，在气温为-17℃的地区可以自然越冬。射干对土壤要求不严，在地势较高、肥沃疏松、排水良好的沙质壤土中植株生长良好。土壤酸碱度以中性和微碱性为好。低洼积水地根茎易腐烂。

（二）生长发育特性

射干种子繁殖的第一年一般在 4 月中下旬出苗，10 月上旬倒苗，生长期为 160~170 天；根茎繁殖的第一年的 5 月上中旬出苗，10 月上中旬倒苗，生长期 150 天左右。二年生及多年生者一般 2 月下旬出苗，10 月上中旬倒苗，生长期为 210~220 天。

三、栽培技术

（一）选地与整地

种植地宜选择地势较高、向阳、土层深厚、排水良好的沙质壤土地、平地或缓坡地。如用荒山坡地种植，宜在头年秋、冬季翻地，使其有一段时间的风化熟化过程，到翌年春季再翻耕 1 次，除去树根、杂草、石块。用耕地种植的，在种植前翻耕 1 次，深翻土地 20cm 以上，每亩施堆肥或厩肥2 000kg、过磷酸钙 25kg、饼肥 50kg 翻入土中作基肥。施后浅耙 1 次，使肥土混匀，起宽 120~130cm 的高畦，或起宽 50~60cm 的垄种植。四周开好排水沟。

（二）繁殖方法

多采用根茎繁殖，因为繁殖得快，也可用种子繁殖。

1. 根茎繁殖

根茎选择：在 1 月下旬，将作种用的射干挖出，选生长健壮、鲜黄色、无病虫害的根茎。

根茎处理：将选择的根茎按每 2~3 个芽和部分须根切成 4cm 长的根段（适当修剪过长的须根，便于栽植成活），待切口愈合后，将种根茎在浓度为 50mg/L 的 ABT4 号生根粉溶液中浸泡 3 小时后栽植，这样可促使根茎上的休眠芽萌发和提早出苗。据试验证明，凡经处理的种根茎，和未处理的比较，出苗提早 10 天，根茎芽出苗率提高 30%。

栽种：射干栽时，在整好的畦面上，按行距 25~30cm、株距 20~25cm 挖穴，深 15cm，穴底要平整，挖松底土。在开好的栽种穴内施入拌好的细土，然后每穴栽种 1~2 段种根，随即盖上 6~7cm 厚的细土，稍压紧并浇透水（最好施腐熟人畜粪尿水），再覆细土与畦面平，随即覆盖地膜，5 天左右便可出苗。此时要及时破膜放苗，防高温烧苗。

2. 种子繁殖

采种：通常在 9 月下旬至 10 月上旬射干果壳变黄色将要裂口时，连果柄剪下，置于室内通风处晾干后脱粒。

种子处理：采后的种子切勿暴晒，否则增加种皮的坚硬性，射干种子具有后熟性，必须在低温湿润条件下才能完成生理后熟。春播的种子须进行低温处理才能萌发，秋天采收的种子混拌 3 倍的湿沙，挖坑埋于室外，坑的大小深浅依种量多少而定，保持湿润，不让受冻。翌年春挖出播种，秋播的种子须用 40~50℃ 温水浸泡 24 小时，然后阴干播种。

晒干的种子播前要进行种子处理：种子在清水中浸泡 1 周，每天换一次水，除去空瘪粒，加上细沙接揉，后用清水清洗除去沙，1 周后捞出种子，滤去水分。把种子放在箩筐，用麻袋盖严，经常淋水保持湿润，温度在 20℃ 左右，15 天开始露白芽，1 周后 60% 都出芽时，即可播种。

3. 播种

采用直播和育苗移栽均可，播种时期因露地和地膜覆盖而有所不同。

（1）直播　春播在清明前后进行，秋播在 9—10 月，一般采用沟播。在整好的畦面上，按株行距为 25cm×30cm 开沟定穴，沟深 5cm 左右，沟底要平整、疏松，在每穴内施入土杂肥，盖细土约 2cm 厚，然后播入催过芽的种子 5~6 粒。播后覆土压实，适量浇水，盖草保湿保温，每亩用种量 2~3kg，播后 20 天左右即可出苗。

（2）育苗　春播在 3 月进行，秋播在 9—10 月，播前先将畦面浇透水，水渗干后，按行距20cm横向开沟，深6cm，播幅宽10cm。然后，将催芽籽均匀地播入沟内，覆盖拌有土杂肥的细土厚5cm，或将事先备好的种子撒播入苗床，覆盖5~6cm厚的细肥土即可。播后稍加压实，盖草保湿保温，每亩用种量8~10kg。增温育苗：通常为使射干播种当年延长生长期，可利用塑料小拱棚增温，能早播早出苗，用塑料小拱棚育苗可于1月上、中旬按常规操作方法进行，先将混沙贮藏裂口的种子播入苗床，覆上一层薄土，每天早晚各喷洒1次温水。1周左右便可出苗，出苗后加强肥水管理，到3月中、下旬就可定植于大田。

（3）移栽定植　翌年清明节前后，当苗高20cm以上时进行定植。在整好的种植地上，按行株距20cm×15cm开穴，穴深8cm左右，每穴栽苗1~2株。覆土后浇水，成活率达90%以上，2~3年收获。

（三）田间管理

1. 间苗补苗

一般间苗2次，最后在苗高10cm时进行定苗，每穴留苗1~2株。为保证苗齐、苗全，稳产、高产和优质，必须及时对缺苗处进行补苗。补苗和间苗同时进行，最好选阴天或晴天傍晚进行，要求带土补栽，浇足定根水，以利成活。

2. 中耕除草

出苗后或移栽成活后，要勤中耕除草，以利于植株生长，通常每年进行3~4次。如果是春播的第一年，分别在5月、7月、11月进行1次；第二年进行3次，分别在3月、6月、11月进行。封行后不再中耕除草。另外，每年11月植株枯黄后，结合中耕除草培土1次，用沟内的细土培在根际周围，以利于植株越冬，防止倒伏。

3. 追肥

射干是喜肥植物，除施足基肥外，在第二年的春、夏、秋、冬季各追肥1次。春、夏季追肥，每亩施人畜粪水1 500kg或尿素25~30kg，在植株外10cm处开穴施下。秋季每亩施厩肥、草木灰混合肥1 500~2 000kg、复合肥25kg，施后培土。冬季每亩施腐熟厩肥1 500kg、草木灰20kg、过磷酸钙25kg、复合肥30kg，混匀后施下，施后培土。前两次追肥可促进地上茎叶生长，以后两次追肥则可促进根茎生长，提高产量。

4. 灌溉排水

射干怕水涝，大雨后要及时疏沟，把地里的水排除掉，以防根茎腐烂。射干虽耐旱，但在苗期和移栽后要保持畦土湿润，以利于幼苗生长。在苗期如遇干旱，要适当浇水或灌溉。苗高10cm以后，可少灌水或不灌水。

5. 摘蕾

采用根茎种植的，当年便可开花；用种子育苗移栽或直播的，要到翌年才开花，而且其花期长，开花结果多，要消耗大量养分，影响根茎生长。除留种地外，要在植株抽薹时选晴天早晨露水干后把花蕾摘除，并分期分批摘除干净。

四、病虫害防治

（一）病害

1. 锈病

在幼苗和成株时均有发生，但成株发生早，秋季危害叶片，呈褐色隆起的锈斑。

防治方法：发病初期喷95%敌锈钠400倍液，每7~10天喷1次，连续2~3次即可。

2. 根腐病

多发生于春夏多雨季节。使用带菌种苗或未充分腐熟的农家肥诱发此病。

防治方法：发现病株后，及时用1∶1∶120的波尔多液喷洒植株；严重病株，应连根带土铲除，于田外烧毁，病株根穴用石灰进行土壤消毒。

3. 化学除草

在以禾本科杂草危害为主的射干田块，可单用乙草胺、都尔、除草通、禾耐斯等作播后苗前土壤处理；在以阔叶杂草危害为主的射干田块，可用草净津、扑草净、赛克津等广谱性除草剂，做播后苗前土壤处理。播后苗前土壤处理选用的除草剂有：50%都尔混剂、乙草胺、禾耐斯、除草通、草净津等。

（二）虫害

1. 钻心虫

又名环斑蚀夜蛾，5月上旬幼虫为害叶鞘、嫩心叶和茎基部。

2. 蛴螬

主要咬食根状茎和嫩茎，为害严重。

防治方法：施用的粪肥要充分腐熟，最好是高温堆肥；灯光诱杀成虫。在田间用黑光灯或电灯进行诱杀，灯下放置盛虫容器，内装少量水加滴少许煤油即可；可用50%磷铵乳油2 000倍液喷杀或用90%敌百虫800倍液喷雾防治。

五、采收加工

（一）采收

种子播种的栽种3~4年、根茎分株的栽种2~3年采挖。于秋季地上植株枯萎后，或早春萌发前，选晴天完整挖起根茎运回加工。

（二）加工

根茎采挖运回后，洗净泥土，晒干，搓去须根，再晒至全干。若遇阴雨天气，则置于烘房内烘干，搓去须根，再烘至全干。烘干时温度不得超过70℃。

【知识链接】

射干为中医常用清热解毒，利咽消痰药。对于热毒郁肺、结于咽喉而致咽喉肿痛，兼有热痰壅盛者尤为适宜，单用即有效。

第十三节　藁本

一、植物学特征及品种

藁本［*Ligusticum sinense* Oliv.］（伞形科藁本属），别名香藁本、西芎、西芎藁本、西藁本、土芎、香头子、川香及山蒌（图 3-25、图 3-26）。多年生草本，高达 1m。根茎发达，具膨大的结节。茎直立，圆柱形，中空，有纵直沟纹。基生叶具长柄，柄长可达 20cm；叶片轮熟宽三角形，长 10~15cm，宽 15~18cm，二回三出式羽状全裂，第一回羽片轮廓长圆状卵形，长 6~10cm，宽 5~7cm，下部羽片具柄，柄长 3~5cm，基部略膨大；末回裂片卵形，长约 3cm，宽约 2cm，先端渐尖，边缘具状浅裂，有小尖头，两面无毛，仅脉上有短柔毛，顶生小羽片先端渐尖至尾状；茎中部叶较大；茎上部叶近无柄，基部膨大成卵形抱茎的鞘。复伞形花序顶生或侧生；总苞片 6~10，线形至羽状细裂，长约 6mm；伞辐 14~30，长达 5cm，四棱形，有短糙毛；小伞花序有小总苞片约 10 片，线形或窄披针形，长 3~4mm；花小，无萼齿；花瓣白以，倒卵形，先端微凹，具内折小尖头；雄蕊 5；花柱基隆起，花柱长，向外反曲。双悬果长圆卵形，长约 4mm，宽 2~2.5mm，先端狭，分生果背棱突起，侧棱扩大成翅状，背棱棱槽内有油管 1~3 个，侧棱棱槽内有油管 3 个，合生面有油管 4~6 个，胚乳腹面平直。花期 7—9 月，果期 9—10 月。

图 3-25　藁本叶

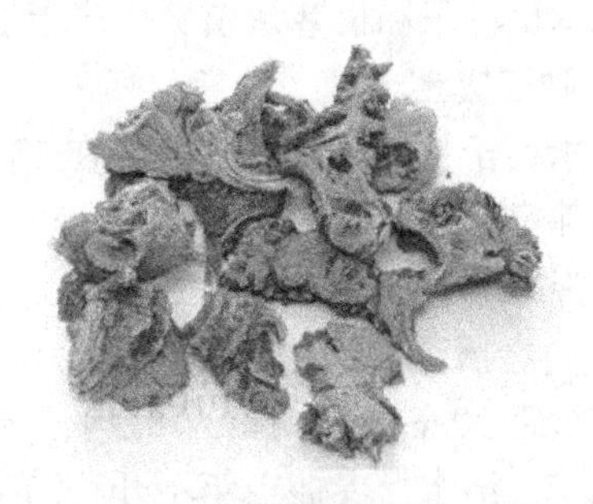

图 3-26　藁本药材

品种主要有辽藁本、火藁本、北藁本。

二、生物学特性

（一）生态习性

藁本野生分布较广，大多生长在海拔 1 250~2 500m 的林下、灌丛及沟边等阴湿处，生命力较强。喜凉爽、湿润气候。耐严寒怕高温，怕水渍，忌连作。对土壤要求不严，但以土层深厚，疏松肥沃，富含有机质的沙质壤土为好。重黏土、盐碱地、低洼地不易种植。

（二）生长发育特性

种子在 15~30℃的温度范围内均可萌发，但以 20℃的温度为最好，发芽率可达 80%以上。种子寿命为 1 年，故隔年种子不能用。

三、栽培技术

（一）选地与整地

选择土层深厚、排灌方便、腐殖质含量丰富、疏松肥沃的中性或微酸性或微碱性沙质壤土。藁本田中不能久积水，必须是浇水和排水方便的地块。以麦茬、菜籽茬、豆类茬等作物为前作茬。整地时间在播种的头一年的秋天或早春。整地前每亩先施入腐熟农家肥1 500~2 000kg，如果没施农家肥的土壤每亩施入 30~40kg 磷酸二铵，深翻 20cm 耙碎，或者用旋耕机将土壤旋松，使土、肥均匀混合，除净杂草碎石，然后做育苗床。山地要按上下坡度作床，将床面上的土堆起后，形成中间略高于两边的床面，最后做成宽 120~150cm、高 30~40cm、长 20~30m 的畦床，畦间距 50cm。

（二）繁殖方法

藁本用种子和根茎繁殖，生产上以根茎繁殖为主。

1. 种子繁殖

藁本种子在 5℃开始萌芽，在 15~30℃范围内均可萌发，但以 20℃温度为最好，发芽率可达 80%以上；低于-5℃时，地上部分受冻枯萎，地下部分可安全过冬。地温 18℃时，其生长速度最快。

（1）春播　在清明前后播种，因春季温度较低，风较大，易干旱，应适当多播，按行距 30cm，开 5cm 深的沟，选择饱满的种子均匀撒于沟内，再覆上细土，稍作压实，浇水。春播当年不开花结实。

（2）秋播　在封冻之前播种。秋播种子当年不出苗，来年开春出苗。按行距 30cm，开 5cm 深的沟，种子均匀撒于沟内。每亩用种 2~4kg。一般在 10 月 10 日左右播种，种子经过一个冬天低温春化、休眠，发芽率高，出苗早，病虫害少，植株健壮，可提前采收。

10 月播种的藁本在经过冬天休眠完成春化，于翌年 5 月前后出苗，长出 2~3 片真叶，但最高不超过 10cm，叶柄直径不足 0.8cm，长势较弱。出苗率可以达到 75%，但成活率只保持在 50%左右。

7、8 月进入雨季，除中午阳光会强烈些外，相应紫外线的强度不及春天，此时也进入了藁本旺盛生长期，气温和地温均较为稳定，日温差在 20℃以内，对水分和光照的要求也可以得到满足。保护地栽培应多浇水，拉遮阴网，强日照反而对藁本的生长起到抑制作用。9 月采收晾晒。

2. 根芽繁殖

于早春萌发前或晚秋地上部枯萎后，将地下根茎刨出移栽，为了防止早春萌发刨根时碰损萌芽，一般在晚秋地上部枯萎后，将根刨出。按大小分株，一般每墩可分 3~4 株，分好后，按株距 15cm、行距 30cm、开深 15cm 左右的穴。每穴栽 1~2 株，栽后覆土、压实、浇水。春栽覆土至芽根上 4~5cm，秋栽覆土至芽根上 5~7cm。春栽 10~15 天出苗，秋栽至来年春天发芽。移栽应在早晚或阴雨天进行。9、10 月，气温逐渐下降，昼夜温差也随之增大，尤其在降雨过后，最低气温会降至 -1℃左右，地面有霜。10 月中旬以后清晨有冻土，水开始结冰，此时，藁本地上大部分已经停止生长。10 月已经开始降雪，藁本地上部分在夜间往往被冻僵，次日太阳升起时方化，藁本地上部分开始枯萎。10 月下旬到翌年 4 月时藁本的休眠期，这期间完成藁本的休眠春化。

（三）田间管理

1. 除草

幼苗期中耕除草有利于幼苗发根生长，同时注意遮阳。藁本属于野生植物，在生长期，少部分杂草可以促进植株积极吸收养分，有助于植株生长，但杂草不能过多和过高。

2. 浇水

苗期要注意及时浇水，苗期根系较浅，要用小水细灌，在晴天的上午浇水。植株生长旺盛期，应及时供水，保持土壤湿润。

3. 间苗定苗

苗高 3~4cm 时可适当间苗、补苗，待苗高 7~8cm 时定苗。

4. 施肥

早春返青后，每亩可适当施入土杂肥1 500kg，开沟施入或用 10kg 尿素结合浇水施入，8 月上旬生长盛期可适施腐熟圈肥或厩肥2 000kg，配施 15kg 过磷酸钙做成复合肥施入。

5. 间作

为增加经济收入，可于沟间适当间作玉米，且可作为遮阴、保湿之用。

整地与施肥：选地势高、排水好的田块精耕细作。结合整地，施足基肥：每亩施土杂肥3 000kg、尿素 20kg、磷钾肥 50kg。然后作畦，等待播种。

藁本齐苗后，应注意中耕除草。干旱天气经常浇水，阴雨天气及时排水。立秋前后，地下根茎进入膨大期，应追肥一次：每亩追施尿素 10kg、磷酸二氢钾 10kg。冬季清理田园，并在畦面上撒施一层土杂肥。

四、病虫害防治

（一）病害

主要是白粉病和斑枯病，在夏秋高温高湿季节偶发，为害叶片。

防治方法：清洁田园，烧毁病株；喷施福·福锌或菌杀净，7~10 天喷 1 次，连喷 2~3 次。最好预防为主，每年 6 月上旬每隔 7~10 天交替喷施福·福锌和菌杀净，可混入叶面肥既增加产量又起到预防效果。

（二）虫害

主要有红蜘蛛等和黄凤蝶等，可以喷施 90%敌百虫 800 倍液或毒饵诱杀。

五、采收加工

（一）采收

用种子繁殖的藁本，生长 2~3 年方能采收，用根茎繁殖的藁本，生长 1~2 年采收。如遇严重干旱等自然灾害，长势不好，可以推迟一年采收。采收在 10 月中、下旬，藁本已经停止生长，地上茎叶部分枯萎后，就可以进行采收。于秋后、地上植株枯萎或早春萌芽前采收，采收前先用镰刀割去地上的茎叶部分，用稻草捆起来晾晒，将没有采集下来的种子再敲打出来，处理后储存起来。然后用镐从畦的两侧向里刨，将地下根茎刨出来，刨的时候要注意，不能够用力太大，不要用镐从畦面直接向下刨，以免刨坏根茎。

（二）加工

根部刨出后先清除掉残存在根茎上的泥土，3 年生的植株每亩可收获新鲜藁本 600~700kg。然后摊摆在房前或者屋顶上通风的地方晒干，即可成为商品出售，以根茎肥大粗长、身干、无杂质泥土、香气浓者为佳。一般 3kg 新鲜藁本可以晒成干货 1kg。

【知识链接】

藁本为中医常用的祛风燥湿、散寒止痛药。主治风寒头痛、巅顶痛、肢节疼痛、妇人阴肿带下，疝瘕腹痛等症；现常用于各种头痛，对流行性脑脊髓膜炎所引起的剧烈头痛、颈部强直有弛缓之效。

第十四节　羌活

一、植物学特征及品种

羌活［*Notopterygium incisum* Ting ex H. T. Chang］（伞形科羌活属），别名羌青、护羌使者、胡王使者、羌滑、退风使者、黑药（图3-27，图3-28）。多年生草本，高60~120cm。根茎粗壮，伸长呈竹节状。根颈部有枯萎叶鞘。茎直立，圆柱形，中空，有纵直细条纹，带紫色。基生叶及茎下部叶有柄，柄长1~22cm，下部有长2~7cm的膜质叶鞘；叶为三出式三回羽状复叶，末回裂片长圆状卵形至披针形，长2~5cm，宽0.5~2cm，边缘缺刻状浅裂至羽状深裂；茎上部叶常简化，无柄，叶鞘膜质，长而抱茎。复伞形花序直径3~13cm，侧生者常不育；总苞片3~6，线形，长4~7mm，早落；伞辐7~18，长2~10cm；小伞形花序直径1~2cm；小总苞片6~10，线形，长3~5mm；花多数，花柄长0.5~1cm；萼齿卵状三角形，长约0.5mm；花瓣白色，卵形至长圆状卵形，长1~2.5mm，顶端钝，内折；雄蕊的花丝内弯，花药黄色，椭圆形，长约1mm；花柱2，很短，花柱基平压稍隆起。分生果长圆状，长5mm，宽3mm，背腹稍压扁，主棱扩展成宽约1mm的翅，但发展不均匀；油管明显，每棱槽3，合生面6；胚乳腹面内凹成沟槽。花期7月，果期8—9月。

图3-27　羌活植株

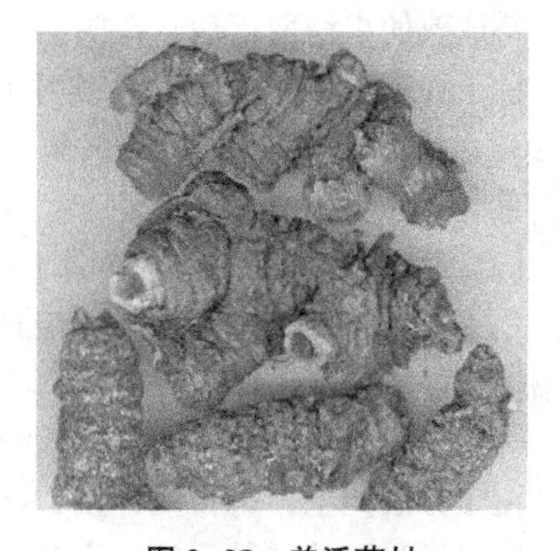

图3-28　羌活药材

品种主要有蚕羌、竹节羌、大头羌、条羌。

二、生物学特性

（一）生态习性

主产于陕西、四川、甘肃、青海、西藏等地，生长于海拔2 000~4 000m的林缘及灌丛内。喜凉爽湿润气候，耐寒，稍耐阴，适宜在土层深厚、疏松、排水良好、富含腐殖质的沙壤土栽培，不宜在低湿地区栽种。

（二）生长发育特性

每年5月下旬至6月上旬返青后，地上部分生长迅速，一个月可长高70～100cm，年生长期随海拔升高而减少，最长110天左右，最短90天左右。由于年生长期短，羌活根及根茎生长缓慢，从种子发芽至长成商品羌活需3～5年或更长时间。

三、栽培技术

（一）整地施肥

育苗地应选阴湿、肥沃、质地疏松的棕色森林土为宜；移栽地应选土层深厚，质地疏松、肥沃的沙质壤土为好。质地黏重，低洼积水的土地不宜种植。于种植前深耕、耙细、整平、施足底肥，作高畦，畦宽1.5m，畦长视地形而定。

（二）繁殖方法

1. 种子繁殖

（1）采种　羌活生长旺盛时在第二年即可结种子，但不宜作种用，一般应采用生长3年以上植株的种子。羌活种子一般在8月中下旬成熟，川坝区在7月下旬成熟，高山区在9月中旬成熟。种子成熟后，要分批采收，边熟边收。采收时，用剪刀将成熟的果穗剪下后，在阴凉处晾1～2天后脱粒。

种子处理：种子采收后要及时进行种子处理，其方法是将种子与湿润净沙按1:10比例充分混匀（湿度为60%～70%），在背阴通风处堆积，每10天左右翻1遍，直到冬天结块为止。

（2）播种　①撒播：在3月上中旬开始播种，做1～1.2m宽的畦，高15cm左右，用木耙将畦面整平。然后在畦面上将处理好的种子连同细沙均匀撒播，并用细筛均匀覆厚2～5mm土。

②条播：按行距20cm开沟，深约10cm，将种子均匀撒在沟内并覆盖一层细土，覆土方法同上，每亩播种量3～5kg。日光温室育苗后及时用微喷设施喷水，保持土壤湿润。露地播种后须用麦草或遮阴网覆盖。

（3）移栽　在当年10月中下旬种苗采挖后或第二年3月下旬移栽。种子田按行株距50cm栽植，生产田按行距25cm、株距20cm栽植，芽头应低于土表5cm。每亩保苗1万～1.1万株。每亩需种50kg左右。

2. 根茎繁殖

鉴于用种子育苗繁殖有较大的困难，目前用根茎无性繁殖是保护野生羌活资源的又一重要途径。因羌活根茎部有许多侧芽（3～12个），待条件适宜时，侧芽开始萌发，会长出新的植株。秋季或春季采收时进行，选具有芽的根茎，切成小段，繁段有1~2芽。条栽，按行距33cm开沟，沟深15~17cm，宽15cm，把根茎横放沟内，每隔8~10cm放1段，盖土杂肥或细土14~16cm，浇水。

（三）田间管理

1. 中耕除草

播种或当年栽植的羌活，1个月左右即可出苗，5月上旬苗齐后进行第一次除草，选择阴天分三次挑去覆草。在长出真叶后进行中耕锄草，以后视田间杂草生长情况随时除草，一般需除草3~4遍。第二年4月下旬返青后及时除草。

2. 追肥

羌活植株生长茂盛，需水、需肥量大，在每年第一次中耕除草时，在行间进行沟施。追肥时间一般在苗高10cm时进行，每亩用腐熟有机肥2 000~3 000kg、磷酸二铵15~20kg，或用尿素15kg、过磷酸钙40kg。

3. 灌溉

羌活性喜阴湿，不耐旱，在幼苗期需经常保持土壤湿润，遇干旱时应及时灌水。每年10月下旬浇越冬水。第二年以后视土壤墒情在返青期和封垄前后灌水3~4次。

4. 摘蕾

羌活现蕾后，除留种株植外，应摘除花蕾，以防养分消耗。

四、病虫害防治

（一）病害

1. 根腐病

可用40%药材病菌灵或70%甲基托布津可湿性粉剂800~1 000倍液灌根。

2. 叶斑病

可用40%药材病菌灵或70%甲基托布津可湿性粉剂800~1 000倍液喷雾防治。

（二）虫害

1. 蚜虫

用辛硫磷1 000倍液或杀灭菊酯3支兑水50kg喷雾防治。

2. 黄凤蝶

幼虫咬食叶片。

防治方法：用菊酯类农药杀灭。

五、采收加工

（一）采收

羌活一般于播后或移栽后 2~3 年的 10 月下旬茎叶变黄枯萎后或第二年早春土壤解冻未萌芽前采挖。

（二）加工

将刨出的羌活地下根茎，去掉芦头和残茎，去净泥土，揉搓晒干或烘干即可。

第四章　非根茎类中药材

第一节　百合

一、植物学特征及品种

百合［*Lilium brownie* F. E. Brown *var. viridulum* Baker］（百合科百合属），别名强蜀、番韭、山丹、倒仙、重迈、中庭、摩罗、重箱、中逢花、百合蒜、大师傅蒜、蒜脑薯、夜合花等（图4-1、图4-2）。多年生草本，株高70~150cm。鳞茎球形，淡白色，其暴露部分带紫色，先端鳞叶常开放如荷花状，长3~5cm，下面生多数须根。茎圆柱形，直立，不分枝，光滑无毛，常带褐紫色斑点。叶互生，无柄，披针形或椭圆披针形，长5~15cm，宽1.5~2cm，先端渐尖，基部渐窄，全缘或微波状，平行脉5条。花大，极香，单生于茎顶，少有1朵以上者；花梗长3~10cm；花被漏斗状，白色而背带褐色，裂片6，向外张开或稍反卷，长13~20cm，宽2.5~3.5cm，先端尖，基部渐窄；雄蕊6，花丝细长；子房上位，花柱细长，柱头3裂。蒴果有多数种子；种子扁平，围以三角形翅。6—7月开花，果期7—10月。

图4-1　百合药材

图4-2　百合植株

品种主要有麝香百合、毛百合、卷丹、山丹、白百合、川百合、青岛百合等。

二、生物学特性

（一）生态习性

野生于山坡林下或溪沟。分布于河北、河南、江苏、安徽、浙江、江西、福建、湖北、湖南、广东、广西、陕西、甘肃、四川、贵州、云南等省区。对气候要求不严，喜凉爽，较耐寒。高温地区生长不良。一般生长温度范围为5~30℃，最适生长温度为20~28℃。喜干燥，怕水涝。土壤湿度过高则引起鳞茎腐烂死亡。对土壤要求不严，但在土层深厚、肥沃疏松的沙质壤土中，鳞茎色泽洁白、肉质较厚。黏重的土壤不宜栽培。根系粗壮发达，耐肥。春季出土后要求充足的氮素营养及足够的磷钾肥料，N：P：K=1：0.8：1，肥料应以有机肥为主。忌连作，3~4年轮作一次，前作以豆科、禾本科作物为好。

（二）生长发育特性

百合为秋植球根植物，秋凉后生根，新芽常不长出，鳞茎以休眠状态在深土中越冬。春暖后鳞茎迅速长出茎叶，然后开花。花后高温休眠，2~10℃低温可解除。休眠花芽分化多在种球萌发后，与地上茎生长同时进行，适宜温度为11~13℃。

三、栽培技术

（一）选地与整地

应选择土壤肥沃、地势高爽、排水良好、土质疏松的沙壤土栽培。前茬以豆类、瓜类或蔬菜地为好，每亩施有机肥3 000~4 000kg作基肥（或复合肥100kg）。每亩施50~60kg石灰（或50%地亚农0.6kg）进行土壤消毒。整地精细，作高畦，宽幅栽培，畦面中间略隆起利于雨后排水。畦面宽3.5m左右，沟宽30~40cm，深40~50cm，以利排水；在丘陵地、坡地、地下水位低且排水通畅的地方，可采用平畦。畦面宽1~3.5m，两畦间开宽20~25cm，深10~15cm的排水沟。

（二）繁殖方法

1. 无性繁殖

目前，生产上主要采用鳞片育苗、珠芽育苗和鳞茎分株繁殖3种。

鳞片繁殖：选择健壮、纯白色、鳞片紧密、无病虫害的百合鳞茎，在1：500的苯菌灵或克菌丹水溶液中浸30分钟，取出后阴干。基部向下，将1/3~2/3鳞片插入有肥沃沙壤土的苗床中，盖草遮阴保湿。约20天后，鳞片下端切口处便会形成1~2个小鳞茎。培育2~3年鳞茎可重达50g，每亩约需种鳞片100kg，能种植大田10 000m^{2}左右。

珠芽繁殖：此方法主要用于能产生珠芽的品种。珠芽于夏季成熟后采收，收后与湿润细纱混合，贮藏在阴凉通风处。当年9—10月，在苗床上按12~15cm行距、深3~4cm播珠芽，覆3cm细土，盖草。

小鳞茎繁殖：百合老鳞茎的茎轴上能长出多个新生的小鳞茎，收集无病植株上的小鳞茎，消毒后按行株距25cm×6cm播种。经一年的培养，一部分可达种球标准（50g），较小者继续培养一年再作种用。

2. 有性繁殖

采用种子繁殖，秋季将成熟的种子采下。在苗床内播种，第二年秋季可产生小鳞茎。此法时间长，种性易变，生产上少用。

栽种：主要用子鳞茎繁殖。采收时选根系发达、个大、鳞片抱合紧密、色白形正、无损伤、无病虫的子鳞茎作种。并用药剂消毒，可用农用链霉素浸种30分钟，喷800~1 000倍多菌灵闷30分钟，或用2%福尔马林浸15分钟，晾干后下种。百合的栽种季节以农历9—10月最适宜。此时栽种，可以充分利用冬前有效温度，促进主根的生长，有利于其早春出苗。种植时，开浅穴（13cm）栽种，一般行距25~40cm，株距17~20cm，盖土7~10cm。再把种肥土杂灰堆在株间，把腐熟栏肥铺在畦面上。再盖一层落叶或稻草防冻保湿。每亩1万~1.5万株，用种量为150~250kg。培育成种球后再移栽，生长2年后起收。整个生长周期在4~6年。

（三）田间管理

1. 中耕除草

栽后第二年春季要注意除草，苗出齐后和5月间各中耕除草1次。除草时要浅锄，不宜深薅，以免锄伤鳞茎。

2. 追肥

第1次是稳施腊肥，1月，立春前，百合苗未出土时，结合中耕每亩施人粪尿1 000kg左右，促发根壮根。第2次是重施壮苗肥，在4月上旬，当百合苗高10~20cm时，每亩施人畜粪水500kg，发酵腐熟饼肥150~250kg，进中复合肥10~15kg，促壮苗。第3次是适施壮片肥，小满后于6月上中旬，开花、打顶后每亩施尿素15kg，钾肥10kg，促鳞片肥大。同时在叶面喷施0.2%的磷酸二氢钾。注意此次追肥要在采挖前40~50天完成。秋季套种的冬菜收获后，结合松土施一次粪肥；待春季出苗后，再看苗追施粪肥1~2次，促早发壮苗，一般每次每亩施稀薄人粪水30~40挑，磷肥10~15kg。

3. 排水

百合最怕水涝，应经常清沟排水，做到雨停土壤渍水干。

4. 摘蕾打顶

春季百合发芽时应保留其一壮芽，其余除去，以免引起鳞茎分裂。在小满前后，当苗高长至27~33cm时，及时摘顶，控制地上部分生长，以集中养分促进地下鳞茎生长。对有珠芽的品种，如不打算用珠芽繁殖，应于芒种前后及时摘除，结合夏季摘花，以减少鳞茎养分消耗。最适时机是当花蕾由直立转向低垂时，颜色由全青转为向阳面出现桃红色时，时间是6月。

四、病虫害防治

（一）病害

1. 百合疫病

是百合常见的病害之一，多雨年份发生重，造成茎叶腐败严重影响鳞茎产量。病菌可侵害茎叶、花和鳞片。茎基部被害后盛水渍状缢缩，导致全株迅速枯萎死亡。叶片发病，病斑水渍状，淡褐色，呈不规则大斑。发病严重时，花、花梗和鳞片均可被害，造成病部变色腐败。

防治方法：实行轮作；选择排水良好土壤疏松的地块栽培或采用高厢深沟或超垄栽培；种前种球用1∶500的福美双或用40%的甲醛加水50倍浸种15分钟；加强田间管理；适当增施磷钾肥料，提高抗病力；出苗前喷1∶2∶200波尔多液1次，出苗后喷50%多菌灵800倍液2~3次，保护幼苗；发病初期喷洒40%三乙磷酸铝可湿性粉剂250倍液或58%甲霜灵、锰锌可湿性粉剂，64%杀毒矾可湿性粉剂500倍液，72%杜邦克露可湿性粉剂800倍液。发病后及时拔除病株，集中烧毁或深埋，病区用50%石灰乳处理。

2. 病毒病

受害植株表现为叶片变黄或发生黄色斑点、黄色条斑，急性落叶，植株生长不良，发生萎缩。花蕾萎黄不能开放，严重者植株枯萎死亡。

防治方法：选育抗病品种或无病鳞茎繁殖，有条件的应设立无病留种地，发现病株及时清除；加强田间管理，适当增施磷肥、钾肥，增强抗病能力；生长期及时喷洒10%吡虫可湿性粉剂1 500倍液或50%抗蚜威超微可湿粉剂2 000倍液；发病初期喷洒20%毒克星可湿性粉剂500~600倍液或0.5%抗毒剂1号水剂500倍液，隔7~10天喷1次，连喷3次。

3. 灰霉病

防治方法：选健康无病鳞茎繁殖；清除病残株并烧毁；发病初期开始喷洒30%碱式硫酸铜悬浮剂400倍液或36%甲基硫菌灵悬浮剂500倍液，60%防霉宝2号水溶性粉剂700~800倍液，50%速克灵可湿性粉剂2 000倍液，50%扑海因可湿性粉剂1 000~1 500倍液。

4. 细菌性软腐病

防治方法：选择排水良好的地块种植；喷洒30%绿得宝悬浮剂400倍液或47%加瑞农可湿性粉剂800倍液，72%农用硫酸链霉素可溶性粉剂4 000倍液。

5. 基腐病

防治方法：施用腐熟的有机肥；合理轮作；用40%福尔马林120倍液浸种35

小时；喷洒36%甲基硫菌灵悬浮剂500倍液或58%甲霜灵、锰锌可湿性粉剂500倍液或60%防霉宝2号水溶液粉剂800~1 000倍液。

（二）虫害

蚜虫：常群集在嫩叶花蕾上吸取汁液，使植株萎缩，生长不良，开花结实均受影响。

防治方法：清洁田园；发生期间喷杀灭菊酯2 000倍液，或40%氧化乐果1 500倍液，或50%马拉硫磷1 000倍液，蚜虱净、大功臣、金龟子幼虫可用马拉硫磷、辛硫磷。螨类可用杀螨剂。

五、采收加工

（一）采收

定植后的第二年秋季，待地上部分完全枯萎，地下部分完全成熟后采收。百合一般在大暑节前后（7月下旬）选晴天采挖。收后，切除地上部分，须根和种子根放在通风处贮藏。每亩产750~1 500kg，折干率30%~35%。

（二）加工

第一步，剥片。即把鳞片分开，剥片时应把外鳞片、中鳞片和芯片分开，以免泡片时老嫩不一，难以掌握泡片时间，影响质量。

第二步，泡片。待水沸腾后，将鳞片放入锅内，及时翻动，5~10分钟，待鳞片边缘柔软，背部有微裂时迅速捞出，在清水中漂洗去黏液。每锅开水，一般可连续泡片2~3次。

第三步，晒片。将漂洗后的鳞片轻轻薄摊晒垫，使其分布均匀，待鳞片六成干时，再翻晒直至全干。以鳞片洁白完整，大而肥厚者为好。

【知识链接】

历代本草都有记载，家种、野生均有。《本草纲目》载："百合之根，以众瓣合成也。"故百合又有"百年好合""百事合意"之意，中国人自古视为婚礼必不可少的吉祥花卉。其花、鳞状茎均可入药，是一种药食兼用的花卉。百合，名称出自《神农本草经》。其性味甘寒，养阴润肺，清心安神，用于阴虚久咳，痰中带血，虚烦惊悸，失眠多梦，精神恍惚等症。百合花的球根含丰富淀粉质，部分品种可作为蔬菜食用。

第二节 泽泻

一、植物学特征及品种

泽泻［*Alisma orientalis*（Sam.）Juzep.］（泽泻科泽泻属），别名水泽、如意花等（图4-3、图4-4）。多年生水生或沼生草本，株高50~100cm。块茎球形。叶丛生，叶柄长5~50cm，基部鞘状；叶片长3~18cm，宽1~10cm，椭圆形、卵状椭圆形至宽卵形，先端急尖或短尖，基部心形、圆形或楔形，全缘，两面均光滑无毛，叶脉5~7条。花茎由叶丛中生出，花序通常有3~5轮分枝，集成大型的轮生状圆锥花序；花两性，外轮花被片3，萼片状，内轮花被片3，花瓣状，白色；雄蕊6枚，离生心皮多数。瘦果多数，扁平，倒卵形，有花柱宿存。种子紫褐色，具凸起。花期6—8月，果期7—9月。

品种主要有建泽泻和川泽泻。

图4-3 泽泻花

图4-4 泽泻药材

二、生物学特性

（一）生态习性

野生于沼泽、河沟等潮湿地区；栽培地多在海拔800m以下的地区。泽泻喜温暖湿润、阳光充足的环境，耐寒，但冷凉及霜期早的地方种植产量低。幼苗喜荫蔽、怕强光、成植喜阳光，适于生长浅水田中。对土壤要求不严，但以腐殖质丰富的黏性壤土或水稻田栽培为好。沙土或冷水田均不宜种植。忌连作。前作一般为早稻或中稻，以早稻为最好。

（二）生长发育特性

泽泻整个生育期约180天，其中苗期30~40天，成株期140~150天。种子发芽率和幼苗生长状况均与种子成熟程度有关，以中等成熟的种子为好。播种后，发芽率高，幼苗生长发育好，质优丰产。种子质轻，不沉水，于6—7月播种后，在温度28℃以上时，1~2天开始发芽。4~5天后第一、第二片真叶相继出土，一般在苗床培育30~40天，苗高约20cm时定植。泽泻在夏、秋两季地上部分和地下部分生长迅速；春、夏之交转入发育阶段。6月中、下旬开始抽薹开花，花果期持续到11月、12月至次年1月地上部分枯萎。

三、栽培技术

（一）选地与整地

育苗地，宜选阳光充足、土层深厚、土壤肥沃而带黏性、水源充足、排灌方便的早稻田。于播种前3天，排除过多的田水，每亩施入腐熟堆肥或人粪水2 000~3 000kg，然后进行深犁细耙，把肥料翻入土中，也可再施磷肥15kg，最后把泥土耙细耙平，做成宽100~120cm，高10~13cm的苗床。苗床自东向西为好。有的产区还在苗床畦面薄施一层草木灰，以防止畦面泥土板结和干裂。

移栽地宜选土层深厚、土壤肥沃，前茬时早稻或莲子等作物的水田。施足基肥，每亩施入3 000~4 000kg腐熟的畜肥或土杂肥，2 000~2 500kg磷肥。然后进行深耕、细耙、整平，以待播种。

（二）繁殖方法

种子繁殖

选种：选用以呈黄褐色的中等成熟度的种子为好。老熟的、陈年的（黑色，种仁变黑）和太嫩的（绿褐色）种子均不宜作种。

种子处理：种子外皮含有果胶、纤维素等，水分不易浸入，同时又比水轻，所以，为促进种子的发芽，播前应将选好的种子用纱布袋装好，放入流动的清水中浸泡24~48小时，取出后晾干种子表面的水分，然后催芽。待种子吐白时即可播种。

播种：播种期为6月中旬至7月上旬。播种时将种子与10~20倍的细沙或是筛过的草木灰混合拌匀后，选晴天下午，把种子均匀地撒在整好的畦面上，并用竹扫帚轻轻地拍压畦面，使种子与泥土紧密结合，以种子入土为限，以防止播下的种子被大雨或灌水时被冲走。待畦土稍干裂时，即灌浅水。防止灌水太满使种子漂移。每亩播种量1kg。育苗$1m^2$可移栽$30m^2$。

移栽：移栽期根据当地气候来定，一般在8月立秋后至处暑之间。过早移栽，易抽薹开花；过迟，生长期短、产量低。移栽时应该选择阴天或晴天下午3点以后进行，选择高约15cm的粗壮苗，随起随栽。株行距25~30cm，每亩栽苗7 000~9 000株。苗要栽正、栽稳、浅栽，一般以根部栽入泥土中即可。每穴栽苗1株，苗要浅栽入泥2~3cm深，栽直、栽稳，定植后田间保持浅水勤灌。

（三）田间管理

1. 扶苗补苗

移栽后通常少有死苗，一般3~5天即可返青成活；移栽后2~3天内，要认真检查畦面的苗情，发现浮苗或倒伏，应及时扶正、栽稳；发现缺苗或死苗，及时补齐，确保全苗。

2. 除草追肥

泽泻在生长期间一般要耘田、除草、追肥3~4次。三者在同一时间内连续进行。掌握先施肥后耘田除草的原则。一般每亩泽泻用人畜粪1 500~2 000kg、饼肥25kg、草木150kg，分3次施下。第1次追肥在栽后20天，用猪粪尿400~500kg（不加水），施后即中耕。如果是晴天，随即灌水3cm深，如果是阴天，1天后再灌水。第2次追肥（距第1次追肥10~15天）施用人畜粪600~750kg，施肥前先排出一部分水，留浅水，施后中耕，1~3天灌水淹苗约6.5cm深。第3次追肥（距第2次追肥约20天）的施肥量及施肥法，大体上与第2次相同，匀苗后再用草木灰150kg，拌腐熟的饼肥25kg，撒于泽泻苗蔸的中心，然后灌水7cm深。

3. 灌溉排水

在生育期中宜浅水灌溉。移栽后保持水深2~3cm，第2次耕田除草后经常保持水深3~7cm。11月中旬以后，逐渐排干田水，进行烤田，以利采收。

4. 摘花葶、抹侧芽

9月下旬，在第2次耕田除草后，泽泻陆续抽花茎和萌发侧芽，消耗养分，影响产量和质量，故除留种者外，其余者应及时摘除花茎和抹去侧芽。

四、病虫害防治

（一）病害

1. 白斑病

俗称“炭枯病”，为害叶片。一般多在高温多湿条件下发病，7月开始发病，9—10月发病严重。

防治方法：加强田间管理，选择无病田块种植，增施磷钾肥；用40%福尔马林80倍液浸种5分钟后，用清水洗净，以杀灭附于种子表面的病菌；用65%可湿性代森锌500~800倍液或50%托布津可湿性粉剂1 000倍液喷洒，每隔7~10天喷1次，连喷3次。

2. 白绢病

危害茎基部。

防治方法：播种前用50%甲基托布津浸种10分钟；发现病株及时拔除，病区撒上石灰。

（二）虫害

1. 莲缢管蚜

为害叶柄、嫩茎，7—8 月发病严重。

防治方法：育苗期可喷 40%乐果乳油2 000倍液，每隔 7 天喷 1 次，连续 3 ~ 4 次；成株期用 40%乐果乳油1 500倍液或 50%的拉松乳油1 000倍液喷洒，每隔 5 ~ 7 天喷 1 次，连续 3 ~ 4 次。

2. 银纹夜蛾

主要以幼虫咬食叶片，造成缺刻和空洞。幼虫老熟后在叶背化蛹。

防治方法：利用幼虫的假死性进行人工捕杀；用 90%敌百虫1 000 ~ 1 500倍液喷杀。

五、采收加工

（一）采收

自移栽后 100 ~ 120 天就可收获。一般应掌握：立夏播的在冬至前收，大暑前播种的在冬至后收获。收获过早则球茎发育尚不完全，个头细小，同时顶端幼嫩，炕干后顶端则发生凹下状；如果收获过迟，又会再发生新芽，球茎的养料继续被消耗，降低质量。收获时，一手执镰刀在泽泻周围划破泥土，由于泽泻根浅，入泥土不深，一手即可轻轻提取球茎，刮去泥土，去掉叶子。但应留球茎中心的小叶片，以免上炕时流出黑色液汁，干燥后发生凹陷，降低品质。

（二）加工

将掘取的泽泻球茎去掉一部分大叶子，用微火烘干，火力不能过大，否则球茎色泽变黄。上炕 24 小时后即须翻炕 1 次，除去灰渣，大约 3 昼夜即可完全干燥。然后放置在两头尖的竹兜中，两人来回互相撞击，撞去须根及粗皮，即变成光滑淡黄白色的泽泻。

【知识链接】

泽泻属利水渗湿药，为泽泻的块根。药典记载“利水渗湿，泄热，化浊降脂。用于小便不利，水肿胀满，泄泻尿少，痰饮眩晕，热淋涩痛，高脂血症。”总的来说，中医理论认为其性寒，具有利水渗湿的功效。现代医学研究，泽泻可降低血清总胆固醇及三酰甘油含量，抗脂肪肝，减缓动脉粥样硬化形成；泽泻及其制剂现代还用于治疗高脂血症、脂肪肝、高血压及糖尿病等。

第三节 半夏

一、植物学特征及品种

半夏 [*Pinellia ternata*（Thunb.）Breit.]（天南星科半夏属），别名三叶半夏、三叶老、三步跳、羊眼半夏、麻玉果、燕子尾（图 4-5、图 4-6）。多年生草本植物。高 15~30cm，块茎近球形或扁球形，直径 1~2cm，下部生多数须根。基生叶 1~4 枚，叶出自块茎顶端，叶柄长 5~25cm，叶柄下部有一白色或棕色珠芽，直径 3~8cm，偶见叶片基部亦具一白色或棕色小珠芽，直径 2~4mm。花单性，花序轴下着生雌花，无花被，有雌蕊 20~70 个，花柱短，雌雄同株；雄花位于花序轴上部，白色，无被，雄蕊密集成圆筒形，与雌花间隔 3~7mm，其间佛焰苞合围处有一直径为 1mm 的小孔，连通上下，花序末端尾状，伸出佛焰苞，绿色或表紫色，直立，或呈“S”形弯曲。浆果红色，卵形。花期 5—7 月。

品种主要有生半夏、清半夏、姜半夏和法半夏。

图 4-5 半夏植株

图 4-6 半夏药材

二、生物学特性

（一）生态习性

主产于我国长江流域，一般野生于河边、沟边、灌木丛中和山坡下。半夏根浅，喜温和、湿润气候，怕干旱，忌高温。夏季宜在半阴半阳中生长，畏强光；在阳光直射或水分不足条件下，易发生倒苗。半夏一般于 8~10℃萌动生长，13℃开始出苗，随着温度升高出苗加快，并出现珠芽，15~26℃最适宜半夏生长，30℃以上生长缓慢，超过 35℃而又缺水时开始出现倒苗，秋后低于 13℃以下出现枯叶。耐阴，耐寒，块茎能自然越冬。要求土壤湿润、肥沃、深厚，土壤含水量在 20%~30%、pH 值 6~7 呈中性反应的沙质壤土较为适宜。一般对土壤要求不严，除盐碱土、砾土、过沙、过黏以及易积水之地不宜种植外，其他土壤基本均可，但以疏松肥沃沙质壤土为好。

（二）生长发育特性

半夏从播种到开花结果需2~3年时间。在一年中常会出现3次出苗倒苗现象。第一次在4月上旬；第二次在6月中旬至8月中旬；第三次在8月下旬至10月下旬，每次出苗后生长期将为60天左右。珠芽萌生初期在4月上旬，高峰期在4月中旬，成熟期在4月下旬至5月上旬。每年6—7月珠芽增殖数最多，约占总数的50%。

三、栽培技术

（一）选地与整地

宜选湿润肥沃、保水保肥力较强、质地疏松、排灌良好、呈中性反应的沙质壤土或壤地种植，也可选择半阴半阳的缓坡山地。在平原地区种植半夏，需选择能浇能排、地势较高的地块，种植前一定要挖好排水沟。选好地后，于10—11月，深翻土地20cm左右，除去石砾及杂草，使其风化熟化。第二年春解冻后，每亩施腐熟的圈肥或土杂肥3 000~4 000kg、过磷酸钙40~50kg，混合堆沤后做基肥，撒匀，浅耕一遍，耙细整平，做1.2m宽的高畦或平畦。前茬可选豆科作物，也可和玉米、油菜、果、林等进行套种。

（二）繁殖方法

主要用块茎和珠芽，但用种子亦可繁殖。

1. 块茎繁殖

半夏栽培2~3年，可于每年6月、8月、10月倒苗后挖取地下块茎。选横径粗0.5~10cm、生长健壮、无病虫害的中、小块茎作种，小种茎作种优于大种茎。将其拌以干湿适中的细沙土，贮藏于通风阴凉处，于当年冬季或翌年春季取出栽种。以春栽为好，秋冬栽种产量低。春季日平均气温在10℃左右即可下种。此方法能使块茎增重快，当年就可收获。在整好的畦内进行双行条播。其行距15cm，开沟宽10cm，深5cm左右，每沟内交错排列2列，芽向上摆入沟内。栽后上面施一层混合肥土，然后盖土5cm左右。每亩需栽种100kg左右。

2. 珠芽繁殖

半夏每个茎叶上长一个珠芽，数量充足，且发芽可靠，成熟期早，是主要的繁殖材料。夏秋间，当老叶即将枯萎时，珠芽即成熟，随即采下，进行条栽，行距10~16cm，株距6~10cm，开穴，每穴放株芽3~5个，覆土厚1.6cm。同时，施入适量的混合肥，既可促进珠芽萌发生长，又能为母块茎增施肥料，有利增产。

3. 种子繁殖

二年生以上的半夏，从初夏至秋冬，能陆续开花结果，此法在种苗不足或育种时采用。当佛焰苞萎黄时采收种子，夏季采收的种子可随采随播，秋末采收的种子可以沙藏至翌年3月播种。按行距10cm刨出2cm深的浅沟，将种子撒入，搂平并保持湿润即可出苗。当年第一片叶为卵状心形单叶，叶柄上一般无珠芽，第二年3~4个心形叶，偶见有3小叶组成的复叶，并可见珠芽。实生苗当年可形成直径为0.3~0.6cm的块茎，可作为第二年的种茎。种子发芽势弱，生长缓慢，生产上不常采用。

(三) 田间管理

1. 中耕除草

在幼苗未封行前，要及时除草，行间的杂草用特制小锄勤锄，中耕深度不宜超过5cm，以免伤根。因为半夏的根生长在块茎周围，根系集中分布在12~15cm的表土层，所以中耕宜浅不宜深。株间杂草用手拔除。

2. 追肥

除施足基肥外，生长期要追肥4次。第一次于4月上旬齐苗后，每亩施入1∶3的人畜粪水1 000kg。第二次在5月下旬珠芽形成期，每亩施入1∶3的人畜粪水2 000kg。第三次于8月倒苗后，当子半夏露出新芽，母半夏脱壳重新长出新根时，每15天用1∶10人畜粪水浇1次，直至出苗。第四次于9月上旬，每亩施入过磷酸钙20kg、尿素10kg，以利于半夏生长。

3. 培土

培土目的是盖住珠芽，使珠芽在湿土内生根发芽，尽早形成新的植株，这是一项重要的高产技术措施。6月以后，由于半夏叶柄上的珠芽逐渐成熟落地，种子陆续成熟并随佛焰苞的枯萎而倒伏，所以6月初和7月要各培土1次。从畦边取土打碎，均匀地撒在畦面上，厚1.5~2cm，再用手将土拨平，以盖住珠芽和种子为宜，然后用铁锹拍实。

4. 灌溉排水

半夏喜湿润，怕干旱，如遇干旱，应及时浇水。夏至前后，气温升高，天气干旱时7~10天浇1次水；处暑后，气温渐低，减少浇水量，要保持土壤湿润和阴凉，可延长半夏生长期，推迟倒苗时间，增加产量。若雨水过多，造成土壤中氧分缺乏，应及时排水，以防烂根。

5. 摘花蕾

除留种以外，为使半夏养分集中于地下块茎生长，一般应于5月抽花薹时分批摘除花蕾。

6. 遮阴

生产上可于4月中下旬畦边间作玉米和豆类作物，6月上、中旬间作物长高或搭架遮阴，9 月后，气温渐低，应及时收获间作物。

四、病虫害防治

（一）病害

1. 叶斑病

发病时叶片上有紫褐色病斑，后植株渐渐枯萎。

防治方法：发病初期喷 1∶1∶120 波尔多液或 65%代森锌 500 倍液，每 7～10 天喷 1 次，连续喷 2～3 次。

2. 病毒病

病株叶卷缩成花叶，植株矮小、畸形。

防治方法：除去病株，杜绝传染源；选无病株留种。

3. 缩叶病

由病毒引起的一种病害，多在夏季发生，发病后小叶皱缩扭曲，植株变矮、畸形。

防治方法：彻底消灭传播病源的蚜虫；选用无病植株留种。

4. 球茎腐烂病

一般在雨季和低洼渍水处发生。发病后，球茎腐烂，地上茎叶枯萎。

防治方法：要注意排水，在发病初期拔除病株，并用 5%的石灰水浇灌病株病穴，或在病穴处撒施石灰粉，防止此病蔓延。

5. 白星病

4—5 月发生。

防治方法：发病初期可喷洒 50%甲基托布津可湿性粉剂 500 倍液。

（二）虫害

红天蛾：幼虫为害叶片，将其咬成缺刻状或食光叶片。

防治方法：用 90%晶体敌百虫 800～1 000倍液喷洒，每 5～7 天喷 1 次，连续喷 2～3 次。

五、采收加工

（一）采收

块茎和珠芽繁殖的半夏在当年或第 2 年采收；种子繁殖的半夏于第 3 年或第 4 年采收。春种秋收的应在秋天气温低于 13℃以下，叶子开始变黄时刨收为宜。9 月下旬，叶片枯黄时采收。过早影响产量，过晚难以去皮和晒干。选择晴天，浅翻细翻，将横径 0.7cm 以上的拾起，作药材或留种。过小的留于土中，继续培植，次年再收。

（二）加工

将采收回的半夏球茎堆放在室内10~15天，厚40~50cm，待其发酵后（外皮稍为腐烂易脱时即成，但不宜堆得过久，以免球茎腐烂）放入竹筐内，置流水处。穿上草鞋或长筒胶鞋，在竹筐内不断踩踏，以脱去球茎外层粗皮，然后冲洗杂质，晾干表面水分后，再放入硫黄柜（炉）内熏黄至透心，取出在太阳下晒干。若遇上阴雨天，继续放入柜（炉）熏黄，待晴天再晒。商品以足干、成个、粉足结实、去净皮、外表淡黄色、肉洁白、横径10mm以上者为优质品。

第四节　川贝母

一、植物学特征及品种

暗紫贝母［*Fritillaria unibracteata* Hsiao et K. C. Hsia］（百合科贝母属），又名松贝母、松贝、乌花贝母、尖贝、珍珠贝。多年生草本，株高15~50cm。鳞茎扁球形或近圆锥形，茎直立，单一，无毛，绿色或具紫色。茎生叶最下面2放对生，上面的通常互生，无柄，线形至线状披针形，先端渐尖。花生于茎顶，通常1~2朵；花被片6，长2~3cm，深紫色，内面有或无黄绿色小方格；叶状苞片1枚，先端不卷曲。蒴果长圆形，6棱，棱上翅宽约1mm。种子卵形至三角状卵形，扁平，边缘有狭翅。花期6月，果期8月。

甘肃贝母［*Fritillaria prewalskii* Maxim ex Batal.］（百合科贝母属），又名岷贝、米贝、桃儿贝、青贝。与暗紫贝母相似。区别在于花黄色，有细紫斑，花柱裂片通常短于1mm，叶状苞片先端稍卷曲或不卷曲。花期6—7月，果期8月。

卷叶贝母［*Fritillaria cirrhosa D. Don*］（百合科贝母属），又名川贝母。株高20~85cm。与暗紫贝母区别在于茎生叶通常对生，叶线形、狭线形，先端卷曲或不卷曲；花被长2.5~4.5cm，黄绿色或紫色，具紫色或黄绿色的条纹、斑块、方格斑，花柱裂片长2.5~5mm，叶状苞片通常3枚，先端向下面卷曲1~3圈或成近环状弯钩。蒴果棱与翅宽1~1.5mm。花期5—7月，果期8—10月。

棱砂贝母［*Fritillaria delavayi* Franch.］（百合科贝母属），又名炉贝、知贝、虎皮贝、阿皮卡、棱砂贝、雪山贝。株高15~35cm。须根根毛长密；着生叶的茎段较花梗短，茎生叶卵形至椭圆状卵形，花被长2.5~4.5cm；葫果翅宽约2mm，宿存花被果熟前不萎蔫。极易与其他川贝母相区别。花期6—7月，果期8—9月。

品种主要有暗紫贝母、甘肃贝母、卷叶贝母和棱砂贝母4种（图4-7、图4-8）。前三者按照药材性状的不同分别习称“松贝”和“青贝”，后者习称“炉贝”。

图 4-7　川贝母果实

图 4-8　川贝母药材

二、生物学特性

（一）生态习性

川贝母多生于海拔3 200~4 500m 的温带高山、高原的针阔叶混交林、针叶林、高山灌木丛中。喜冷凉气候条件，具有耐寒、喜湿、怕高湿、喜荫蔽的特性。要求年均温度 0~6℃，最冷月不低于 0℃，最热月不高于 15℃。气温达到 30℃或地温超过 25℃时，植株就会枯萎；海拔低、气温高的地区不能生存。年降水量不少于 700mm，10 月至翌年 4 月降水量达全年 20%以上。在完全无荫蔽条件下种植，幼苗易成片晒死；日照过强会促使植株水分蒸发和呼吸作用加强，易导致鳞茎干燥率低，贝母色稍黄，加工后易成“油子”“黄子”或“软子”。以土地为土地棕壤、暗棕壤和高山草甸土种植为好。

（二）生长发育特性

川贝母种子具有后熟特性。播种出苗的第一年，植株纤细，仅一匹叶；叶大如针，称“针叶”。第二年具单叶 1~3 片，叶面展开，称“飘带叶”。第三年抽茎不开花，称“树兜子”。第四年抽茎开花，花期称“灯笼”，果期称果实为“八卦锤”。在生长期中，如外界条件变化，生长规律即相应变化，进入树兜子。“灯笼花”的植株可能会退回“双飘带”“一匹叶”阶段。

从种子萌发到开花结籽需经 4~5 年时间，第一年地上只有 1 片由种子出苗后生出的一片扁平线形叶，分不出叶柄和叶片，长 4~5cm，只有一绿豆粒大的小鳞茎。第二年有 1~2 片具明显叶柄的基生叶，鳞茎如黄豆大小。第三年大部分具 2 片基生叶，其中部分发育良好的植株可形成短小的地上茎，直立高 5~10cm，茎上生有 3~7 片无柄叶，鳞茎近球形。第四年植株有 10~18cm 地上茎，有6~12片叶。川贝地下鳞茎和地上基均逐年增大、长高、叶片也增多，第四年可开花、结实，第五年可大量开花结实。进入成年期，鳞茎重量在7年以前呈直线增长，幅度达到生长盛期，以后生长开始减慢。

植株年生长期90~120天，生长期长，鳞茎生长大，干物质累积多，越冬保苗率高。1年中，春季出苗后，地上部分生长迅速；5—6月进入花期，8月下旬到9月初果实成熟；9月中旬以后，植株迅速枯萎、倒苗，进入休眠期。

三、栽培技术

（一）选地与整地

选背风的阴山或半阴山为宜，并远离麦类作物，防止锈病感染，以土层深厚、质地疏松、富含腐殖质的壤土或油沙土为好。生荒地可选种1季大麻，以净化杂草、熟化土地、改良土壤结构、增加有机质。种植地需要在结冻前整地，清除地面杂草，深耕细耙，作1.3m宽的畦，每亩用堆（厩）肥1 500kg、过磷酸钙50kg、饼肥100kg，堆沤腐熟后撒于畦面，浅翻，畦面呈弓形。

（二）繁殖方法

主要以种子繁殖为主。

1. 种子繁殖

（1）采种　川贝母种子因生长的自然环境不一，成熟时间不一致，故应根据果实成熟程度来决定采收期。当贝母果实饱满，果实全变枇杷黄而不存绿色，即蜡熟期采收为佳。

（2）种子培育　6—7月采挖贝母时，选直径1cm以上、无病、无损伤鳞茎作种。鳞茎按大、中、小分别栽种，做到边挖边栽，每亩用鳞茎100kg。也可穴栽，栽后第二年起，每年3月出苗前，喷镇草宁。4月上旬出苗后，及时拔除杂草，并施稀人畜粪水。4月下旬至5月上旬，再施1次追肥。7—8月，果实饱满膨胀，果壳黄褐色或褐色，种子已干浆时剪下果实，趁鲜脱粒或带果壳进行后熟处理。

（3）种子后熟处理　7—8月种子采收后，种胚尚未发育成熟，应进行处理。以4倍于种子的腐殖质土或锯木屑与种子混拌均匀，选室外树荫下挖深20~30cm的平底浅坑，长宽视种子多少而定，将种子放入坑内，上盖山草、苔藓类物1~2cm。每隔10天左右翻动检查1次，保持湿润、透气。平均气温4~10°，50天左右可使90%以上种胚完成后熟，上冻前完成播种。

（4）播种　9—10月播种。采用条播、撒播或蒴果分瓣点播均可，坡地采用撒播，平地可用条播。条播幅宽15~20cm，幅间距7~10cm，将种子均匀撒于畦面或播幅内，并立即用过筛的堆肥或腐殖质土覆盖，厚1.5~2cm，然后再盖上山草或其他覆盖材料，以减少水分蒸发，防止土壤板结和冻害。播种量根据不同种的籽粒大小而定，以每亩播90~180粒为宜。撒播将种子均匀撒于畦面，以每平米3 000~5 000粒种子为宜。覆盖同条播。点播是趁果实未干时进行。将未干果实分成3瓣，于畦面按株行距5~6cm开穴，每穴1瓣，覆土3cm，此法较费工，但出苗率高。

2. 鳞茎繁殖

（1）鳞茎选择　以采种籽进行有性繁殖为目的，鳞茎选2~10g的大小为宜，栽后可连续采籽2年再翻栽；以收药材为目的，可选鲜重1~5g的鳞茎作种。种用鳞茎选好后，需在通风良好的室内或荫棚下晾置10~15天，待鳞茎表面呈浅棕色再栽种，否则影响出苗。

（2）栽植　在平整好的畦面上横向开沟，行距与沟深依鳞茎的大小而定，大于5g的鳞茎行距宜在15cm左右、沟深宜在12cm左右；1~4g的小鳞茎行距13cm、沟深8cm左右。株距随鳞茎的增大而增大，变化在10~20cm。将鳞茎均匀摆放沟内，芽头向上，覆盖上土。

（三）田间管理

1. 间套作

种子播种的一两年生幼苗叶面积很小，地面多裸露，直射阳光导致地温较高，容易引起贝苗早衰，可套作同种川贝母（用较大鳞茎种植）降低地温。在畦上套作的行距30~50cm，株距20~25cm为宜，也可套种胡豆等作物（但不能套种麦类作物）。

2. 搭棚遮阴

川贝母生长期需适当阴蔽，播种后春季出苗前揭去畦面覆盖物，分畦搭棚遮阴。矮棚高15~20cm，第1年荫蔽度50%~70%。第2年降为50%，第3年为30%，收获当年不再遮阴。高棚高约1m，荫蔽度50%。最好是晴天阴蔽，阴、雨天亮棚练苗。

3. 除草

川贝母播种密度大，盖土浅，拔草容易损伤或带出小苗。因此，应及时除草。不等野草长大就彻底清除，尤其7—8月雨季高温，杂草萌芽生长快，应特别注意将杂草消灭于萌芽期。

4. 培土追肥

种子播种第一、第二年生长季枯苗后，要在畦面培土2~3cm，使贝母鳞茎处于较厚土层下，容易安全过夏和越冬。每年贝母出苗前要揭去覆盖物，每亩追施厩肥或堆肥2 000~3 000kg，花果期再用过磷酸钙水溶液或磷酸二氢钾0.5%水溶液进行根外追肥，可提高种子及商品鳞茎的产量和质量。

5. 灌溉排水

1、2年生贝母最怕干旱，特别是春季久晴不雨，应及时洒水，保持土壤湿润。

久雨或暴雨后应注意排水防涝。冰雹多发区，还应采取防雹措施，以免打折花茎、果。

四、病虫害防治

（一）病害

1. 锈病

病原多来自麦类作物，多发生于5—6月。

防治方法：发病初期喷0.2波美度石硫合剂或97%敌锈钠300倍液，亦可用代森铵或退菌特防治。

2. 立枯病

危害幼苗，发生于麦季多雨季节。

防治方法：发病前后用1∶1∶100的波尔多液喷洒。

3. 根腐病

通常5—6月发生，根发黄腐烂。

防治方法：用5%石灰水淋灌，防止扩散。

（二）虫害

1. 蛴螬

于4—6月为害植株。

防治方法：用烟叶熬水淋灌或用50%氯丹乳油0.5~1kg于整地时拌土或出苗后兑水500kg灌土。

2. 地老虎

咬食茎叶。

防治方法：早晚捕捉或用90%晶体敌百虫拌毒饵诱杀。

五、采收加工

（一）采收

川贝母家种与野生均于6—7月采收。家种贝母，用种子繁殖的，播后第3或第4年收获；鳞茎繁殖的，播种第2年6—7月倒苗后收获。选晴天挖取鳞茎，清除残茎及泥土，挖时勿伤鳞茎。采挖野生川贝母，用特制的鸟喙状弯形挖药锄轻轻插入土中，往上搬动，贝母鳞茎即露出土面。出土贝母不能长时间捏在手中，以免变成“油子”。

（二）加工

选晴天，将鳞茎用水洗净泥土，装入麻袋或编织袋，扎紧袋口，来回拉动使之相互摩擦至残根脱落，表皮稍有脱落但不损外形为度。3g以下的小鳞茎可直接晒干。先晾干表面水气，然后摊在竹席、棉毯等物上暴晒4~6小时可成粉白色，冷却之前不宜翻动，最好盖上黑布。傍晚鳞茎降温后，薄晾室内，次日再晒即可干燥。若天气不好，需用烘房烤干，将洗净摩擦好的鳞茎摊放在烘烤盘的竹帘上，烘烤温度以40~50℃为宜，温度宜先低后高，要注意排潮，特别是前期。若高温、高湿会使淀粉糊化造成“油子”“僵子”，低温高湿会发霉腐烂。3g以上的鳞茎不易干燥，需放熏灶内，用硫黄熏蒸，至断面加碘液不变色为止，然后再烘干。川贝的鲜干比为（3.1~3.5）：1。

【知识链接】

商品川贝母以前多在采收后按贝母鳞大小及药材性状特征的不同划分为松贝、青贝、尖贝等规格。凡鳞茎呈圆锥形，外层两瓣鳞叶大小不等，顶端闭口而尖，底部平，能平稳直立，其颗粒较小者为尖贝，颗粒较大者为松贝。鳞茎为扁球形或圆锥形，两瓣鳞叶大小几乎相近，顶端平或略尖，通常开裂，颗粒多歪斜者为青贝。但目前大多不分规格而统称川贝。

第五节　延胡索

一、植物学特征及品种

延胡索［*Corydalis yanhusuo* W. T. Wang］（罂粟科紫堇属），别名延胡、玄胡索、元胡索、元胡（图4-9、图4-10）。多年生草本，株高9~20cm。块茎球形，

图4-9　延胡索花

图4-10　延胡索药材

外皮灰棕色，内皮浅黄色。茎直立，纤细，单生或上部分枝，折断有黄色汁液。叶互生，有长柄；为二回三出全裂，末回裂片披针形或窄卵形，长1.2~3cm，宽3.5~8mm，先端尖或钝，全缘或顶端有在小不等的缺刻，下面粉白色。总状花序，顶生或与叶对生；苞片卵形、窄卵形或窄倒卵形，全缘或有少数牙齿；萼

片极小，早落；花瓣 4，紫红色，大小不等，先端微凹，其中 1 片基部微膨大或有距；雄蕊 6 枚，花丝连合成 2 束，每束具 3 花药；子房扁柱形，花柱细短，柱头 2 裂，膨大呈蝴蝶状。蒴果长圆状椭圆形。种子 1 列。花期 4—5 月，果期 5—6 月。

品种主要有茅山延胡索和西延胡索。

二、生物学特性

（一）生态习性

延胡索野生于山地，稀疏林以及树林边缘的草丛中，喜温暖湿润环境，耐寒（北方地区耐严寒）。忌干旱和大风。生长期间需要充足阳光，以利养分积累。野生延胡索在林下阴蔽处也能生长。土壤以近中性或微酸性为宜，pH 值 5~5.5 的土壤尚可生长。注意最忌连作，至少 3~4 年才能重茬。

（二）生长发育特性

延胡索每个生长发育周期均跨两个年度，第一年秋栽块茎，当年幼苗不出土，仅萌生根系及地下茎，第二年 1 月下旬至 2 月上旬，气温 4~5℃时，幼苗开始顶出土面。7~10℃为出苗适期，3—4 月现蕾开花，4—5 月结实，5 月中旬气温 20~22℃时，叶片出现焦枯点，随后迅速干枯。温度至 25℃时，植株成片枯萎，进入夏季休眠期。

地下块茎生长发育可划分为两个阶段。

第一阶段是地下茎生长期：地温（指土壤下 5cm 处）23~25℃时，母块茎（即种块茎）萌发新根，与此同时，沿水平方向抽生地下茎，形成“茎鞭”。11 月下旬至 12 月上旬生出第一个茎节，至翌年 2 月上、中旬抽出 2~4 根地下茎，每根可生长 2~5 个茎节，以 12 月上旬至次年 1 月地下茎生长最快。

第二阶段是新块茎形成期：新生块茎视其着生部位划分为母元胡、子元胡两类。母元胡由母块茎组织发育而成，即当种块茎腐烂，其内形成层细胞分裂，长出更新块茎。子元胡由新抽生的地下茎节（茎鞭上的节）膨大而来，靠近种块茎的茎节先增大，向外顺序推延，距离越远则越晚。一般 3 月中旬至 4 月下旬陆续形成新块茎，不断增粗。子元胡形成和膨大约需 50 天，3 月中旬至 4 月中旬增重最快。据观察，每个植株结母元胡 1~3 个、子元胡 7~15 个。

三、栽培技术

（一）选地与整地

根生长较浅，又集中分布在表土 5~20cm 内，故要求土质疏松，阳光充足、地势高燥且排水良好，表土层疏松而富腐殖质的沙质壤土和冲积土为好，黏土重或沙质重的土地不宜栽培。忌连作，一般隔3~4年再种，前茬以禾本科作物或豆类作物为好。前作收获后，及时翻耕整地，每亩施农家肥4 000kg，配施复合肥50kg作基肥，深翻20~25cm，做到三耕三耙，精耕细作，使表土充分疏松细碎，达到上松下紧，利于采收。畦宽一般1.0~1.1m，沟宽40cm，畦面呈龟背形。只要挖好排水系统，可提高土地利用率。

（二）繁殖方法

目前生产上主要采用块茎繁殖。

1. 选种

种用块茎以选直径1.2~1.6cm为好，过大成本高，过小生长差。

2. 栽种时期

一般以9月下旬至10月中旬为栽种适期，若推迟至11月中旬下种，将明显影响产量。宜早不宜晚，早栽植先发根后发芽，有利植物生长发育。晚栽植根细短，根数少，幼苗生长较弱，产量降低。

3. 栽种方法

目前均采用条插，便于操作和管理。条插按行距18~22cm，用开沟器开成播种沟，深6~7cm，在播种沟内每亩施入过磷酸钙40~50kg，然后按粒距8~10cm在播沟内交互排放2行，芽向上，做到边种边覆土。种完后，每亩盖焦泥灰或垃圾泥2.5~3.0t、菜饼肥50~100kg，最后用提沟泥培于畦面，覆土厚度为6~8cm。一般条播每亩用种40kg左右，点播每亩用种25~30kg。

（三）田间管理

1. 中耕除草

延胡索根系很浅，又沿表土横向生长，故不宜中耕，以免把茎芽挖断或将苗带出。一般进行3~4次，在12月上、中旬施肥时，用刮子在畦表轻轻松土；立春后出苗，不宜松土，要勤拔草，见草就拔，畦沟杂草用刮子除去，保持田间无杂草。但是4月起到采收期，有草也不能拔，以免松动地下茎节影响产量。一般提倡用手拔草，但比较费工，目前有的主产区农民采用选择性除草剂除草。

2. 追肥

重施基肥，巧施冬肥，少施苗肥，磷钾肥配合施用，以达到苗壮、粒多、个大。因延胡索生长期短，要巧施冬肥，一般于11月下旬至12月上旬每亩施磷酸二铵30kg，均匀地撒于畦面，再盖一层厩肥，每亩用量为2 000kg，并覆少量泥土，3~5天后，每亩再施有机肥1 000kg或尿素10kg。施下冬肥，既可使土壤疏松湿润，保苗防冻，又可促使地下茎生长旺盛，多分枝，多长茎节。第1次施苗肥，量要少，2月上旬苗高3cm左右时每亩施入尿素20kg。

3. 灌溉排水

3月中、下旬至4月下旬，为延胡索生长盛期，需水较多，如遇干旱少雨，宜每周灌水 1 次，以清晨或傍晚为好。每次灌水宜慢灌急退，不要淹没厢面，不能使灌水在田间内停留时间过长，更不能过夜。4 月下旬以后接近收获要停止灌水。另外如遇冬旱，可进行一次冬灌，有利于延胡索茎芽的萌发和生长。但大雨之后，应及时排出田内积水。

四、病虫害防治

（一）病害

1. 霜霉病

在 4 月间生长初期，如遇多雨，易引起霜霉病，叶面现白霉，叶片变灰褐，常致植株成片死亡。

防治方法：可用 1∶1∶150 的波尔多液进行防治；与禾本科作物轮作；合理密植；发病初期用 72%克露可湿性粉剂 800 倍液，或用 40%乙磷铝可湿性粉剂 250~300 倍液，或 75%百菌清可湿性粉剂 600 倍液喷雾。

2. 菌核病

俗称烂叶病，主要危害茎基部和叶。3 月中旬开始发病，4 月发病严重。

防治方法：发病初期喷洒 50%速克灵可湿性粉剂1 000~1 500倍液。

3. 锈病

主要危害茎、叶，生长中期气候潮湿时易发生。

防治方法：增施磷钾肥；雨季及时排水；发病初期喷 97%敌锈钠 300 倍液，每隔 7 天喷 1 次，连喷 2~3 次。

（二）虫害

1. 地老虎

喜食延胡索茎。

防治方法：可在早晨轻轻翻土捕捉；用 90%美曲膦酯（敌百虫）1 000~1 500 倍液灌穴毒杀。

2. 白丝虫

喜食延胡索块茎，如发现苗叶枯萎，即有虫害。

防治方法：同地老虎。

五、采收加工

（一）采收

延胡索在栽种后的第 2 年 4 月下旬至 5 月上旬植株完全枯萎后收获，此时延胡索停止生长，处于短期的休眠状态。这时采收的延胡索饱满、质坚、断面色黄，过早、过晚采收都会影响它的产量和质量。具体的采挖方法：选择晴天、土壤较干燥时进行。先浅翻，一边翻，一边拣拾根茎，拣拾完后再深翻一次。起挖时要小心，谨防伤破。收后及时运回室内摊开，不要堆积，以防发热而遭受损失。

（二）加工

1. 分选

将收获后的新鲜延胡索，按大、中、小分成3级，同时挑出中间有芽眼的、扁平的延胡索，用泥沙封好，防止腐烂，作为种茎；另外把不作为种茎的延胡索用脚踩或用手搓擦表皮，洗净后沥干。

2. 水煮

先用大锅把水煮沸后，将根茎放入锅中，不断搅拌，使其受热均匀。一般大根茎煮4~6分钟，小根茎煮3~4分钟。煮到根茎横切面呈黄色时就可以取出。一锅清水可连续煮3~5次，当水变成黄色混浊时，要换清水，使块茎表皮色泽较好。每次放块茎时，要加些清水，使锅内的水面始终保持一定水位。

3. 烘晒

煮好的根茎放在阳光下而且通风好的地方晾晒，不断地翻动。晒3~4天后要放在室内回潮，使内部的水分外渗，再晒2~3天至全干即成。如果遇到阴雨天，采用炭火或炉火烘干，但温度不宜过高，一般控制在40~60℃。在烘干的过程中要勤翻，力求干燥均匀。一般每亩产75~125kg，最高可达250kg，折干率为30%~33%。

第六节　三棱

一、植物学特征及品种

三棱［*Sparganium stoloniferum* Buch. -Ham.］（黑三棱科黑三棱属），别名京三棱、黑三棱、荆三棱、红蒲根、光三棱（图4-11、图4-12）。多年生草本，根茎横走，下生粗而短的圆锥形块茎。茎单一，直立，圆柱形，光滑，高30~100cm。叶在根际丛生，排成2列，质地松软稍呈海绵质，无柄，长条形，宽达2.5cm，先端渐尖，背面具纵棱，下部有鞘，全缘，基部抱茎，三棱形。花茎通常单一，上端分枝；花单性，雌雄同株，花序头状，总苞片叶状。雄花序生于花枝上部，雄花具花被片3~4，倒披针形，顶端截平，雄蕊3枚，花丝白色丝状，花药黄色。雌花序位于花枝下部，雌花花被3~4，雌蕊1枚，子房纺锤形，花柱长，柱头狭披针形，被密毛，有光泽。聚花果直径约2cm，成熟的倒卵状圆锥形，无柄，有棱角，具干革质的宿存花被片。通常8—11月开花，10—12月结实。

品种主要有黑三棱、细叶黑三棱和荆三棱。

图 4-11　三棱植株

图 4-12　三棱药材

二、生物学特性

黑三棱野生于水湿低洼处、水沟及沼泽等地，分布在东北、黄河流域、长江中下游各省区及西藏。系水生植物，喜暖湿润气候，宜在向阳、低湿的环境中生长。耐寒，不伯酷热，适应性强。对土壤要求不严，以含腐殖质丰富的壤土为宜。

三、栽培技术

（一）选地与整地

要求在肥沃的泥土中生长，以含腐殖质丰富的壤土为宜，可种于排灌条件较好的池塘、水沟、积水坑、水溪旁。种植前应施足底肥，防止过于密集，不利于植株的正常生长发育。

（二）繁殖方法

以根状茎分株繁殖。根据地势作 25~40cm 深的低床，将当年黑三棱不够药用要求的小块茎和根茎均匀撒播或条播于苗床内，浇透水，覆盖湿土和厩肥越冬。翌年春 3 月灌水，保持水深 15~20cm，施肥。待苗高 20~25cm 时即可移栽。移栽地于早春将地块施肥，耙平。栽前将苗床灌水，拔出幼苗，随拔随栽于放净水的大田中，按株距 15~20cm、行距 30cm 浅栽于泥中。肥沃土地可适当加大株行距，栽后灌水 6~8cm 深。

（三）田间管理

1. 除草

田间管理苗出齐后，须经常拔除杂草。

2. 浇水

移栽后的生长期内，随苗高掌握水的深度，栽后 2 个月内必需有充足的水量，其后可时有时断，以利晒田提高地温，促进生长。但水深不能没顶，以免造成苗株死亡。

3. 施肥

生长期中追肥 2 次，夯苗后追肥 1 次，以人畜粪水为主，也可施用硫酸铵。每亩施人粪尿或饼肥 50kg，尿素 10kg，施肥时排水，仅留浅水撒施。5—6 月进行第 2 次追肥，先撒施草木灰或圈肥及过磷酸钙，施后中耕薅到土里，并实行浅水灌溉，切忌断水干旱。

4. 打顶

7—8 月易发生倒伏，要及时剪顶扶正，并防止家畜家禽为害。

四、采收加工

（一）采收

当三棱地上茎枯黄时即可采收，挖前 10～15 天排水晾地。

（二）加工

割去地上茎叶，留 10～15cm 茬，用锹挖或拔出，根茎用三棱叶盖好，以防风干，晒干不易去皮。刀刮去皮，将毛根里皮刮至呈粉白色处为度，晒干，晒时夜间不能被露水淋，以免变质。或者将挖取的块茎洗净，晒至八成干时，放入竹笼里，撞去须根和粗皮。

【知识链接】

三棱，《本草拾遗》收载之，《本草纲目》列于草部芳草类。药用其块茎，为活血祛瘀药，有破血行气、消瘕止痛之功，多用于月经不通，积聚结块，产后恶血，心腹胀痛诸症。三棱散、三棱煎、三棱丸等都是以三棱为主的常用成方。

第七节　天麻

一、植物学特征及品种

天麻［*Gastrodia elata* Blume］（兰科天麻属），别名赤箭、独摇芝、离母、合离草、神草、鬼督邮、木浦、明天麻、定风草、白龙皮等（图 4-13、图 4-14）。多年生腐生草本，植株高 30～100cm，有时可达 2m。无根，地下茎椭圆形至近哑铃形，有明显的环节，节处有薄膜鳞片。成熟的块茎具顶芽。茎由顶芽抽出，单一，直立，圆柱形，茎的颜色随品种而异，有橙黄色、黄色、灰棕色或蓝绿色等。

花为穗状的总状花序，顶生。花冠不整齐，倾斜，基部膨大，呈歪壶状。合蕊柱由雄蕊和花柱合生而成。花室2室，花粉块状。子房下位。蒴果倒卵状椭圆形，有6条纵缝线。成熟时由缝线处裂开。种子多数，细小，粉末状，放大视之呈纺锤形。花期6—7月，果期7—8月。

品种主要有乌天麻、青天麻和水红杆天麻。

图4-13 天麻植株

图4-14 天麻药材

二、生物学特性

（一）生态习性

天麻喜凉爽环境，最适宜生长温度10~25℃，8℃开始萌动生长，30℃就会停止生长。超过30℃时蜜环菌和天麻生长受到抑制。喜湿润，它适宜生长在疏松的沙质土壤中，一般腐殖土含水量达50%~60%，天麻生长良好。土壤湿度过大会引起块茎腐烂。天麻从种到收，阳光对其影响不大，适宜室内栽培。院外培育天麻种子，箭麻出土后，太阳光直接辐射会灼伤茎秆，需搭棚遮阴避光防风。氧气对天麻及蜜环菌生长繁育极为重要。室内及地下室栽培必须留通风口，以保证空气流通。种植天麻的土质要疏松，利于通气渗水。土壤质地不同对天麻生长影响很大，天麻及蜜环菌适宜在较疏松的沙质土壤中生长。黏重的土壤排水性差易积水，影响透气，导致块茎死亡；沙性过大的土壤，保水性能差，易引起土壤缺水，同样影响块茎和蜜环菌生长。土壤pH值以5.5~6.0，在微酸性土壤中栽培为宜。

天麻无根，无叶绿素吸收和制造养分，必须依靠蜜环菌来提供。蜜环菌是一种兼性真菌，常寄生或腐生在树根及老树干的组织内。在6~8℃时开始生长，土壤湿度60%~80%，温度20℃时能正常生长，生长最适温度为20~26℃，28℃以上生长缓慢，32℃以上停止生长。

天麻与蜜环菌是营养共生关系。蜜环菌菌素侵入天麻块茎的表皮组织，菌索顶端破裂，菌丝浸入皮层薄壁细胞，将表皮细胞分解吸收，菌丝继续向内部伸展，则菌丝反被天麻消化层细胞分解吸收，供天麻生长。

天麻种子无胚乳，胚未分化，自身不能为萌发提供营养来源。在自然条件下，种子萌发除普通绿色植物所需的条件下，还需有真菌参加。种子在5月上旬10~15℃时萌动，但发芽率极低，一般为1%~10%。天麻在20~25℃生长最适宜，30℃以上生长受抑制。春季15cm处地温达10℃以上时，天麻芽头开始萌动，并开始繁殖子麻。6—7月生长迅速，9月生长减慢，10月下旬地温下降到10℃以下时进入休眠。从种子到开花需4~5年。

（二）生长发育特性

天麻从种子萌发到新种子形成（即完成一个生活周期）一般需要3~4年的时间。天麻的种子很小，千粒重仅为0.001 5g，种子中只有一胚，无胚乳，因此，必须借助外部营养供给才能发芽。胚在吸收营养后，迅速膨胀，将种皮胀开，形成原球茎。随后，天麻进入第一次无性繁殖，分化出营养繁殖茎，营养繁殖茎必须与蜜环菌建立营养关系，才能正常生长。被蜜环菌侵入的营养繁殖茎短而粗，一般长0.5~1cm，粗1~1.5mm，其上有节，节间可长出侧芽，顶端可膨大形成顶芽。顶芽和侧芽进一步发育便可形成米麻和白麻。营养繁殖茎的顶芽和侧芽所生的长度在1cm以下的小块茎以及多代无性繁殖生长的长度2cm以下的小块茎称米麻。进入冬季休眠期以前，米麻能够吸收营养而形成白麻。白麻一般长度为2~7cm，直径1.5~2.0cm，重2.5~30g，无明显顶芽，前端有一帽状生长锥，不能抽薹开花。种麻栽培当年以白麻、米麻越冬。第二年春季当地温达到6~8℃时，蜜环菌开始生长，米麻、白麻被蜜环菌侵入后，继续生长发育。当地温升高到14℃左右时，白麻生长锥开始萌动，在蜜环菌的营养保证下，白麻可分化出1~1.5cm长的营养繁殖茎，在其顶端可分化出具有顶芽的箭麻。箭麻体积较大，长度可达6~15cm，重30g以上。箭麻的顶芽粗大，先端尖锐，芽内有穗原始体，次年可抽薹开花，形成种子，进行有性繁殖。箭麻加工干燥后即为商品麻。白麻分化出的营养繁殖体还可发生数个到几十个侧芽，这些芽的生长形成新生麻，原米麻、白麻逐渐衰老、变色，形成空壳，成为蜜环菌良好的培养基，称为母麻。当箭麻抽薹开花后，块茎也会逐渐衰老、中空、腐烂，成为母麻。留种的箭麻越冬后，4月下旬到5月初当地温达到10~12℃时，顶芽萌动抽出花薹，在18~22℃下生长最快，地温20℃左右开始开花，从抽薹到开花需21~30天，从开花到果实成熟需27~35天。花期温度低于20℃或高于25℃时，则果实发育不良。箭麻自身贮存的营养已足够抽薹、开花、结果的需要，只要满足其温度、水分的要求，无需再接蜜环菌，即可维持正常的生长繁殖。但野生天麻抽薹开花后，块茎成为蜜环菌的培养基，逐渐被蜜环菌分解腐烂。天麻一生中除了抽薹、开花、结果的60~70天植株露出地面外，其他的生长发育过程都是在地表以下进行的。

三、栽培技术

（一）选地与整地

露天栽培天麻，应选择含有机质、质地疏松、排水良好、保水力强的山间荒地或林间空地，坡度以小于25°为佳。土壤以沙质壤土及腐殖质土为宜。整地时间北方于4月上旬至6月上旬；南方于3月上旬至5月中旬。整地时要清除草皮、树根、石块，然后按50~80cm的间距，挖宽40~50cm，长60~80cm的培养坑（又称间厢），深15~60cm不等。也有的不挖坑，采取平地培土栽培天麻。

（二）繁殖方法

主要以块茎繁殖，或可用种子繁殖。在自然条件下，种子萌发除普通绿色植物所需的条件下，还需有真菌参加。

1. 培养蜜环菌

蜜环菌分布较广，适应性强，菌种来源丰富，多生于林间枯枝落叶层、腐殖质层，或朽木和树根中。培养蜜环菌的菌种，可在有野生天麻分布的林间采集。没有野生菌的地方，可从外地解决。

（1）培菌材料　橡树、桦树、枫树、榆树、栗树、杨树、榛树均可。菌材中直径2~3cm以下的称菌枝材，直径在3cm以上的称菌棒材。菌枝材多截成5~15cm长的小段，菌棒材截成20~30cm或45~60cm长的木段。截段后的菌材，应将皮部每隔3~5cm砍3~4排鱼鳞口，再稍加晾晒，即可用于接菌培养。

（2）培菌时间　6—8月均可，此时降水充足，湿度较高，有利于蜜环菌的繁殖，能保证秋栽天麻的使用。

（3）培育菌种　用人工方法培育好菌棒和菌枝，以供育菌使用。栽过天麻的旧菌材，虽已腐烂，但其上蜜环菌还很发达，也可用作培育菌材和菌枝的菌种。以菌枝作育菌为好，因菌枝幼嫩，蜜环菌繁殖快，培育时间短，容易控制杂菌，并能用作培育菌材和菌床，特别是在菌材不足的情况下，可用作伴栽天麻。一般菌材在每年4—8月进行培育，其方法是挖30cm深的坑，坑底平铺备好的菌枝材1~2层，再横放几根没有杂菌、生长良好的旧菌材作菌种，棒间也摆满树枝，依次摆3~4层。如果已有培育好的菌枝，便可在两层树枝上加一层菌枝，每层用腐殖土或沙土填满空隙。其上盖土厚10cm，呈弓形。40~60天菌丝即可培育好，当6—7月培育苗床或菌材时，可用作菌种。培育菌材，应选择山的阳坡地，以排渗水良好的沙质壤土为宜。其方法为坑培法、半坑培法或池培法。

①坑培法：一般低山区较干燥的地方采用此种方法。坑深30~50cm，宽45~60cm。也可根据地形和培育菌棒的多少而定，但每坑培育菌材不宜超过200根，以免感染杂菌。将挖好的坑底铺一层备好的新鲜木棒，用土填好空隙，第2层放菌

种（菌棒、菌枝、野生菌种等）。如菌种不足，可每隔两根新鲜木棒放一根菌材，上面放一层新鲜木棒，再盖土10cm，与地面平。

② 半坑培法：气温较低，湿度较大的中山区多采用此法，坑深20~30cm，宽45~60cm，培放菌材可高出地面35cm左右；在地上部分摆放菌材时，上下两层应纵横交错，以免散堆。

③ 池培法：用片石或砖砌成深1m的池子，底部填一些沙土，放一层新材，加一层菌材（或旧菌材），盖一层沙土。此方法堆放好后，加大湿度，在20~25℃条件下，40~60天即可培育出菌材。

（4）培育菌床　这是一种新的培菌方法，具有明显的增产效果。选择林间空地，伴生植物多，遮阴条件好，有蜜环菌的地方。一般菌床深40cm，宽50cm，长60cm，床底土要挖松整平，铺一层干树叶，其上顺摆5根菌棒材，间距6~9cm，每隔10cm呈八字形摆放菌枝（菌种），用细土填空至平后，覆土5~6cm，再加铺一层干树叶。挖菌床时，坑与坑间留出1m距离，以便在栽培时取出上层菌棒，再加放5根新菌棒，便可栽一窝，以充分利用苗床。

2. 无性繁殖

用小天麻作种麻进行繁殖。目前我国大部地区采用这种栽培方法。栽培日期，一般冬栽于11月，春栽于3—4月，以冬栽为好。种麻选择白麻和米麻为好，每个重量5~10g最佳。选择无病斑、无创伤、无冻害、无腐烂、体形呈纺锤形、芽眼明显的作种麻。有的也用箭麻作种麻，但要去掉顶芽。种栽用量，要以种麻的大小和一窝菌材数量多少而定。一般每窝用9~10根菌材的，一根菌材放种麻5~6个，重量50~60g，每窝下种量500g左右为宜。

目前在大面积生产中主要有下列方法。

（1）菌材伴栽法　挖40cm的深坑，将培育好的菌棒放在坑底，间距5cm。每根菌棒并行摆上种麻，菌棒的两端也放种麻，种麻要紧靠菌棒。米麻撒播在菌棒两侧。栽完一层，填土3~5cm，以不见底层菌材为宜。再用上述方法栽种第2层，最后盖土10~15cm，略为高出地面。

（2）菌材加新棒栽培法　一般用10根菌棒，底层放5根培育好的菌棒，再间隔放入未培菌的5根新材。种麻放在培育好的菌材两侧，按菌材伴栽法进行栽种。

（3）菌床栽培法　栽培时挖开培育好的菌床，取出上层5根菌材，下层的不动，按菌材伴栽法栽入种麻，填土3~5cm。再用上层5根菌材栽种第2层，然后盖土10~15cm。这种方法接菌率高，成活快，产量高。也可把培育好菌床栽时扒开，取出5根菌材，加入5根新材，重新栽一窝。再用取出的5根菌材，加5根新材，另栽一窝。

（4）作畦栽培法　在山区林间或林缘坡地作畦，两畦间留30cm的作业道。挖松畦底土壤，以利渗水。菌材平放，间隔5~6cm，边摆边加腐殖质土，按菌床栽培法栽种，可栽 1~2 层。

（5）箱栽法　采用箱栽法不受场地和土质的限制，可以充分利用闲散空地，庭院和室内等条件。这种方法既易于控制温度和湿度，又省工省料，方法简便。培养箱的大小要求不严格。一般长 60cm、宽 45cm、高 30cm 即可。通常栽培土多用阔叶树锯末、细沙和腐殖土混合配成，比例为 1：1：1。但锯末不得太多，否则易发酵增温而使天麻和蜜环菌受害。方法：一般每箱用 4~6 根菌材，栽种麻 250g。北方冬季可将箱移入室内，春暖后再移放室外；南方夏季则应移搬到室内，并要适当洒水，保持适当的温度、湿度。

3. 种子繁殖

天麻的种子细小。一般在芒种以后抽薹，夏至前后开花，花谢结果，每株有绿豆大小的果实（麻桃）20~30 个。此时应用稀纱布把麻桃包好，让它继续生长成熟，既能吸收阳光、水分，又能避免大风吹去桃内米子。麻桃呈现淡黑色时，种子已长老了，即连秆摘回（注意勿令种子落出），晒干作种。选择有野生天麻的（有蜜环菌）地方挖穴播种。

（三）田间管理

1. 温度管理

天麻生产的适宜温度为 13~25℃（土表以下 10cm），在此温度段内，越高越好。控温是天麻仿野生栽培管理的重要工作。冬季要防冻，海拔1 000m 以下的地区，栽种后覆盖 10~20cm 厚的枝叶、杂草即可；高于1 000m 以上的地区可将覆盖物加厚至 30cm。夏秋要防高温和干旱，除了利用遮阴物防高温外，还可利用补水来降低土壤温度。补水以日落、土温下降后进行。

2. 水分管理

冬季至翌年春（清明前）土壤湿度控制在 10%~20%。4—6 月提高土壤湿度达 60%左右。6—8 月天麻进入旺季生长期，营养积累达到高峰，此时宜保水降温、保墒排渍，进行综合管理。到了 9 月，天麻营养积累进入后期，达到生理成熟阶段，此时畦床土壤湿度应控制在 40%以下。10 月下旬土壤温度已降至 10℃，天麻进入休眠期，即可揭土采挖。每平米可采挖鲜天麻 7kg 左右。

四、病虫害防治

（一）病害

1. 真菌病

已知有真菌、黄霉、白霉和绿霉等，通称杂菌病。一般多在温度高、湿度大，透气不良的环境条件下发生，对菌材和天麻均发生危害。

防治方法：要经常进行检查，在菌材上发现真菌后，可取出晒 1~2 天，然后用刀刮掉寄生真菌处痕迹。对危害严重菌材应烧毁，以防传染。

2. 腐烂病

俗称烂窝病，是生理病害。夏季温度高，天麻受生理性干旱，中心组织腐烂，成白浆状，有一种特异的臭味。

防治方法：目前病因不详，主要方法是发现病株后及时清除。

3. 水浸病

天麻生育期最怕水浸，一般水浸12~24小时天麻即腐烂，有臭鸡蛋味。

防治方法：选择排水良好的沙质壤土栽培；降雨后要及时进行检查，发现积水，立即排除；森林郁蔽度过大时，可进行疏枝，增加光照。

4. 锈腐病

浸染天麻块茎，初为铁锈色斑点，逐渐蔓延，严重时整个块茎全部坏死。

防治方法：一般是选择通气性良好的沙质壤土栽培，覆土时防止带有染菌的枯枝落叶；注意选用无病无伤种栽。

（二）虫害

1. 天牛

幼虫为害天麻。

防治方法：一般用毒饵、毒土诱杀。

2. 蝼蛄

成虫或若虫为害。

防治方法：用砒霜和炒香麦麸配成毒饵，傍晚撒于天麻窝表面诱杀。

3. 介壳虫

一般由菌棒携带，为害天麻块茎。

防治方法：发现菌棒上有介壳虫时，可将菌棒烧毁；发现箭麻、白麻或米麻体表上有虫害，可及时加工成商品，不作种用。

4. 蚜虫

主要为害天麻花薹和花朵。

防治方法：喷1 000倍液氧化乐果防治。

5. 白蚁

主要为害菌棒，对天麻生产影响很大。

防治方法：多采用挖新窝和药物防治。

五、采收加工

（一）采收

1. 采收时间

采收天麻应在休眠期采收，这时天麻已停止生长，此时采收既便于加工，又利于收获后及时栽培，而且天麻产量高、质量好。无性繁殖冬栽天麻，次年深秋至初冬（10—11 月）或第 3 年春季采挖。春栽天麻当年冬季或次年春季采挖，有性繁殖头年 6 月播种，第 2 年 11 月采挖，80%为商品，20%为种麻。因此，对有性繁殖采收时间可根据生产的需要来确定。

2. 采收方法

采收天麻时要认真细致，注意不要损伤麻体（麻嘴或块茎）。首先要小心地将表土扒去，取出土上层菌材以及填充料，然后轻轻地将天麻取出，这样一层一层地收获。取出的天麻要进行分类，商品麻、种麻、麻米分开盛放，箭麻和大白麻需及时加工，小白麻和米麻做种用。做种用的小白麻和米麻要特别注意妥善贮藏以免造成烂种。

具体贮藏方法是：先用手捏能成团、松手可散开为度的湿润细土撒在平地上，以 5~10cm 厚为宜，然后将天麻种单层摆在上面，上面再撒 5cm 厚的细湿润土，放种时要小心轻放。但是，这样贮藏的时间也不能过长，否则会造成烂种。最好是采收和栽培同时进行，先备好新菌材和木段。

（二）加工

天麻收获后若长时间堆放会引起腐烂，所以，天麻收获后应及时加工。天麻如鲜销或交售，只要收获后保持不碰撞、不摔打、无机械伤痕等，然后用软刷将麻体上的泥沙轻轻刷除，装入软衬木箱或塑料箱即可。如加工干麻，则方法较为复杂，一般先用水煮法或笼蒸法进行熟制，然后烘干或晒干。实际生产中一般采用笼蒸、炕烘法制干，其操作工艺流程为：选级—洗净—蒸煮—烘干。

1. 选级

根据箭麻大小，一级天麻应在 150g 以上；二级天麻 70~150g；三级天麻 70g 以下；四级天麻是残缺虫蛀的。

2. 清水洗净

将以上 3 个等级的天麻，分别用水冲洗干净。洗净的天麻，当天一定要加工处理。如果泡在水中过夜，加工出的天麻则为黑色，会影响药用效果和商品价值。

3. 剥皮

如果将天麻出口或作为礼品，要剥净表皮，煮后烤干。现在天麻种植大面积推广后，收获量大，如果都经过剥皮，就会影响天麻加工进度。再者，剥皮后来不及蒸煮，放置过久就会变质腐烂。故除出口或特别用途外，一般都不剥皮。

4. 蒸煮方法

作为天麻加工的重要工序，如果不蒸煮就直接烘干或晒干，天麻会皱缩，且不透明，色泽差。有些地区用蒸的方法，即将天麻洗净后按不同等级分别放在笼屉上蒸 15~30 分钟。此方法适用于小批量加工，如果加工量较大，一般多采用水煮的方法。水烧开后，将天麻投入水中，再放入少许明矾。一般 5kg 天麻加 100g 明矾。

150g以上的大天麻煮10~15分钟，75~150g的中天麻煮7~10分钟，100g以下的小天麻煮5~8分钟，等级以外的天麻煮5分钟。

5. 硫黄熏

蒸煮后的天麻用硫黄熏的目的是为了外形美观，色泽洁白透明，质量好，并可防虫蛀。把出锅的天麻摆放在床上的竹帘上，用塑料布盖严，床下点燃硫黄，熏5~6小时，然后上炕烘干。

6. 炕干

一般用火炕烘烤。初始温度应控制在50~60℃，便于天麻体中水分蒸发。假如开始时温度过高（超过80℃），天麻外层因水蒸发过快易形成硬壳；温度过低（低于45℃），会引起天麻腐烂。当天麻的含水量为70%~80%时，取出用手压扁，继续烘烤。此时，烘烤温度应在70℃左右，不能超过80℃，以防天麻干焦变质。天麻全干后，要立即出炕。如长时间不出炕，将影响天麻质量。

第八节　浙贝母

一、植物学特征及品种

浙贝母［*Fritillaria thunbergii* Miq.］（百合科贝母属），别名土贝母、浙贝、象贝（图4-15、图4-16）。多年生草本。高50~80cm，全株光滑无毛。鳞茎扁球形，直径1.5~4cm，由2枚白色肥厚的鳞叶对合组成。叶在茎最下面的对生或散生，渐向上常兼有散生、对生和轮生的；叶片近条形至披针形，长7~11cm，宽1~2.5cm，先端不卷曲或稍弯曲。花1~6朵，淡黄色，有时稍带淡紫色，组成总状花序，稀为单花，顶端的花具3~4枚轮生叶状苞片，侧生花具2枚苞片；苞片先端

图4-15　浙贝母药材

图4-16　浙贝母植株

卷曲；花钟状，俯垂，花被片6，长圆状椭圆形，2~4cm，宽1~1.5cm，内外轮相似，内面具紫色方格斑纹，基部上方具蜜腺；雄蕊6，长约为花被片的2/5；花药

近基着生，花丝无小乳突；柱头裂片长 1.5~2mm。蒴果卵圆形，6 棱，长 2~2.2cm，宽约 2.5cm，棱上有宽 6~8mm 的翅。花期 3—4 月，果期 5 月。

二、生物学特性

（一）生态习性

野生于海拔较低的山丘荫蔽处或竹林下，喜温暖湿润、雨量充沛的海洋性气候，较耐寒、怕水浸。平均气温在 17℃左右时，地上部茎叶生长迅速；超过 20℃生长缓慢并随气温继续增加而枯萎，地下鳞茎进入休眠。生长期 3 个半月左右，故称短命植物。以阳光充足、土层深厚、肥沃、疏松、排水良好的微酸性或中性沙质壤土栽培为宜。

（二）生长发育特性

浙贝母秋种夏收。9 月下旬至 10 月上旬栽种，10 月中旬发根，11—12 月萌芽，地下鳞茎略有膨大。2 月上旬出苗，2 月下旬至 5 月中下旬为鳞茎膨大的主要时期。3 月中、下旬地上部生长最快，除有 1 个主秆外，还可抽出第 2 个茎秆（称“二秆”），并现蕾开花。4 月上旬凋谢，4 月下旬至 5 月上旬植株开始枯萎。5 月中、下旬种子成熟，鳞茎停止膨大，全株枯萎。6 月鳞茎越夏休眠。

三、栽培技术

（一）选地与整地

应选择排灌方便、土壤深厚、富含腐殖质、疏松肥沃的沙壤土种植，过黏或过沙的土壤均不宜栽植，可与前茬作物玉米、大豆、甘薯等作物轮作。选好地后，每亩施腐熟厩肥或堆肥3 000~5 000kg 作基肥，翻 20~30cm 厚土层，耕细整平，做成高畦，畦宽 1~2m，畦沟宽 33cm，深 13~16cm。

（二）繁殖方法

生产上主要用鳞茎繁殖，种子繁殖在种鳞茎缺乏时采用。

1. 鳞茎繁殖

栽种期 9 月中旬至 10 月上旬。栽种前挖出留种用鳞茎二号贝，直径 1~1.5cm，三号贝更小些。种子田随挖随栽，商品田在种子田栽完后，再行栽入。先在畦上开沟，沟距 20cm，种子田沟深 10~15cm，商品田沟深 5~7cm。栽种时，株距按 15cm 播入，鳞茎芽头朝上，畦边覆土要深些。

2. 种子繁殖

种子有胚后熟特性，采收后宜当年秋播（9 月中旬至 10 月中旬），如延迟到 11 月中旬以后播种，则出苗率显著下降。种子繁殖需 5 年成龄，年限长，不易保苗及越夏，生产上未能广泛采用。但在种鳞茎来源困难地区采用种子繁殖。

（三）田间管理

1. 中耕除草

重点放在浙贝母未出土前和植株生长的前期进行，栽后半个月浅除一次草，每隔半个月进行一次，并和施肥结合起来。在施肥之前要除一次草，使土壤疏松，肥料易吸收。苗高 12~15cm 抽薹，每隔 15 天除草一次，或者见草就拔，种子田 5 月中耕一次。

2. 追肥

套种作物收获后，施冬肥很重要，用量大，浙贝地上部生长仅有 3 个月左右。肥料需要期比较集中，仅是出苗后追肥不能满足整个生长的需要，而冬肥能够满足整个生长期，能源源不断地供给养分，因此冬肥应以迟效性肥料为主。重施基肥，在畦面上开浅沟，每亩人粪尿1 000kg 施于沟内，覆土，上面再盖厩肥、垃圾和饼肥混合发酵的肥料，打碎，2 500kg 左右，整平，免妨碍出苗。商品田再加化肥 20kg，第二年 2 月苗齐后再浇苗肥，每亩人粪尿 750~1 000kg，稀释水浇于行间。摘花以后再施一次花肥，方法同上。

3. 灌溉排水

浙贝 2—4 月需水多一点，如果这一段缺水植株生长不好，直接影响鳞茎的膨大，影响产量。整个生长期水分不能太多，也不能太少。但北方春季干旱，每周浇一次水，南方雨季要注意排水。

4. 摘花

为了使鳞茎充分得到养分，花期要摘花，不能摘得过早或过晚。当花长 2~3 朵时采为合适。

四、病虫害防治

（一）病害

1. 灰霉病、黑斑病

灰霉病：一般在 3 月下旬至 4 月初开始发生，4 月中旬盛发，危害地上部严重。病叶叶片上出现淡褐色的小点，扩大后成椭圆形或不规则形病斑，边缘有明显的水渍状环，形成灰色大斑；花被害后，干缩不能开花，呈淡绿色；幼果被害呈暗绿色而干枯，较大果实被害后，在果皮及果翼上有深褐色小点，逐渐干枯。被害部分在温湿度适宜的情况下，能长出灰色霉状物。

黑斑病：一般在 3 月下旬开始发生危害，直至地下部枯死。如春雨连绵则受害较为重。发病是从叶尖开始，叶色变淡，出现水渍状褐色病斑，渐向叶基蔓延，有的叶尖枯萎，病部与健部有明显界线。

防治方法：收获后，清除被害植株和病叶，最好将其烧毁，以减少越冬病原；

发病地不宜重茬；加强田间管理，合理施肥，增强浙贝的抗病力；发病前，在3月下旬喷射1∶1∶100的波尔多液，7~10天喷1次，连续3~4次。

2. 干腐病、软腐病

干腐病：鳞茎基部受害后呈蜂窝状，鳞片被害后呈褐色皱褶状。这种鳞茎种下后，根部发育不良，植株早枯，新鳞茎很小。

软腐病：鳞茎受害部分开始为褐色水渍状，蔓延很快，受害后鳞茎变成豆腐渣状或黏滑的“鼻涕状”；表皮常不受害，内部软腐干缩后，剩下空壳，腐烂鳞茎具特别的酒酸味。

防治方法：干腐病、软腐病的防治必须采取综合的防治措施。选择健壮无病的鳞茎作种，并创造良好的过夏条件；配合使用各种杀菌剂和杀螨刘，下种前用20%可湿性三氯杀螨砜800倍加80%敌敌畏乳剂2 000倍再加40%克瘟散乳剂1 000倍混合液浸种10~15分钟；防治螨、蛴螬等地下害虫，消灭传播媒介，防止传播病菌，以减轻危害。

（二）虫害

1. 豆芫青

又名“红豆娘”。成虫有群集性，咬食叶片，严重时把叶片吃光。

防治方法：人工捕杀，不能直接用手捕捉；用90%晶体敌百虫0.5kg，加水750kg喷雾或用40%乐果乳剂400~750kg喷雾。

2. 蛴螬

是金龟子幼虫，又名“白蚕”。在4月中旬开始为害鳞茎，过夏期为害最盛。被害鳞茎成麻点状或凹凸不平的空洞状或碎片状。

防治方法：冬季清除杂草，深翻土地，消灭越冬虫口；施用腐熟的厩肥、堆肥，并覆土盖肥，减少成虫产卵；点灯诱杀成虫金龟子；下种前半月每亩施25~30kg石灰氮杀死幼虫；用90%晶体敌百虫1 000~1 500倍浇注根部。

3. 沟金针虫

土名叫“叩头虫”，为害鳞茎，植株枯萎而死。

防治方法；改变地下害虫的生活条件；深翻土地杀虫灭蛹；为害期间可用1∶30烤烟浸液浇灌苗行间毒杀。

4. 葱螨

为害鳞茎，主要是在过夏期间，在下种后及收获前的一段时间内也能为害。被害的鳞茎呈凹洞或整个腐烂，但可见部分维管束残体。常与其他病害混在一起。

防治方法：贮藏前将腐烂及有螨的鳞茎选出，分别贮藏；下种前严格挑选种子，把腐烂有螨的剔出；下种前结合防病，用杀螨杀虫剂与杀菌剂混合浸种。

五、采收加工

（一）采收

以贝母植株全部枯萎，植株茎秆已脱离贝母鳞茎，鳞茎表皮呈浅黄色，立秋后为采收期。这时贝母有效成分最高，浆汁最多，是商品贝母收获最适宜的时候。收获时将元贝与珠贝分开，元贝即大鳞茎，直径3～6cm，鳞片形似“元宝”，俗称“元宝贝”。珠贝形小，直径在3cm以下，两瓣相连未去心蒂，形似“算盘珠”，俗称“珠贝”。每亩可产鲜贝母600～900kg，每300kg鲜贝母加工后可得干贝母100kg，元贝占70%～80%，珠贝占20%～30%。采收贝母正值雨季，必须选晴天，并预测在3～4天内不下雨方起土，否则不易保管。

（二）加工

加工手续大概分为洗泥、挖心、去皮、晒干4个步骤。将采收的贝母盛于竹箩内，放在河水中洗去泥土，将每个元贝挖开，挖去心芽，珠贝不需挖心手续；加工时将元贝、珠贝分别处理，并装进特制100cm长船形木斗内，悬于三角木架上，由两人操作两端木柄，来往推动，使贝母互相摩擦至表皮脱净，浆液渗出为止。然后每100kg鲜贝母加石灰3.5kg，继续推动撞击，等没有声音时，贝母已全部涂满石灰。再倒出盛放篮内，经一夜，使石灰渗透，次日即利用日光暴晒6～7天，稍停1～2天再晒到表里全干。如起土后适逢阴雨，可在通风处摊放阴干，或用烘灶烘焙干燥，应注意火力不宜过猛，并经常上下翻动，以免成为僵贝（熟贝母），延期烘焙则质地疏松（俗称松泡），均会降低品质与药效。

【知识链接】

浙贝母性味苦、寒，功能清热化痰、开郁散结，用于风热、燥热、痰火咳嗽、肺痈、乳痈、瘰疬、疮毒、心胸郁闷。浙贝母为道地药材“浙八味”之一，为浙江名产，驰名中外。

第九节 白芨

一、植物学特征及品种

白芨［*Bletillastriata*（Thunb. ex A. Murray）Rchb. f.］（兰科白芨属），别名连及草、甘根、白给、箬兰、朱兰、紫兰、紫蕙、百笠、地螺丝、白鸡娃、白根、羊角七（图 4-17、图 4-18）。多年生草本。株高 30~60cm。块茎肉质，白色，具 2~3 叉呈菱角状，有须根，常数个并生，其上有多个同心环形叶痕，似“鸡眼”，又像“螺丝”。初生假鳞茎是圆球形，生长到一定程度才形成 V 字形块状假鳞茎。

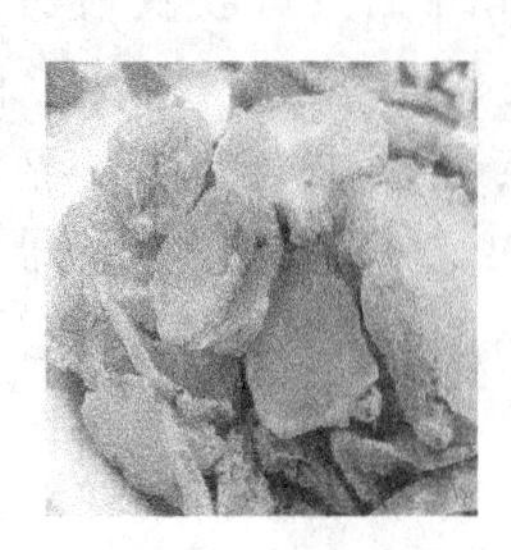

图 4-17　白芨药材

图 4-18　白芨花

品种主要有紫花三叉大白芨、两叉小白芨，糯白芨、水白芨和巨茎白芨。

二、生物学特性

（一）生态习性

原产地大部分在长江中下游地区。喜温暖、阴湿的环境，如野生山谷林下处。稍耐寒，长江中下游地区能露地栽培。耐阴性强，忌强光直射，夏季高温干旱时叶片容易枯黄。宜排水良好含腐殖质多的沙壤土。常生长于较湿润的石壁、苔藓层中，常与灌木相结合，或者生长于林缘、草丛、有山泉的地方，亦生于海拔 100~3 200m 的常绿阔叶林下，栋树林或针叶林下，在北京和天津有栽培。白芨生长的石头均是砂岩类，这样白芨才能吸收到毛管水，从而牢牢地吸在上面。

（二）生长发育特性

白芨 1 年可以完成生长周期。12 月下旬播种后，冬季温度低于 10℃时块茎不萌发，来年 2 月块茎开始萌动，萌发缓慢，种子萌发先出根后出芽。日平均温度达 15~20℃时，20~25 天开始陆续出苗，3 月下旬少数开始展叶，4 月底为全苗期。5 月中旬，花开始凋谢，部分开始结实。4 月上旬至 6 月上旬为植株生长的旺盛期，此阶段地上部分生长迅速，至 7 月下旬地上部分不再变化，8 月下旬植株进入倒苗期，地下部分生长开始缓慢，直到 10 月植株倒苗。

三、栽培技术

（一）选地与整地

选择疏松肥沃的沙质壤土和腐殖质壤土，温暖、稍阴湿环境，不耐寒。排水良好的山地栽种时，宜选阴坡生荒地栽植。把土翻耕 20cm 以上，施厩肥和堆肥，每亩施农家肥 1 000kg，没有农家肥可撒施三元复合肥 50kg。再翻地使土和肥料拌均匀。栽植前浅耕一次，把土整细、耙平，作宽 1.3~1.5m 的高畦。

（二）繁殖方法

白芨用种子播种较难，分切块茎繁殖较易。9—11 月初将白芨挖出，选大小中等、芽眼多、无病的块茎，每块带 1~2 个芽，沾草木灰后栽种。开沟沟距 20~25cm，深 5~6cm，按株距 10~12cm 放块茎一个，芽向上，填土，压实，浇水，覆草，经常保持潮湿，3—4 月出苗。

（三）田间管理

1. 中耕除草

白芨植株矮小，压不住杂草，故要注意中耕除草，一般每年 4 次。第一次在 3—4 月出苗后；第二次在 6 月生长旺盛时，因此时杂草生长快，白芨幼苗又矮小，要及时出尽杂草，避免草荒；第三次在 8—9 月；第四次结合收获间作的作物浅锄厢面，铲除杂草。每次中耕都要浅锄，以免伤芽伤根。

2. 追肥

白芨喜肥，应结合中耕除草，每年追肥 3~4 次。第一次在 3—4 月齐苗后，每亩施硫酸铵 4~5kg，兑腐熟清淡粪水施用；第二次在 5—6 月生长旺盛期，每亩施过磷酸钙 30~40kg，拌充分沤熟后的堆肥，撒施在厢面上，中耕混入土中；第三次在 8—9 月，每亩施入腐熟人畜粪水拌土杂肥 2 000~2 500kg。

3. 灌溉排水

白芨喜阴，经常保持湿润，干旱时要浇水，7—9 月早晚各浇一次水。白芨又怕涝，大雨及时排水避免伤根。

4. 间作

白芨生长慢，栽培年限较长，可于头两年在行间间种青菜、萝卜等短期作物，以充分利用土地，增加收益。

四、病虫害防治

（一）病害

烂根病：南方多在春夏多雨季节发生。

防治方法：注意排涝防水，深挖排水沟。

（二）虫害

地老虎、金针虫：可人工捕杀和诱杀或拌毒土，用地虫绝施入床上；用 50% 辛硫磷乳油 700 倍液浇灌床上。

五、采收加工

（一）采收

一般到第 4 年 10 月当茎叶黄枯时采收，此时，地下块茎已长成 8~12 个，相当拥挤，过迟采收，生长不良。采挖时，先清除地上残茎枯叶，然后用二齿耙小心挖取块茎抖去泥土，运回加工。

（二）加工

将块茎单个摘下，不去须根，先选留具老秆的块茎作种栽。然后，剪去茎秆，放入箩筐内，置清水中浸泡 1 小时后，用足踩去粗皮，洗净泥土投入沸水中煮 5~10 分钟，至块茎内无白心时，捞出晒干。若遇阴雨天可炕干，炕 5~6 小时，待表皮干硬后，再用硫黄熏蒸 12 小时。每 100kg 鲜块茎，用硫黄 0.2kg，熏透心后取出炕至全干。硫黄熏蒸后，白芨不霉变，不虫蛀，且色泽洁白透明。然后，放入箩筐内来回撞击，去净粗皮与须根，筛去灰渣即成。

【知识链接】

白芨具有较好的收敛止血，消肿生肌功效。随着现代药理学的研究不断深入，发现其对结核杆菌、肿瘤细胞等有明显抑制作用。临床发现，还对常见病有较好疗效。用于内外出血诸证及痈肿、烫伤、手足皲裂、肛裂等。其假鳞茎为名贵的止血药，抗杆菌、真菌，治疗咳嗽。对阴虚咳嗽、肺热咳嗽、百日咳、肺结核咳嗽以及其他难治性咳嗽都有良好止咳作用，治疗鼻窦炎。白芨富含淀粉、葡萄糖、挥发油、黏液质等，外用涂擦，可消除脸上痤疮斑下的痕迹，让肌肤光滑无痕。球茎含白及胶质、淀粉、挥发油等；药用，有收效、补肺止血、消肿等作用，外敷治创伤出血、痈肿、烫伤、疔疮等；花美丽，栽培供观赏。

参考文献

陈素贤 . 2013. 广西中药种植业 SWOT 分析及对策研究［D］. 南宁：广西大学 .

崔根深 . 1994. 立体种植模式：粮菜四种四收立体种植技术［J］. 河北农业科技，02：6.

丁田，梁臣，任宏伟，等 . 2009. 仁用杏、中药材立体种植模式对气象因子的影响［J］. 农家之友（理论版），01：19-20.

范俊安，张艳 . 1991. 试论中药材立体种植［J］. 时珍国药研究，02：80-82.

范树仁，王小莲 . 2010. 孝义市高效立体种植模式及配套技术［J］. 山西农业科学，07：130-131.

付国赞，张庆瑞，梁臣，等 . 2011. 豫西黄土丘陵旱坡地仁用杏-中药材立体种植模式研究［J］. 安徽农业科学，26：15 982-15 984.

耿其勇，吕德芳，张宝，等 . 2017. 中药材立体种植模式集成技术研究与应用［J］. 安徽农学通报，2（12）：137-138.

顾龙林 . 2007. 棉田高效立体种植模式栽培技术［J］. 中国棉花，04：26-27.

管兵 . 2017. 北五味子种植技术要点［J］. 吉林农业，4（11）：84.

郭刘斌，窦桂梅，张志嘉，等 . 2000. 高效立体种植模式及配套技术［J］. 山西农业，06：37-38.

何有鹏 . 2017. 山区发展林下中药材的前景、问题与对策研究［J］. 种子科技，9（3）：20-21.

江海 . 2008. 棉瓜菜立体高效种植模式及栽培技术［J］. 现代农业科技，10：131.

孔媛媛 . 2011. 浅谈中药材的储藏与保管［J］. 中国民族民间医药，12：36.

李灿 . 2008. 中药材储藏期主要害虫种群生态及气调毒理研究［D］. 贵阳：贵州大学 .

李洪军 . 2003. 中药材 GAP 立体种植模式［J］. 农村百事通，12：33.

李洪军 . 2003. 中药材 GAP 立体种植模式［J］. 农村新技术，07：6.

李祥印 . 2007. 籽用栝楼高产栽培技术与立体种植模式应用［J］. 山东农业科学，03：121-123.

李晓霞 . 2008. 中药材 GAP 立体种植模式值得推广［J］. 山西农业（致富科技），05：45.

凌春耀，林伟国，黄演福，等 . 2017. 梧州地区中药材立体种植模式的发展设想［J］. 安徽农学通报，07：125-127.

刘秋桃，孔维军，杨美华，等 . 2015. 储藏过程中易霉变中药材的科学养护技术评述［J］. 中国中药杂志，07：1 223- 1229.

刘水东，何林池，郝德荣 . 2008. 苏南通棉田高效立体种植模式及配套技术［J］. 江西棉花，06：60-63.

潘显政主编 . 2006. 农作物种子检验员考核学习读本［M］. 北京：中国工商出版社 .

任笔墨 . 2015. 石漠化治理适生中药材标准化种植及衍生产业技术与示范［D］. 贵州：贵州师范大学 .

尚龙山，崔元红 . 2017. 甘肃省中药材机械化种植的现状与前景［J］. 农业机械，12（2）：92-95.

孙文平，王万贵，张青松 . 1999. 安徽省全椒县立体复合种植模式及配套技术［J］. 生态农业研究，04：76-79.

王莎 . 2016. 易霉变中药材的储藏规范研究［D］. 北京：北京协和医学院 .

谢洲，付亮，黄娟，等 . 2017. 达州市乌梅优质高产栽培技术［J］. 现代农业科技，12（3）：77-78.

徐雷 . 2015. 福白菊 GAP 关键栽培技术及其产地生态适宜性研究［D］. 武汉：湖北中医药大学 .

杨少俊 . 1999. 大田渗灌立体种植模式及施工技术［J］. 农村经济与技术，01：38-39.

杨少俊 . 2000. 大田渗灌立体种植模式的设计与施工技术［J］. 农村经济与科技，07：40-41.

杨婷婷 . 2016. 晋产柴胡规范化栽培技术研究［D］. 晋中：山西农业大学 .

尹幸芳 . 1999. 衡阳市旱地立体种植模式及配套技术［J］. 作物研究，04：32-33.

翟洪民 . 2013. 棉田三熟立体高效种植模式及其配套技术［J］. 新农村，04：21-22.

张大威 . 2017. 浅谈涞源县中药材种植前景［J］. 农技服务，10（2）：159.

赵帅，赵喜进 . 2017. 大宗中药材防风市场前景分析及规模化高产种植技术［J］. 特种经济动植物，2（6）：27-30.